JN495533

푸드테크
대체식품의 현재와 미래

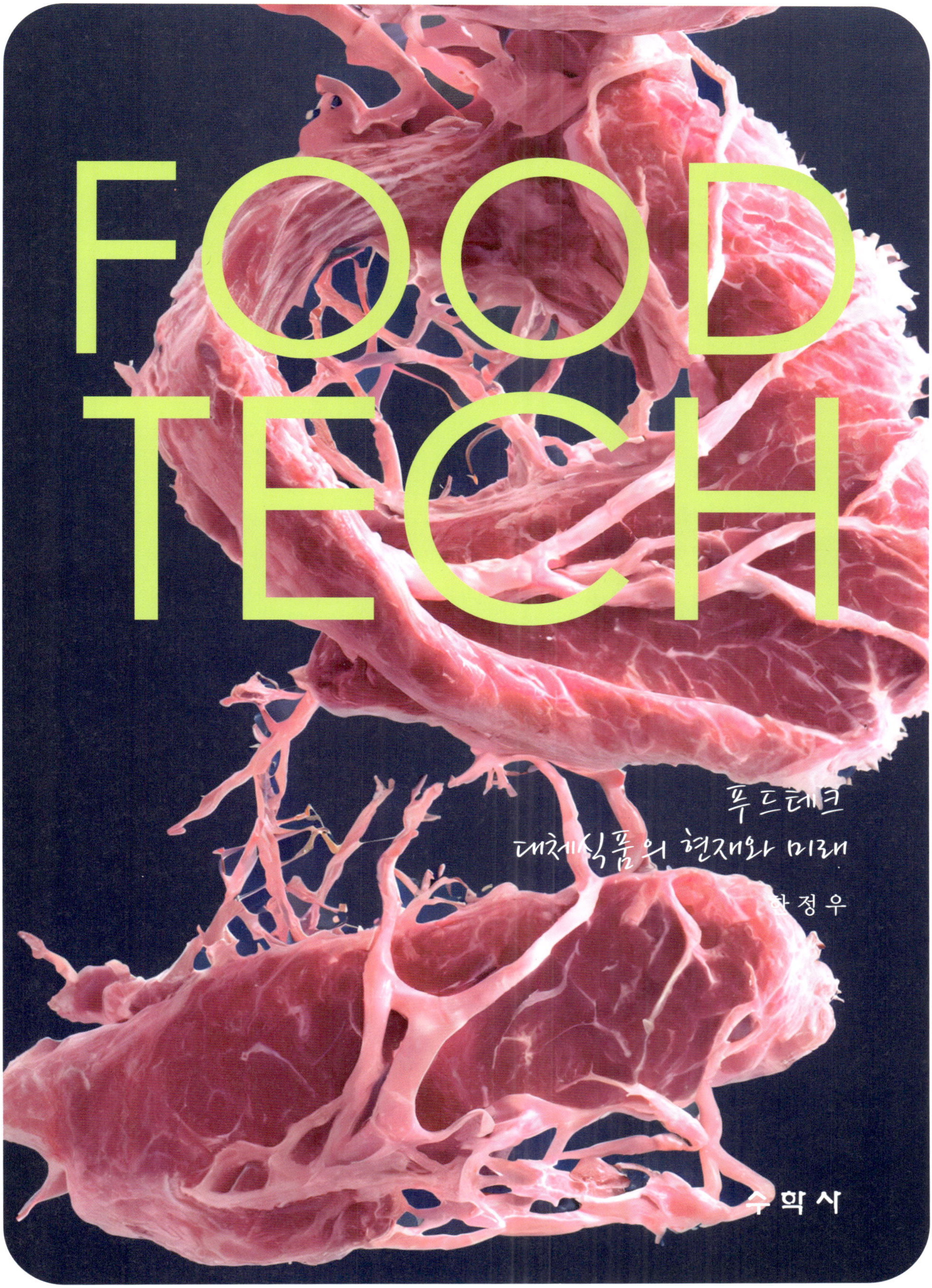

FOOD TECH

푸드테크

대체식품의 현재와 미래

한정우

수학사

머리말

4차 산업혁명은 이제 우리 사회의 한 축으로 자리 잡으며, 산업과 학문의 경계를 허물고 지속적인 혁신을 이끌고 있습니다. 기술 발전은 산업뿐 아니라 학문과 교육의 영역에서도 변화를 요구하고 있으며, 특히 대학은 단순한 지식 전달의 교육기관을 넘어, 연구와 혁신을 통해 새로운 가치를 창출하는 공간으로 그 기능을 확장하고 있습니다.

이러한 변화 속에서 푸드테크(FoodTech)는 식품 산업과 학문의 융합을 통해, 지속 가능한 미래를 위한 핵심 분야로 부상하고 있습니다.

이 책은 푸드테크 분야 중에서도 '대체식품(alternative food)'에 초점을 맞추고 있습니다. 대체식품은 지속 가능한 식량 공급, 환경 보호, 윤리적 소비 등 인류가 직면한 핵심 과제들과 밀접하게 연결되어 있습니다. 최근 대체식품은 기존 식품 산업의 패러다임을 전환시키는 혁신 기술로 빠르게 자리 잡고 있으며, 향후 푸드테크 산업에서 더욱 중요한 역할을 수행할 것으로 전망됩니다.

이 책은 이러한 흐름을 반영하여, 독자들이 대체식품의 개념과 기술적 발전을 체계적으로 이해할 수 있도록 구성하였습니다. 또한, 대체식품이 산업과 연구 분야에서 어떤 문제점과 가능성을 지니고 있는지를 심층적으로 고찰하고자 하였으며, 이를 통해 향후 대체식품 연구의 방향성과 산업적 적용 가능성을 조망할 기회를 제공하고자 하였습니다.

본 출판물은 (재)오뚜기함태호재단의 출판지원사업의 지원을 받아 발간되었습니다. 이 책이 완성되기까지 많은 분들의 협력과 지원이 있었기에 가능했습니다. 특히 아낌없는 지도와 조언을 보내주신 은사 최영진 교수님께 깊이 감사드립니다. 또한, 연구와 산업 현장에서 귀중한 인사이트를 나누어 주신 월드푸드테크협의회 이기원 공동대표님께도 진심으로 감사드립니다.

집필 과정에서 직접적인 도움을 준 덕성여자대학교 푸드테크연구실의 최예지, 전화인, 김태인, 이가현, 김혜인, 차윤지, 최예은, 조수아, 방세정, 유보라 학생들에게도 진심 어린 감사를 전합니다. 아울러 서울대학교 식품공학연구실의 최현우 박사, 함승환, 최민지, 김형주 학생들에게도 깊이 감사드립니다.

이 책이 푸드테크와 대체식품을 공부하고 연구하는 이들에게 유익한 통찰을 제공하고, 지속 가능한 식품 산업의 미래를 고민하는 이들에게 실질적인 도움이 되기를 바랍니다.

저자 한정우

차례

3장 식물성 대체육 연구

4장 배양육의 세계

5장 대체육에 대한 소비자 인식과 대응 전략

3장 식물성 대체육 연구

1장

푸드테크의 이해

1. 푸드테크란?
2. 푸드테크의 주요 분야
3. 푸드테크의 중요성

1장

푸드테크의 이해

1. 푸드테크란?

1) 정의 및 개념

푸드테크(FoodTech)는 식품(food)과 기술(technology)의 합성어로, 식품 산업 전반에서 첨단 기술을 접목하여 혁신적인 가치 창출을 이루는 산업 분야를 의미한다. 이는 단순한 식품 제조를 넘어 농업 첨단기술(AgTech), 유통, 소비, 폐기까지 전 과정에 걸친 인공지능(AI), 사물인터넷(IoT), 로봇, 빅데이터, 바이오기술(BT) 등의 4차 산업혁명 기술이 융합된 산업 생태계를 포함한다.

푸드테크는 각국의 연구기관과 기업들이 새로운 산업의 기회로 인식하고 있어, 글로벌 시장에서 빠르게 성장하고 있다. 국제적으로는 푸드테크를 식품의 생산, 선택, 유통 및 소비의 효율성과 지속 가능성을 개선하는 기술적 수단으로 정의하고 있으며, 이는 기존의 '생산자 중심' 식품 패러다임을 '소비자 중심'으로 전환하는 변화를 이끌고 있다. 일례로 푸드테크 전문 플랫폼인 'Forward Fooding'에서는 푸드테크를 "기술을 활용해 음식의 디자인, 생산, 선택, 배송, 소비 방식을 혁신하여 효율성과 지속 가능성을 창출하는 신흥 섹터"라고 정의한다. 또한 유럽의 Digital Food Lab에서는 '푸드테크'를 "농식품 기업 및 스타트업(생산부터 유통까지)이 구성하는 생태계로, 제품·유통·마케팅·비즈니스 모델의 혁신을 포함한다"고 설명하고 있다.

국내에서도 푸드테크는 4차 산업혁명과 연계된 미래 산업의 핵심축으로 자리잡고 있다. 정부기관과 협회에서도 푸드테크를 식품산업 혁신의 중요한 축으로 인식하고 있으며, 이를 기반으로 정책적 지원과 산업 발전을 추진하고 있다. 농림축산식품부(MAFRA)는 푸드테크를 "식품산업에 바이오 기술(BT), 정보통신 기술(ICT) 등의 혁신 기술을 적용한 신산업"으로 정의하고 있으며, 식품의약품안전처(MFDS) 또한 "생명공학, 바이오 기반 대체식품, AI, 3D 프린터 등의 기술이 식품 산업에 적용되어 새로운 가치를 창출하는 혁신 기술"로 설명하고 있다. 또한, 월드푸드테크협의회(World FoodTech Council)는 푸드테크를 "소비자가 먹는 것과 연관된 문제를 해결하는 창발 기술"로 규정하며, 산업 생태계 조성과 발전을 위한 다양한 노력을 기울이고 있다.

2) 푸드테크의 성장 배경 및 요인

푸드테크라는 용어는 2014년을 기점으로 푸드테크 스타트업에 대한 투자금이 급격히 증가하면서 주목받기 시작했으며, 본격적인 산업 성장 또한 2010년대 중반 이후부터 가속화되었다. 특히, 미국 시장에서는 푸드테크 스타트업에 대한 투자가 2013년 2억 1,500만 달러에서 2014년 9억 600만 달러로 3.2배 증가하는 폭발적인 성장세를 보였다. 이는 푸드테크가 일시적인 유행이 아닌, 미래 산업으로 자리 잡고 있음을 보여주는 주요한 지표였다. 이후 푸드테크 관련 스타트업과 기업들은 글로벌 투자자들의 주목을 받으며 빠르게 확장되었고, 다양한 연구 개발(R&D)과 신사업 모델이 등장하였다.

푸드테크 산업이 성장한 배경에는 다양한 요인이 존재한다. 먼저, 4차 산업혁명 기술의 발전이 중요한 역할을 했다. 인공지능(AI), 사물인터넷(IoT), 3D 프린팅, 로봇 등의 기술이 식품 산업에 접목되면서, 기존의 생산과 유통 방식이 혁신적으로 변화하였다. 스마트팜 및 정밀 농업은 AI와 IoT를 기반으로 농업 생산성을 극대화하였으며, 3D 푸드 프린팅 기술은 개인 맞춤형 식품 제조의 가능성을 열었다. 또한, 배양육 및 대체 단백질 기술의 발전은 지속 가능한 식품 공급을 위한 새로운 대안으로 주목받고 있다.

여기에 더해, COVID-19 팬데믹은 푸드테크 산업의 성장을 가속화하는 촉매제가 되었다. 비대면 소비가 확산되면서 온라인 식품 구매 및 배달 서비스의 수요가 급증하였으며, 푸드테크 기반의 O2O(online to offline) 서비스, 밀키트, 스마트 패키징 등의 기술이 빠르게 발전하였다. 이러한 변화는 일시적 현상이 아니라 소비 패턴의 구조적 변화를 의미하며, 앞으로도 지속될 가능성이 높다.

또한, 인구 증가 및 식량 안보 문제도 푸드테크 성장의 중요한 요인이다. 세계 인구는 계속해서 증가하고 있으며, 기후 변화와 자원 고갈로 인해 기존의 식량 생산 방식만으로는 이를 감당하기 어려운 상황이다. 이에 따라, 지속 가능한 식량 생산 방식과 배양육, 대체 단백질 등과 같은 푸드테크 기반 기술에 대한 관심이 증가하고 있으며, 효율적인 식량 공급 시스템을 구축하려는 노력이 이어지고 있다.

더불어 ESG(environmental, social, governance) 및 MZ세대의 가치 소비 트렌드도 푸드테크 성장의 핵심 배경으로 작용하고 있다. MZ세대는 친환경적이고 지속 가능한 소비를 선호하며, 이러한 소비 트렌드를 반영하여 푸드테크 기업들은 비건 푸드, 대체 단백질, 스마트 패키징, 저탄소배출 식품 개발 등에 집중하고 있다. 기업들도 ESG 경영을 강화하면서 친환경 푸드테크 기술 개발을 적극 추진하고 있으며, 이는 푸드테크 산업의 장기적인 성장을 견인하는 중요한 요소로 작용하고 있다.

이처럼 푸드테크는 4차 산업혁명 기술과 결합된 식품 관련 신산업으로 자리 잡으며 빠르게 성장하고 있다. 기술 발전, 팬데믹 이후의 비대면 서비스 확산, 인구 증가에 따른 식량 안보 문제, 그리고 ESG 및 가치 소비 트렌드의 변화는 푸드테크 산업이 지속적으로 확대될 수 있는 주요한 성장 동력이다. 이에 따라, 푸드테크는 단순한 식품 산업의 혁신을 넘어 기술, 환경, 사회적 요인이 결합된 미래 산업의 핵심 분야로 자리매김하고 있으며, 향후 더욱 다양한 기술과 융합된 형태로 발전할 것으로 예상된다.

2. 푸드테크의 주요 분야

1) 푸드테크의 분류

푸드테크는 식품 산업의 전 과정에서 다양한 첨단 기술을 적용하여 혁신을 이루는 융합 분야로, 크게 생명공학 및 바이오 기술을 기반으로 하는 '푸드'가 중심이 되는 대체 소재·식품 개발 분야와 IoT(사물인터넷), AI(인공지능), 3D 프린팅 등 4차 산업 기술인 '테크'를 중심으로 하는 분야로 나눌 수 있다. 푸드테크의 다양한 영역을 명확하게 이해하기 위해 여러 가지 분류 방식이 존재하며, 각 방식은 목적과 관점에 따라 다르게 적용된다.

정부 및 연구기관에서는 푸드테크를 핵심 기술별로 나누어 분석한다. 농림축산식품부는 2022년 '푸드테크 산업 발전 방안'을 발표하며 푸드테크의 10대 핵심 기술을 선정하였으며, 이는 대체 단백질 개발, 식품 성분 분석 및 추출 기술, 맞춤형 영양식 개발, 스마트 농업 기술, 식품 안전 및 품질 관리 기술, 식품 폐기물 처리 기술, 식품 포장 혁신 기술, 유통 및 물류 최적화 기술, 외식서비스 혁신 기술, 그리고 식품 소비자 데이터 분석 및 활용 기술로 구성된다. 이러한 기술들은 푸드테크 산업의 각기 다른 단계에서 식품 시스템의 효율성을 높이고 지속 가능성을 증대시키는 데 기여한다.

표 1-1 푸드테크의 10대 핵심 기술

핵심 기술	기술 범위 및 내용
세포 배양 기반 식품 생산 기술	동물/식물 세포 배양 및 정밀 발효 기술을 통하여 안전하고, 우수한 품질의 대체식품 개발 및 농산자원을 생산하는 기술
식물 기반 대체식품 제조 기술	식물 기반 원료(식물성 단백질, 지방 등 기타성분)를 활용하여 동물성 단백질(육류, 해산물, 유제품 등)의 맛과 식감을 구현한 식품 제조 기술
한식 간편식(K-food) 제조 기술	K-food 성장 육성 및 글로벌 경쟁력 제고를 위해 간단하게 조리 또는 가열 가능한 고품질의 K-food 간편식을 제조하는 기술
3D 푸드 프린팅 기술	식품 구성 비율, 영양학적 데이터 등을 반경한 다양한 3D 식품 프린터 소재를 한 층씩 적층하여 3차원으로 재구성하는 식품 제조 기술
식품 스마트 제조 기술	빅데이터, AI 등 ICT 기술을 적용한 제조 공정의 자동화를 통해서 생산 운영 효율 최적화가 가능한 스마트 제조 플랫폼 기반의 식품 생산 시스템
식품 스마트 유통 기술	식품의 이력, 품질, 신선도 등 식품이 가진 각종 정보 제공 및 관리를 통한 안전한 유통 가능한 식품 유통 기술
소비자 맞춤형 식품 생산 기술	과학적 근거 기반(질병·DNA 등)의 개인 맞춤화 식품 생산 및 서비스 제공 기술
외식 푸드테크 기술	외식 산업 전통 서비스 행위를 대체할 수 있는 로봇 및 자동화, 인공지능을 활용한 서비스 제공 기술
식품 업사이클링 기술	농식품 부산물, 폐기물을 활용하여 새로운 고부가가치 상품을 제조하는 기술
친환경 식품 포장 기술	지속가능 친환경 포장 소재, 제품 및 공정 기술 개발

푸드테크는 또한 기술 중심으로 분류되기도 한다. 예를 들어, 한국농촌경제연구원(KREI)은 푸드테크를 IoT, 빅데이터, 3D 프린팅, 블록체인, 로보틱스, 인공지능(AI), 생명공학(BT) 등 7대 4차 산업혁명 핵심 기술을 기준으로 분석하며, 이러한 기술들이 식품 생산, 가공, 유통, 소비 과정에서 어떻게 적용되는지를 평가한다. 이러한 분류 방식은 산업 간 기술 융합 현황을 이해하는 데 유용하며, 기술 정책 및 R&D 투자 전략 수립에도 활용된다.

푸드테크를 산업적 측면에서 바라볼 수도 있다. 예를 들어, 한국푸드테크협회는 푸드테크를 물류 유통, 온 디맨드 서비스, 정보 콘텐츠, 인프라 테크의 4가지 범주로 나누며, 각각 식자재 유통 플랫폼, 배달 앱, 레시피 및 맛집 정보 제공 서비스, 스마트 팜 및 대체식품 기술을 포함한다. 이러한 분류는 기업과 투자자들이 실무적으로 활용할 수 있도록 설계되며, 푸드테크 스타트업이 속한 산업군을 파악하는 데 유용하다.

(1) 가치사슬 기반 푸드테크 분류

푸드테크를 식품의 가치사슬(value chain) 관점에서 분류하는 접근 방식은 식품 생산, 가공, 유통, 소비 단계에서 기술이 어떻게 적용되는지를 명확히 보여준다. 가치사슬 기반 푸드테크의 핵심 영역은 식자재 생산·개발, 식자재 유통·관리, 음식료 조리·가공, 음식료 마케팅·판매·배달, 음식료 소비 및 후처리로 구분되며, 이러한 분류는 단계별로 최적화된 기술 솔루션을 개발하고 적용하는 데 기여한다.

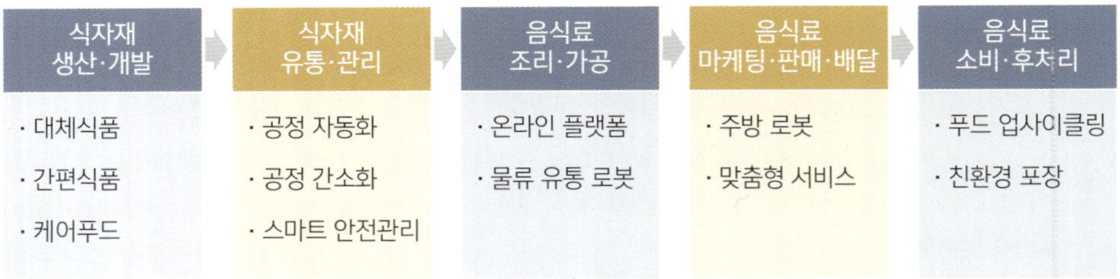

그림 1-1 **음식료 가치사슬을 기반으로 한 푸드테크 산업 분류**

식자재 생산 및 개발에서는 스마트 팜, 식물공장, 대체 단백질(식물성 고기, 배양육, 식용곤충), 건강기능식품 원료 개발, 자동화 로봇과 AI 기반 정밀농업 등이 활용된다. 이는 생산성을 높이고 지속가능성을 강화하며, 기후 변화 대응과 식량안보 강화를 위한 대안으로 주목받고 있다. 식자재 유통 및 관리에서는 신선식품 콜드 체인, AI 기반 재고관리 및 수요 예측, 스마트 트레이서빌리티, 자동화 물류(로봇·드론 배송) 등의 기술이 적용되며, 유통 손실을 줄이고 식품 안전성을 향상시키는 효과가 있다. 음식료 조리 및 가공에서는 3D 푸드 프린팅, 스마트 키친, 밀키트 및 HMR(home meal replacement) 혁신, 조리 로봇과 자동화 공유주방 등이 등장하여 조리 자동화를 통해 효율성과 일관된 품질을 보장한다. 음식료 마케팅, 판매 및 배달에서는 온라인 배달 플랫폼, 서빙 및 배달 로봇, 무인화 매장(키오스크·로봇 카페), 개인 맞춤형 AI 음식 추천, AR 기반 스마트 메뉴판 등이 활성화되어 소비자 경험을 개선하고 운영 효율성을 높이며 비용 절감을 유도한다. 음식료 소비 및 후처리에서는 개인 맞춤형 영양 데이터 분석, 음식물 쓰레기 저감 및 재활용 기술, 스마트 푸드 패키징(지능형 포장), 폐기물 관리 및 순환경제 솔루션이 적용되며, 건강 관리와 환경 보호를 동시에 달성할 수 있다.

가치사슬 기반 분류의 의의는 명확하다. 첫째, 기술 적용의 최적화를 통해 단계별 효율성을 극대화하고, 연구 개발과 산업 투자를 전략적으로 촉진할 수 있다. 둘째, 푸드테크 산업의 영역을 명확히 하여 정부, 기업, 연구기관이 협력할 수 있는 기반을 마련하고 산업 성장을 촉진한다.

가치사슬 관점의 푸드테크 분류는 산업 전반의 발전을 체계적으로 이끌고, 지속가능한 미래 식품 시스템 구축을 위한 필수적 접근 방식이다.

(2) 소비자 중심 푸드테크 분류

푸드테크는 4차 산업혁명의 첨단 기술을 식품 산업 전반에 적용하여 새로운 형태의 산업과 부가가치를 창출하는 것을 의미한다. 푸드테크는 단순히 식품 산업에 첨단 기술을 접목하는 차원을 넘어, 소비자가 직면한 다양한 문제(환경·건강 등)를 해결하는 것에서부터 출발하며, 본질적으로 소비자 지향적인 기술 혁신을 목표로 한다. 그러나 기술 또는 가치사슬 중심의 분류 방식은 산업 구조나 기술 자체에 초점을 맞추고 있어 최종 소비자가 체감하는 변화를 충분히 반영하지 못하는 한계를 가진다. 따라서 푸드테크가 지향하는 맞춤형 서비스와 개인화된 경험을 분석하려면, 소비자 관점에서의 분류 체계가 보완적으로 필요하다. 소비자가 식품을 선택하고 섭취하며 처리하는 전 과정에서 푸드테크가 어떻게 작용하는지를 기준으로 삼으면, 푸드테크 혁신이 삶에 미치는 영향을 더욱 명확하게 파악할 수 있다.

따라서, 소비자 중심 분류는 소비자가 음식을 선택하고 소비하고 처리하는 과정의 단계별로 푸드테크를 분류하는 접근이라고 할 수 있다. 즉, 식품 소비 전 단계, 소비 단계, 소비 후 단계의 세 구간에서 소비자가 체감하는 변화와 혁신을 기준으로 분류한다. 각 단계마다 적용되는 대표적인 푸드테크 사례는 다음과 같다.

그림 1-2 **소비자 중심에서의 푸드테크 분류**

① 소비 전 단계

소비 전 단계에서는 소비자가 식품을 선택하고 구매하는 과정에서 푸드테크가 개입한다. 이 단계에서는 식자재 생산 및 개발, 식자재 유통 및 관리, 일부의 음식료 가공 기술(냉동제품 등)이 핵심적인 역할을 한다. 스마트 농업 기술은 IoT 및 AI를 활용하여 농작물의 생장 상태를 실시간으로 모니터링하고, 정밀 농업을 통해 생산성을 극대화하는 데 기여한다. 대체 단백질 개발은 식물성 단백질, 배양육, 식용 곤충 등을 활용하여 지속 가능한 식품을 생산하는 데 중점을 둔다. 건강 기능성 식품 개발은 개인 맞춤형 영양식과 기능성 원료를 기반으로 한 식품 연구를 포함하며, 소비자의 건강 요구를 충족하는 방향으로 발전하고 있다.

식자재 유통 및 관리 분야에서는 스마트 물류 및 유통 최적화 기술이 활용되며, 블록체인 기반 식품 이력 추적, 스마트 냉장 및 보관 기술 등이 포함된다. 신선식품 물류에서는 콜드 체인 기술이 적용되며, 유통 과정에서 온도 및 습도를 자동으로 관리하는 시스템이 필수적이다. 또한, AI 기반 식자재 재고 예측과 자동 발주 시스템을 통해 유통과 보관의 효율성을 높인다. 이 단계에서 푸드테크는 농업 생산성을 향상시키고, 지속 가능한 식량 자원을 개발하며, 신선도와 유통 효율성을 극대화하는 역할을 한다.

② 소비 단계

소비 단계에서는 공급자 및 소비자가 실제로 식품을 가공 및 조리하고 소비자가 소비하는 과정에서 푸드테크가 중요한 역할을 한다. 대부분의 음식 조리 및 가공 분야에서는 조리 자동화 기술, 3D 푸드 프린팅, 공유 주방 등의 기술이 포함된다. 조리 자동화 기술은 로봇 주방, 자동화 조리 시스템, 스마트 오븐 및 전자레인지를 활용하여 조리 과정을 효율화하고 품질을 높이는 역할을 한다. 3D 푸드 프린팅은 맞춤형 영양식을 제조하고, 형태가 다양한 식품을 디자인할 수 있도록 한다. 공유 주방은 여러 브랜드가 하나의 조리 시설을 공유하여 외식 공간을 효율적으로 운영하는 방식이다.

음식 유통 및 판매·배달 분야에서는 배달 애플리케이션과 플랫폼, 서빙 및 배달 로봇, 무인매장 및 키오스크, 로봇 바리스타 및 조리 시스템 등이 포함된다. 배달 애플리케이션은 실시간 배달 모니터링을 가능하게 하며, 서빙 및 배달 로봇은 무인화 시스템과 결합하여 자동화된 외식 경험을 제공한다. 무인 매장과 키오스크는 자동화된 결제 시스템을 도입하여 소비자의 편의를 극대화하며, 로봇 바리스타 및 조리 시스템은 인공지능을 활용하여 커피 제조 및 맞춤형 음식을 제공하는 역할을 한다. 이 단계에서 푸드테크는 소비자의 편의성과 맞춤형 식품 경험을 극대화하고, 외식 및 배달 서비스의 효율성을 높이는 역할을 한다.

③ 소비 후 단계

소비 후 단계에서는 식품 소비 이후의 과정에서 발생하는 문제를 해결하는 기술이 중요한 역할을 한다. 식품 영양 데이터 분석과 음식물 쓰레기 감소 및 후처리가 핵심적인 영역으로 포함된다. 개인 맞춤형 식단 분석 기술은 AI 및 빅데이터를 활용하여 개인 맞춤형 식단과 영양소 추적을 가능하게 하며, 스마트 워치 및 헬스 케어 앱과 연계한 건강 데이터 연계 서비스가 활용된다. 이를 통해 소비자는 자신에게 최적화된 영양 정보를 제공받을 수 있다.

음식물 쓰레기 감소 및 후처리 분야에서는 스마트 폐기물 관리, 식품 업사이클링, 스마트 재활용 시스템 등이 포함된다. 스마트 폐기물 관리 시스템은 IoT 센서를 이용하여 음식물 쓰레기의 양을 실시간으로 모니터링하고, 이를 효과적으로 관리할 수 있도록 돕는다. 식품 업사이클링 기술은 음식물 쓰레기를 활용하여 고부가가치 제품을 개발하는 데 초점을 맞추며, 스마트 재활용 시스템은 자동 음식물 분해기, 퇴비화 시스템, 친환경 포장재 개발을 통해 지속 가능한 소비를 촉진한다. 이 단계에서 푸드테크는 음식 소비 이후 발생하는 환경적 영향을 최소화하고, 건강 데이터를 활용하여 지속 가능한 식습관을 형성하는 역할을 한다.

④ 소비자 중심 분류의 장점과 한계

소비자 중심 분류 방식은 소비자가 푸드테크를 어떤 방식으로 체감하는지를 명확하게 보여주며, 사용자 중심의 서비스 설계 및 마케팅 전략 수립에 도움을 준다. 소비자 중심 분류의 장점으로는 소비자 친화적 이해 가능성, 마케팅 및 서비스 디자인 활용, 소비자의 요구 반영 가능성을 들 수 있다. 기존의 기술 중심, 가치사슬 중심 분류보다 소비자가 실제로 체감하는 과정에 초점을 맞추어 직관적으로 정리할 수 있다. 또한, 소비자가 어떤 기술을 필요로 하는지를 분석하고, 단계별 맞춤형 서비스를 제공하는 데 유리하며, 각 단계에서 소비자가 겪는 불편함을 파악하여 이에 맞는 혁신 기술을 적용하는 전략을 수립할 수 있다.

그러나 소비자 중심 분류 방식은 산업 전체의 기술적 변화 및 산업 분류 관점에서는 이를 반영하기 어려울 수 있다. 소비자가 직접 접하지 않는 스마트 농업, 식품 생산 자동화, 유통 시스템 최적화 등의 기술이 상대적으로 덜 부각될 수 있으며, 일부 유통/가공/안전 기술 등(예: 스마트 유통 시스템, AI 기반 식품 안전 모니터링)은 여러 소비 단계에 걸쳐 영향을 미칠 수 있어 분류 기준이 다소 모호할 수 있다. 따라서 소비자 중심 분류는 기존의 가치사슬 기반 및 기술 중심 분류를 대체하는 것이 아니라 보완적 시각으로 적용하는 것이 바람직하다.

궁극적으로, 푸드테크의 분류는 산업적, 기술적, 소비자 경험적 측면을 모두 균형 있게 반영해야 한다. 소비자 중심 분류는 기존 산업 분류를 보완하는 개념으로 활용될 수 있으며, 소비자가 체감하는 혁신을 강조하는 데 중요한 역할을 한다. 이를 통해 푸드테크 혁신이 단순한 기술 개발을 넘어 소비자의 삶을 실질적으로 변화시키는 방향으로 발전할 수 있도록 해야 한다.

2) 푸드테크 주요 분야

푸드테크 산업의 분야를 식품 가치사슬에 따라 분류하는 것이 일반적이다. 즉, 원재료 생산, 식품 가공/제조, 유통 및 물류, 외식 조리 및 서비스, 소매/배송/소비의 5단계로 나눌 수 있다. 이 5개의 분야도 세부적으로 보면 매우 다양한 기술 분야로 분류할 수 있지만, 여기서는 대표적인 주요 푸드테크 분야를 소개하고자 한다.

(1) 원재료 생산

원재료 생산 분야에서는 스마트 농업과 스마트 축산이 대표적이다. 스마트 농업은 IoT와 AI를 활용하여 농작물의 생장 상태를 실시간으로 모니터링하고, 최적의 생장 조건을 유지하여 생산성을 극대화한다. 예를 들어, 네덜란드의 플랜트랩(PlantLab)은 수직·농법과 LED 조명을 이용해 최소한의 물과 토양으로 고품질의 농작물을 생산하고 있다. 스마트 축산은 동물 복지와 생산성을 동시에 고려한 기술로, IoT 센서를 통해 동물의 상태를 실시간으로 모니터링하고 최적의 사육 환경을 제공한다.

(2) 대체식품과 식품 가공/제조

대체식품과 식품 가공/제조 분야에서는 식물성 대체식품, 배양육, 식용곤충 등의 기술이 주목받고 있다. 식물성 대체식품은 식물성 단백질을 이용해 육류를 모사하는 기술을 포함하며, 배양육은 동물 세포를 배양해 생산한다. 예를 들어, 미국의 모사미트(Mosa Meat)는 배양육을 상용화하는 데 앞장서고 있다. 또한 식용곤충은 식용곤충은 곤충 단백질을 활용한 대체 식품으로 지속 가능성과 영양적 측면에서 주목받고 있다. 대체식품 및 식품 가공 관련 국내 대표 기업으로는 롯데푸드, CJ제일제당, 풀무원 등이 있다.

(3) 유통 및 물류

유통 및 물류 분야에서는 블록체인 기반의 추적 시스템이 중요한 역할을 한다. 블록체인 기술을 도입하여 식품의 이동 경로를 투명하게 관리하고, 식품 안전성을 보장한다. 예를 들어, IBM 푸드 트러스트 플랫폼은 공급사슬 전 과정을 추적해 소비자 신뢰도와 식품 안전성을 제고한다. 까르푸와 월마트는 이 플랫폼을 통해 블록체인 기반 식품 추적 시스템을 운영하고 있다.

(4) 외식 조리 및 서비스

외식 조리 및 서비스 분야에서는 조리 및 서빙 로봇과 디지털 외식서비스가 도입되고 있다. 조리 및 서빙 로봇은 무인 주문 및 결제 시스템과 연계해 식품 조리와 서빙을 자동화한다. LG전자의 클로이 서브봇(CLOi ServeBot)과 우아한형제들의 딜리플레이트가 대표적인 서빙 로봇이며, 로보아르테의 튀김 조리 로봇은 1인 치킨 브랜드 '롸버트치킨'을 운영하고 있다. 디지털 외식 서비스는 외식 산업의 편의성과 효율성을 향상시키고, 고객 경험을 개선하는 데 중점을 둔다.

(5) 소매·배송·소비

소매·배송·소비 분야에서는 배달 앱과 무인화 기술이 중심이 된다. 배달 앱은 식품 주문, 결제, 조리, 배송의 전 과정을 자동화하여 소비자의 편의를 높인다. 국내에서는 키오스크를 넘어 무인 매장도 활발히 운영되고 있다. 대표적인 사례로는 아마존고와 이

마트24의 무인 점포가 있다. 또한, 농식품 부산물 자원화 기술은 농식품 부산물을 재활용하여 자원을 효율적으로 활용하고 환경 보호에 기여한다. 스마트 폐기 관리 시스템은 IoT 센서를 이용해 식품 폐기물의 양을 실시간으로 모니터링하고, 효율적인 폐기물 관리를 가능하게 한다.

3. 푸드테크의 중요성

1) 국내 푸드테크 동향

대한민국은 전 세계에서 푸드테크 산업을 빠르게 발전시키고 있는 국가 중 하나이며, 정부와 민간이 협력하여 식품 산업과 첨단 기술의 융합을 선도하고 있다. 특히, 국가 차원의 정책 및 법률이 마련되고, 전문 인재 양성을 위한 제도적 기반이 강화되면서 푸드테크 산업이 빠르게 성장하고 있다.

정부는 2022년 12월 범정부 푸드테크 발전방안을 발표하였으며, 이를 실행하기 위해 농림축산식품부 산하에 푸드테크정책과를 신설하였다. 푸드테크정책과는 푸드테크 관련 정책 수립, 산업 지원, 규제 정비 등을 전담하고 있다. 또한, 2023년 2월 농림축산식품부 주도로 '푸드테크 산업 발전협의회'가 발족되었으며, 관계 부처, 유관 기관, 기업, 학계 전문가 등 총 26명의 위원으로 구성되어 푸드테크 산업 육성을 위한 정책 수립과 기술 개발 지원을 강화하고 있다.

한편, 월드푸드테크협의회는 정부보다 한발 앞서 민간에서 산업의 성장성을 고려하여, 2022년 6월에는 민간 주도로 대한민국푸드테크협의회가 발족되었으며, 매년 포럼, 엑스포, 컨퍼런스 등의 행사를 개최하고 있으며, 지난 2024년 11월 이후 글로벌 시장에서의 경쟁력을 확보하기 위해 '월드푸드테크협의회'로 명칭을 변경하였다. 월드푸드테크협의회는 산학관 협력 네트워크 구축을 통해 국제 표준화와 기술 교류를 촉진하고 국내 푸드테크 기업의 해외 진출을 적극 지원하고 있다.

정부는 푸드테크 산업의 체계적인 발전을 위해 법률적 기반을 마련하고 있다. 2024년 12월에는 「푸드테크산업 육성에 관한 법률」이 공포되었으며, 2025년 12월 시행을 앞두고 있다. 이 법은 푸드테크 산업의 발전을 위한 법적 기반을 마련하고, 식품 산업과 첨단·혁신 기술의 융복합을 촉진하며, 국가 경제 발전과 국민 삶의 질 향상에 기여하는 것을 목표로 한다.

또한, 푸드테크 산업의 표준화를 위해 농림축산식품부는 2024년 12월 국내 최초로 대한민국산업표준(KS) 4종을 제정·고시하였다. 이번 표준은 ① 식물성 대체식품의 일반 요구사항, ② 식물성 대체식품의 품질 기준, ③ 업사이클 식품의 일반 요구사항, ④ 식품 3D 프린팅 기술 표준을 포함하며, 이를 통해 기업의 기술 개발 방향을 명확히 하고 소비자 신뢰도를 높이는 데 기여할 것으로 기대된다.

또한, 정부는 2024년 식물성 대체식품, 식품 로봇, 식품 업사이클링 3개 분야의 연구지원센터를 구축하며, 2025년 커스터마이징, 세포배양식품 등의 분야를 확대, 향후 푸드테크 10대 기술 분야 연구 인프라를 지속적으로 확대해 나갈 계획을 가지고 있다.

전문 인력 양성을 위해 농림축산식품부는 국내 8개 대학(서울대, 고려대 세종캠퍼스, 한양대, 경희대, 전남대, 전북대, 전주대, 포항공대)에 '푸드테크 계약학과'를 신설하여 푸드테크 산업에 특화된 인재를 육성하고 있다. 또한, 해양수산부는 경상국립대학교에 '블루푸드테크' 계약학과를 신설하여 해양 식품 및 블루푸드 기술 분야의 전문 인력을 양성하고 있다.

푸드테크 산업의 발전과 함께, 식품의약품안전처는 2024년 2월부터 「식품·의약품 등의 안전 및 제품화 지원에 관한 규제과학혁신법」을 시행하였다. 이를 통해 푸드테크 제품의 안전성을 확보하고, 신속한 제품화를 지원하는 법률적 기반이 마련되었다. 또한, 국내 푸드테크 관련 규제 과학 인재를 양성하기 위해 고려대학교 세종캠퍼스(식품규제과학과), 중앙대학교(식품안전규제과학과), 동국대학교(식품의료제품규제정책학과) 등 3개 대학에 관련 학과를 신설하여 푸드테크 분야의 규제 과학 전문가를 배출하고 있다.

대한민국은 푸드테크 산업을 미래 성장 동력으로 육성하고 있으며, 정부와 민간 기업, 학계의 협력을 통해 글로벌 시장에서의 경쟁력을 높이고 있다. 특히, 법률 제정, 인재 양성, 규제 정비 등의 제도적 기반이 마련됨에 따라 푸드테크 산업은 지속적인 성장과 발전을 이룰 것으로 기대된다. 향후 대한민국이 글로벌 푸드테크 허브로 자리 잡을 가능성이 높아지고 있으며, 혁신적인 식품 기술 개발을 통해 전 세계적인 식품 산업 패러다임의 변화를 선도할 것으로 예상된다.

2) 푸드테크에서 대체식품의 중요성

4차 산업혁명의 물결이 식품 산업에까지 확장되며, 개인 맞춤형 식단, 생산 공정 자동화, 지속 가능한 먹거리 개발을 앞세운 푸드테크 혁신이 본격화되고 있다. AI 셰프, DNA 기반 영양 설계, 스마트 팜 등 다양한 기술이 주목받고 있지만, 실제 소비자들의 일상에 가장 직접적인 변화를 일으키고 있는 분야 중 하나는 대체식품 산업이다. 과거 실험실 수준에 머물던 대체식품은 이제 마트에서 쉽게 구매할 수 있는 일반 제품이 되었고, 패스트푸드점의 일상적인 메뉴로도 자리 잡으며 미래 식품 시장의 핵심으로 부상하고 있다. 대체식품은 단순한 육류 대체재가 아니라, 기후 변화, 식량 안보, 동물 복지, 개인 맞춤형 영양 등 현대 사회의 핵심 이슈를 해결하는 기술 혁신의 결정체이다. "맛있는 육류를 먹으면서도 지구와 동물을 해치지 않고 싶다"는 현대인의 가치 변화가 대체식품 기술 발전을 가속화하며, 식품 공급망을 근본적으로 바꾸는 전환점이 되고 있다. 특히, 기존 축산업이 가지는 환경적 한계를 해결하는 현실적인 대안으로 자리 잡으며, 글로벌 식품 기업들은 물론 바이오 기술 스타트업까지도 앞다투어 이 시장에 뛰어들고 있다. 기존 축산업과 비교했을 때, 대체식품은 탄소 배출 감소, 자원 효율성 극대화, 맞춤형 영양 설계 가능성 등 여러 가지 강점을 갖고 있다. 더 이상 대체식품은 단순한 친환경 트렌드가 아니라, 미래 식품 공급망을 재편할 필연적인 변화로 받아들여지고 있다.

2장에서는 대체식품이 어떻게 발전해 왔으며, 어떤 기술이 적용되었고, 미래에는 어떤 방향으로 나아갈 것인지 구체적으로 살펴보고자 한다.

2장

대체육의 세계

1. 대체육의 정의
2. 대체육의 등장 배경
3. 대체육의 분류

1. 대체육의 정의

대체육[1]은 전통적인 동물성 육류를 대체하기 위해 개발된 식품으로, 주로 식물성 원료, 배양 세포, 곤충 단백질 등을 활용하여 생산된다. 이러한 대체육은 육류와 유사한 맛, 질감, 그리고 영양적 가치를 제공하며, 환경 보호, 건강 증진, 동물 복지와 같은 다양한 사회적 요구에 부응하기 위해 설계되었다. 이처럼 대체육은 단순히 대체 식품이 아니라, 지속 가능한 식품 시스템 구축과 환경 문제 해결, 그리고 새로운 식품 산업의 패러다임을 제시하는 데 있어 핵심적인 역할을 하고 있다.

대체육이라는 개념은 '모방육', '대체육', '대안육' 등 여러 용어로 혼용되어 사용되고 있으며, 다음과 같이 각 용어는 의미상 약간의 차이를 보인다.

① Meat analog(모방육): 전통적인 육류의 맛과 질감을 모방한 식품으로, 주로 식물성 단백질을 기반으로 한다. 이 용어는 육류를 얼마나 정확히 재현했는지에 중점을 두며, 연구적 관점에서 자주 사용된다.

② Meat alternative(대체육): 육류를 대체할 수 있는 모든 종류의 식품을 포괄하는 용어로, 식물성 단백질, 곤충 단백질, 배양육 등을 포함한다. 이는 육류를 완전히 대체한다는 급진적인 대안을 암시하며, 지속 가능성을 강조하는 맥락에서 널리 사용된다.

③ Meat substitute(대안육): 육류 대신 사용할 수 있는 식품으로, 기존 육류를 일부 대체하는 의미를 내포한다. 대체육보다는 범위가 넓으며, 두부나 생선과 같은 전통적인 대체식품도 포함될 수 있어 다소 모호하다.

이처럼, '대체육'은 육류를 완전히 대체하는 모든 식품을 의미하며, '대안육'은 기존 육류를 일부 보완하거나 대체하는 식품으로 정의할 수 있다. '모방육'은 육류의 맛과 질감을 모사하는 데 초점을 맞춘 용어로, 식물성 대체육의 맥락에서 자주 사용된다.

대체육의 다양한 용어는 각각의 맥락에 따라 사용되지만, 전 세계적으로 가장 널리 사용되는 표현은 '대체육'이다. 따라서 이 책에서는 '대체육'을 대표 용어로 사용하여 이를 중심으로 논의를 전개하고자 한다.

---

1) 식품의약품안전처(MFDS)는 '대체육'을 공식적으로 '대체식품'으로, '배양육'을 '세포배양식품'으로 명명한다. 이에 따라 본 자료에서 사용하는 '대체육'은 MFDS의 기준에 따라 '대체식품'을 지칭하는 용어로 간주한다.

2. 대체육의 등장 배경

1) 식물성 단백질 발전 과정과 대체육 트렌드

대체육의 등장은 단순한 식품 기술의 발전으로만 설명할 수 없다. 이는 인류가 직면한 환경적, 사회적, 그리고 기술적 변화가 교차하며 만들어낸 필연적인 결과로, 지속 가능한 미래 식량 체계를 구축하기 위한 핵심적 전환점이 되고 있다. 특히, 대체육이 하나의 독립적인 산업으로 성장하게 된 배경에는 식물성 단백질을 중심으로 한 식문화의 역사적 변화가 중요한 영향을 미쳤다.

역사적으로 볼 때, 식물성 단백질 기반 식단은 동양에서 오랜 기간 동안 체계적으로 발전해 온 반면, 서양에서는 상대적으로 제한적인 형태로 존재했다. 동양에서는 기원전 2세기 한(漢) 왕조 시기에 불교가 전파되면서 채식 문화가 확산되었으며, 이 과정에서 단백질 공급원을 확보하기 위한 다양한 식물성 식품이 개발되었다. 대표적인 예가 두부(豆腐)이며, 이는 대두를 이용한 단백질 응고 기술을 통해 식물성 단백질을 효과적으로 활용할 수 있도록 한 초기 형태의 대체 단백질 제품이었다. 또한, 12세기 인도네시아의 자바인들은 템페(tempeh)를 개발하여, 발효를 통해 단백질을 안정적으로 보존하고, 소화 흡수율을 높이는 기술을 발전시켰다. 이러한 전통적인 식물성 단백질 식단은 단

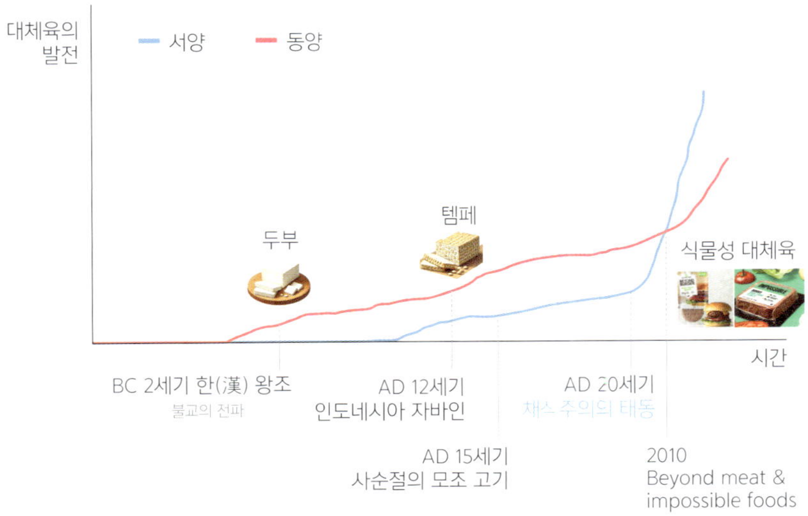

그림 2-1 **동양과 서양의 식물성 단백질 분야의 메가 트렌드**

순한 육류 대체의 개념이 아니라, 균형 잡힌 식물성 및 동물성 단백질 섭취를 중시하는 식문화로 발전하였다. 반면, 서양에서는 15세기 사순절 기간 동안 육류 섭취를 제한하는 종교적 전통 속에서 육류를 대체하는 모조육류(mock meat) 개념이 등장했지만, 이는 주로 포도와 같은 과일을 이용하는 형태였다. 따라서, 식물성 단백질을 체계적으로 활용하는 문화는 동양에 비해 크게 발달하지 못했다. 그러나, 19세기 말~20세기 초 서구에서 젊은 지식인들을 중심으로 채식주의 운동이 확산되면서, 서양에서도 윤리적 채식주의(vegetarianism) 개념이 정립되기 시작했다. 이 과정에서 비건(vegan), 오보베지테리언(ovo-vegetarian) 등의 세부 채식주의 분류가 등장했으며, 채식 문화는 하나의 사회적·정치적 이슈로 자리 잡게 되었다.

20세기 후반부터는 과거 동양에서 시작된 식물성 식단이 서구로 확산되었고, 다시 서구에서 발전한 대체육 트렌드가 전 세계적으로 퍼지면서, 현대적인 대체육 산업이 급격하게 성장하는 계기가 마련되었다. 이러한 흐름은 전통적인 식물성 단백질 활용 방식과 윤리적 소비, 지속 가능성을 고려한 현대 산업의 변화가 결합하면서 글로벌 메가 트렌드로 자리 잡은 것으로 이해할 수 있다.

2) 대체육 산업의 등장 배경과 주요 요인

대체육 산업의 성장은 단순한 식품 기술 혁신의 결과가 아니라, 지구 환경 변화, 식량 위기, 지속 가능한 경제 모델의 필요성, 윤리적 소비 트렌드, 그리고 기술 발전이 맞물리며 나타난 필연적인 산업적 전환이다. 인류는 산업화 이후 자원 소비와 환경 파괴가 가속화되면서 기존 축산업의 한계를 경험하고 있으며, 이를 해결하기 위한 대체 단백질 공급원의 필요성이 부각되었다. 이는 단순한 채식 트렌드의 확산이 아니라, 미래 식량 시스템을 새롭게 구축하기 위한 전략적 전환으로 볼 수 있다.

현대 축산업은 온실가스 배출, 산림 파괴, 수자원 과소비 등의 환경 문제를 유발하며, 지속 가능성을 위협하는 주요 산업으로 지목되고 있다. 특히, 축산업은 온실가스 배출량의 14.5%를 차지하며, 메탄(CH_4) 배출의 주요 원인으로 꼽힌다. 소 사육을 위한 산림 파괴와 토지 개간이 생물 다양성을 훼손하고, 지속 가능한 식량 시스템을 위협한다. 축산업은 농업용 수자원의 30% 이상을 소비하며, 물 부족 문제가 심각한 지역에서는 기존 육류 공급 모델이 지속 가능하지 않다.

또한, 세계 인구 증가와 식량 안보 위기의 심화는 단백질 공급원 다변화의 필요성을 더욱 강조하고 있다. FAO(유엔식량농업기구)에 따르면, 2050년까지 세계 육류 소비가 70% 이상 증가할 것으로 전망되며, 이에 따른 환경 부담과 식량 공급 문제가 더욱 심각해질 것으로 예상된다. 곡물 생산량의 77%가 가축 사료로 사용되고 있어, 인간이 직접 소비할 수 있는 식량 자원의 비효율적인 활용이 문제가 된다. 기후 변화로 인한 농업 생산성 감소와 토지 황폐화는 기존 농업 모델을 지속 불가능한 상태로 몰아넣고 있다.

이와 더불어, 윤리적 소비를 기반으로 성장하기 시작한 대체육 산업은 이제 지속 가능한 새로운 경제 모델로 빠르게 전환되고 있다. 초기 대체육 소비의 주요 동기는 동물 복지와 같은 윤리적 가치를 중시하는 소비자들의 선택이었다. 그러나 최근에는 기업의 ESG(환경·사회·지배구조) 경영 전략과 결합하여, 대체육 산업은 단순한 윤리적 소비 시장을 넘어 경제적 지속 가능성과 환경 보호라는 측면에서 주목받고 있다. 특히, 환경 부담이 적고 효율적으로 단백질을 공급할 수 있는 대체육 생산 방식은 기업의 새로운 투자 대상으로 부상하고 있다. 스타트업뿐만 아니라 글로벌 식품 기업들까지 적극적으로 참여하면서, 대체육은 기존 육류 산업을 보완하거나 대체하는 혁신적이고 지속 가능한 식품 산업의 한 축으로 확고히 자리 잡고 있다.

기술 혁신 또한 대체육 산업 성장의 핵심적인 촉진제 역할을 하고 있다. 생명공학, 세포 배양, 3D 바이오(식품) 프린팅 등의 기술 발전은 기존 축산업을 보완하거나 대체할 수 있는 새로운 식품 산업으로 대체육을 성장시키고 있다. 특히, 전통적인 식물성 단백질 기반 대체육이 압출 성형, 전단셀, 미세조류 배양 등의 기술과 결합하여 더욱 정교한 제품으로 발전하면서, 대체육은 점차 기존 육류의 대체재가 아닌 독립적인 식품군으로 자리 잡아가고 있다.

결과적으로, 대체육 산업의 성장은 단순한 소비 트렌드 변화가 아니라, 기존 식품 시스템의 구조적 변화를 반영하는 산업 패러다임의 전환으로 이해해야 한다. 기존 축산업이 환경적·경제적 한계를 노출하는 가운데, 대체육은 지속 가능한 식량 체계를 구축하고, 공급망 리스크를 최소화하며, 미래 식품 산업을 선도하는 핵심 기술로 자리 잡고 있다.

3. 대체육의 분류

대체육은 원료와 제조 방식에 따라 크게 세 가지 주요 범주로 분류할 수 있다. 이는 식물 기반 대체육, 배양육, 그리고 식용곤충을 포함하는 기타 대체육이다. 각 범주는 사용되는 재료, 생산 기술, 시장의 목적에 따라 고유한 특성을 가지고 있으며, 이러한 차이는 소비자의 요구와 사회적 필요를 충족시키는 방식에도 반영된다. 이 장에서는 식물성 대체육과 그 외 대체육에 대해서 구체적으로 다루고, 배양육은 4장에서 다루고자 한다.

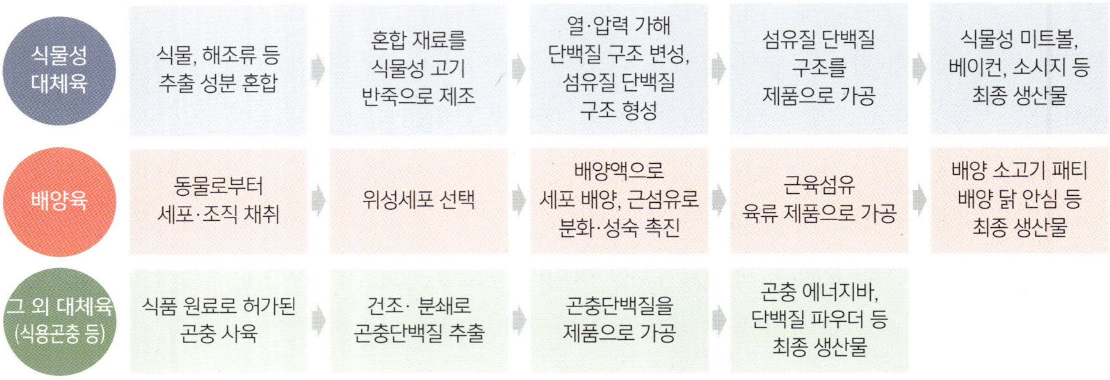

그림 2-2 **대체육의 분류**

1) 식물성 대체육

(1) 식물성 대체육 개념

식물성 대체육(plant-based meat analogs)은 식물성 단백질을 활용하여 전통적인 육류의 맛과 질감을 모방한 식품으로, 현대 식품 기술의 대표적인 혁신 사례 중 하나이다. 이러한 대체육은 대두, 완두, 밀, 녹두 등 다양한 식물성 원료를 기반으로 제조되며, 단백질 함량이 높고 지방 및 포화지방산 함량이 낮아 건강한 식단을 지향하는 소비자들에게 매력적인 선택지로 자리 잡고 있다.

초기에는 채식주의자나 종교적 이유로 육류 섭취가 제한된 사람들을 위해 대안 식품으로 개발되었지만, 오늘날에는 육식을 선호하는 일반 소비자들까지도 식물성 대체육을 점점 더 많이 선택하고 있다. 이는 단순한 육류 대체를 넘어, 영양 성분 강화나 기능성 성분의 첨가를 통해 다양한 소비자의 요구를 충족시키는 방향으로 발전하고 있기 때문이다. 예를 들어, 비타민 B_{12}, 철, ω-3 지방산 등을 첨가한 대체육 제품은 영양학적 부가가치를 더하면서 시장에서의 경쟁력을 강화하고 있다.

식물성 대체육은 현재 대체육 산업에서 가장 널리 보급되고 있으며, 혁신적인 제조 기술과 효율적인 생산 시스템 덕분에 그 시장 점유율이 지속적으로 증가하고 있다. 텍스처링 기술, 첨단 압출성형 공정 등은 대체육의 섬유질 구조와 육류의 질감을 재현하는 데 중요한 역할을 하며, 이러한 기술적 발전은 소비자 경험을 더욱 풍부하게 만든다.

(2) 주요 원료

식물성 대체육은 육류의 영양적 균형과 조직적 특성을 모사하기 위해 단백질, 지방, 탄수화물을 조합하여 설계된다. 단백질은 대체육의 근육 조직을 형성하는 핵심 성분으로, 단백질 네트워크를 구축하여 씹는 질감과 결 구조(textured structure)를 결정한다. 주요 단백질 원료로는 대두(soy), 완두(pea), 녹두(mung bean), 파바콩(faba bean), 동부콩(cowpea), 밀 글루텐(wheat gluten) 등이 사용되며, 각각 겔화(gelation), 점탄성(viscoelasticity), 결합력(binding property) 등의 물리·화학적 특성을 활용하여 최적의 육질감을 구현한다. 지방은 대체육의 풍미(flavor), 육즙감(juiciness), 마블링(marbling)을 구현하는 핵심 요소이다. 동물성 지방과 달리, 대부분의 식물성 지방은 상온에서 액체 상태이므로 이를 고체화 및 균일 분포시키는 기술이 필요하다. 이를 위해 코코넛 오일, 카놀라유, 해바라기유 등이 사용되며, 최근에는 올레오겔(oleogel) 기술 등을 적용하여 건강기능성이 높은 대체지방을 개발하는 연구도 진행되고 있다. 탄수화물은 육류에서 주요 성분은 아니지만, 대체육의 결합조직 강화 및 조직 안정화 역할을 할 수 있다. 또한, 점탄성을 부여하고 보수력을 높이기 위해 한천(agar), 카라기난(carrageenan), 젤란검(gellan gum) 등의 다당류(polysaccharides)가 활용된다.

이처럼 식물성 대체육은 단백질을 중심으로 지방과 탄수화물을 조합하여 육류의 영양적 균형과 조직적 특성을 구현하도록 설계된다. 이 장에서는 이러한 식물성 대체육의 핵심 원료인 식물성 단백소재에 대해 보다 자세히 살펴보고자 한다.

① 함량에 따른 단백소재 분류

단백질 함량에 따라 식품용 단백소재는 크게 전분질 소재, 탈지 단백질, 농축 단백질, 분리 단백질로 구분할 수 있다. 이러한 분류는 단백질의 순도 및 기능적 특성에 따라 나뉘며, 가공 공정에 따라 단백질의 활용도와 용도가 결정된다.

전분질 소재(starchy protein sources)

전분질 소재는 단백질 함량이 상대적으로 낮고, 탄수화물이 주요 성분으로 포함된 원료를 의미한다. 대표적으로 곡물류(밀, 쌀, 옥수수 등)와 콩가루 등이 해당된다. 이러한 소재는 단독으로 단백질원으로 사용되기보다는, 구조 형성이나 텍스처 조절을 위해 다른 단백질과 혼합하여 사용된다.

탈지 단백질(defatted protein)

탈지 단백질은 원료로부터 단백질 함량을 줄이고 지방을 제거한 형태의 식품 성분으로, 일반적으로 단백질 함량이 50% 이하이다. 대표적인 예로, 탈지 대두단백(defatted soy protein) 등이 있으며 주로 고단백 식품, 대체 육류, 가공 식품 등에 사용이 된다. 탈지 단백은 지방이 제거 되어 단백질 함량이 높고 저장성이 좋다.

탈지 단백의 종류

a. 탈지 대두단백(defatted soy protein)

- 탈지 대두단백은 대두에서 지방을 제거한 후 단백질을 분리한 원료로, 단백질 함량이 높고 기능성이 뛰어나 다양한 식품 및 산업 분야에서 활용된다. 대두 단백질은 필수아미노산이 균형 있게 포함된 양질의 식물성 단백질로, 식물성 단백질 공급원 중에서도 영양학적 가치가 높은 편이다.
- 이 단백질은 유화성, 겔 형성 능력, 수분 보유력이 우수하여 대체육, 제빵, 기능성 식품 등 다양한 제품의 원료로 사용된다. 특히, 대체육 제품에서는 압출 성형 공정을 거쳐 육류와 유사한 섬유질 구조를 형성하여 조직감을 개선하는 데 중요한 역할을 한다. 지속 가능한 식물성 단백질 공급원으로 주목받고 있는 탈지 대두단백은 가공 적합성과 높은 단백질 함량을 바탕으로 대체육 및 기능성 식품 산업에서 필수적인 소재로 자리잡고 있다.

b. 탈지 옥수수단백(defatted corn protein, zein)

- 탈지 옥수수단백은 옥수수에서 지방을 제거한 후 얻어진 단백질로, 특히 제인(zein)이라는 특수한 단백질이 주성분이다. 제인은 다른 곡류 단백질과 달리 친수성과 소수성을 동시에 가지는 특성을 가져 식품뿐만 아니라 생분해성 필름, 코팅제, 캡슐화 소재 등 다양한 산업 분야에서 활용된다.
- 제인은 열과 압력을 가하면 탄력적인 필름을 형성하며, 수분과 기름을 차단하는 능력이 뛰어나 식품 코팅제 및 포장재로 활용된다. 또한, 단백질의 겔 형성 능력이 우수하여 기능성 식품 및 건강 보조제에 적용될 수 있다. 식품 산업에서는 제인의 유화성과 점착성을 이용해 과자, 스낵, 육가공품의 결착제로 사용되며, 최근에는 식물성 대체육의 조직감을 보완하는 역할도 연구되고 있다.
- 탈지 옥수수단백은 옥수수 부산물에서 추출할 수 있어 지속 가능한 단백질 원료로 평가받고 있으며, 환경 친화적인 바이오 소재로도 주목받고 있다. 다만, 제인은 라이신(lysine)과 같은 특정 필수아미노산이 부족하여 단독으로는 완전한 단백질 공급원이 되기 어려우며, 대두 단백질 등과 혼합하여 영양 균형을 맞추는 방식이 요구된다.

탈지 단백의 제조 공정

탈지 단백은 원료 선택부터 단백질 정제 및 가공까지 여러 단계를 거쳐 제조 공정이 이루어진다. 첫 단계는 원료 선택이다. 제조하고자 하는 단백질의 종류에 따라 다르겠겠지만 일반적으로 대두, 우유, 땅콩, 곡물, 곤충 단백질 등의 원료가 사용되며 고단백 원료일수록 탈지 후 높은 품질의 단백질 소재를 확보하기에 유리하다.

원료 선택 후 탈지 공정을 진행하는데, 주로 유기용매 추출, 초임계 유체 추출, 기계적

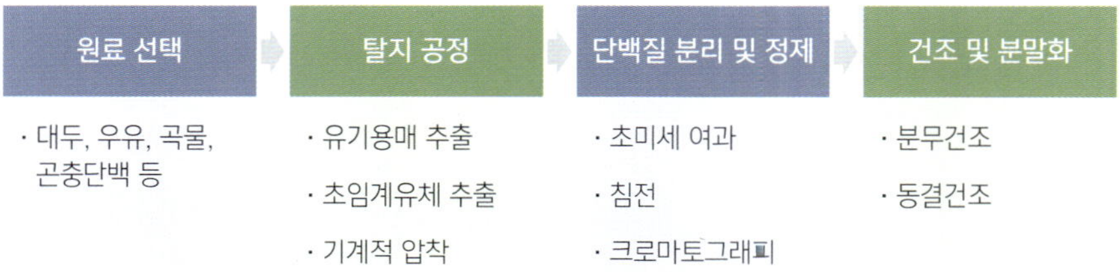

그림 2-3 **탈지 단백의 제조 공정**

압착 방법이 활용된다. 유기용매 추출법은 헥산이나 에탄올과 같은 용매를 이용해 지방을 녹여 제거하는 방식이며, 초임계 유체 추출법은 이산화탄소(CO_2)를 사용하여 친환경적으로 지방을 제거하는 방법이다. 또한, 기계적 압착을 통해 원심분리 또는 스크루 프레스(screw press)를 이용하여 지방을 분리할 수도 있다.

탈지 후에는 단백질을 고순도로 정제하는 과정이 진행된다. 이를 위해 초미세 여과, 침전, 이온교환 크로마토그래피 등의 방법이 활용되며, 단백질 구조를 유지하기 위해 온도와 pH를 적절히 조절해야 한다. 정제된 단백질은 저장과 활용을 위해 건조 및 분말화 과정을 거친다. 분무건조 방식은 단백질을 미세한 분말 형태로 건조하는 방식이며, 동결건조 방식은 영하의 온도에서 수분을 제거하여 단백질 구조를 더욱 안정적으로 보존하는 방법이다.

이러한 과정을 통해 지방이 제거된 고순도 단백질이 생산되며, 다양한 산업에서 활용될 수 있는 탈지 단백 소재가 완성된다.

탈지 단백 제조를 위한 두 가지 방법: 습식 방법과 건식 방법

표 2-1 탈지 단백 제조 방법 비교

구분	습식 방법(wet extraction)	건식 방법(dry fractionation)
순도	고순도 단백질(70~90%)	중간 수준 순도(40~60%)
환경 영향	다량의 물 및 유기용매 사용	친환경적(물 및 유기 용매 없음)
에너지 소모	높은 에너지 소비	낮은 에너지 소비
단백질 기능성	높은 온도/극단 pH로 인한 변성 가능성	기능성 유지
경제성	높은 비용 및 복잡한 공정	낮은 비용 및 간단한 공정

다음은 탈지 단백 제조를 위한 두 가지 방법에 대한 설명이며, 세부 내용은 대두 단백질을 위주로 설명된다.

a. 습식 방법(wet extraction)

- 습식 탈지 단백 제조 방법은 물 또는 용매(예: 헥산)를 사용하여 대두 단백질을 추출하는 전통적인 방식이다. 먼저, 유기 용매(헥산) 또는 열을 이용해 대두에서 기름을 제거하는 탈지 과정을 거친다. 이후, 탈지된 대두 플레이크를 물 또는 알칼리 용액에 녹여 단백질을 용해한다. 용해된 단백질 용액은 원심분리를 통해 섬유질 및

기타 불용성 물질을 제거하며, pH 조절(산/염기 처리)을 통해 단백질을 침전시킨다. 침전된 단백질은 여러 번 세척한 후 건조하여 농축대두단백(SPC) 또는 분리대두단백(SPI)으로 최종 가공된다.

- 습식 방법의 장점은 높은 순도의 단백질(70~90% 이상)을 얻을 수 있다는 점이며, 이를 통해 다양한 용도로 활용 가능한 대두 단백질을 추출할 수 있다. 그러나 단점도 존재한다. 먼저, 대량의 물과 에너지가 필요하기 때문에 환경적 부담이 크며, 높은 온도와 극단적인 pH 조건이 단백질의 기능성을 저하시킬 수 있다. 또한, 헥산과 같은 유기 용매를 사용할 경우 안전 및 환경 문제가 발생할 수 있어 이를 해결하기 위한 대체 기술이 필요하다.

b. 건식 방법(dry fractionation)

- 건식 탈지 단백 제조 방법은 물이나 용매를 사용하지 않고, 분쇄 및 기계적 분리를 통해 대두 단백질을 농축하는 방식이다. 먼저, 기계적 압착(oil pressing)을 통해 대두에서 기름을 제거하는 탈지 과정을 거친다. 이후, 탈지된 대두를 미세하게 분쇄하여 입자 크기를 줄이고, 공기 분류(air classification)를 이용해 입자의 밀도 및 크기에 따라 단백질과 섬유질을 분리한다. 마지막으로, 정전기 분리(electrostatic separation)를 통해 입자 표면의 전하 차이를 활용하여 단백질과 비단백 물질을 더욱 정밀하게 분리한다.
- 건식 방법의 장점은 환경 친화적이라는 점으로, 물과 유기 용매를 사용하지 않아 친환경적이며 에너지 소모가 적다. 또한, 극단적인 온도나 pH 변화를 겪지 않기 때문에 단백질의 고유 기능성이 보존되어 가공 적합성이 높다. 공정이 단순하고 운영 비용이 낮아 경제적인 장점도 갖고 있다. 그러나 단점으로는 단백질 순도가 낮아(40~60%) 습식 방법에 비해 농축된 단백질을 얻기 어렵다는 점이 있으며, 공기 분류 및 정전기 분리 과정에서 입자 크기와 형태에 따라 분리 효율이 제한될 수 있어 일부 용도에서는 활용에 제약이 있을 수 있다.

c. 탈지 단백의 기능적 특성

- 탈지 단백은 지방 제거 과정을 거치면서 다양한 기능적 특성을 갖게 된다. 먼저, 단백질 순도가 증가한다. 지방이 제거됨에 따라 상대적으로 단백질 함량이 높아지며, 이는 고단백 식품 및 기능성 제품 개발에 유리한 조건을 제공한다. 예를 들어,

탈지 대두단백은 90% 이상의 단백질을 함유하여 단백질 보충제나 식물성 단백질 제품으로 활용된다.

- 또한, 탈지 단백은 유화성과 겔 형성 능력이 우수하다. 단백질이 물과 기름을 결합하는 능력이 향상되면서 유화제로 활용될 수 있으며, 겔 형성 능력이 강화되어 식품 가공과 바이오 소재 응용에 유리하다. 이는 대체육이나 기능성 식품 개발에 중요한 역할을 한다.
- 탈지 과정에서 일부 식물성 단백질은 변성을 겪으면서 구조가 느슨해져 물과의 친화력이 높아지고 용해성이 개선된다. 예를 들어, 대두 단백질의 경우 지방이 제거되면서 단백질 표면의 친수성 부위가 증가하여 용해성이 향상되고, 이에 따라 식품 가공에서의 활용도가 높아진다.
- 마지막으로, 탈지된 단백질은 기능성 펩타이드 및 바이오 소재로 활용될 수 있다. 단백질을 가수분해하여 항산화, 면역 증진, 항고혈압 효과를 갖는 기능성 펩타이드를 생산할 수 있으며, 이를 건강기능식품이나 의약품 개발에 적용할 수 있다. 이러한 특성 덕분에 탈지단백은 식품, 바이오, 의약 산업 등 다양한 분야에서 중요한 원료로 활용되고 있다.

농축 단백질(protein concentrates, PC)

농축 단백질은 원료로부터 전분 및 기타 성분을 일부 제거하여 단백질 함량을 증가시킨 형태로, 일반적으로 단백질 함량이 50~80% 수준이다. 대표적인 예로 대두단백 농축물(soy protein concentrate, SPC), 완두단백 농축물(pea protein concentrate, PPC) 등이 있으며, 주로 육류 대체 제품, 기능성 식품, 단백질 보충제 등에 활용된다.

농축 단백질의 제조 공정

농축 단백질을 만들기 위해서는 먼저 원료에서 불필요한 성분을 제거해야 한다. 우선 원료에서 지방을 제거하는 과정이 필요하다. 일반적으로 헥산(hexane) 용매 추출법을 사용하여 지방을 녹여 분리하거나 기계적 압착 방식으로 제거한다. 이렇게 하면 지방 함량이 낮아지고 단백질이 상대적으로 농축된다.

탄수화물과 일부 수용성 성분을 제거하기 위해 물이나 알코올을 이용해 원료를 세척한다. 이 과정에서 일부 당분과 올리고당이 제거되면서 단백질 비율이 높아진다. 여과 과정을 거친 후, 남은 단백질을 분무건조(spray drying) 방식으로 수분을 제거하고 미세한 입자로 분쇄하여 분말 형태로 가공한다. 이 과정을 거쳐 단백질 함량 65~80% 정도의 농축단백이 완성된다.

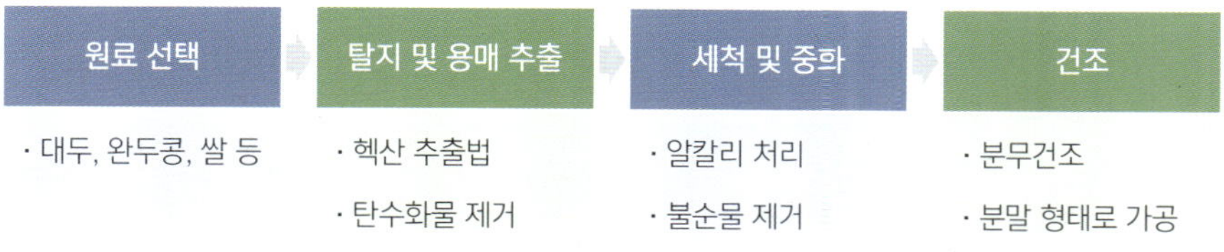

그림 2-4 **농축 단백질의 제조 공정**

분리 단백질(protein isolates, PI)

분리 단백질은 단백질 함량이 80~90% 이상인 고순도 단백질로, 원료로부터 대부분의 탄수화물과 지방을 제거하여 생산된다. 대표적인 예로 대두단백 분리물(soy protein isolate, SPI), 완두단백 분리물(pea protein isolate, PPI), 감자단백 분리물(potato protein isolate) 등이 있다. 분리 단백질은 높은 기능성을 가지며, 겔 형성, 유화성, 기포 형성 등 다양한 식품 가공 특성을 조절하는 데 사용된다.

분리 단백질의 제조 공정

분리단백은 농축단백보다 더 정제된 과정이 필요하며, 단백질 순도가 90% 이상이 되도록 불필요한 성분을 거의 모두 제거한다. 먼저 원료에서 지방을 제거하여 탈지 원료를 만든다. 탈지된 원료를 알칼리 용액(pH 8~10)에 녹여 단백질을 용해시킨다. 이 과정에서 단백질이 수용성 상태로 변하면서 다른 성분들과 분리된다. 이후 원심분리 또는 초미세 여과(ultrafiltration)를 이용하여 불순물과 섬유질을 걸러낸다.

용해된 단백질 용액의 pH를 4.5로 조절(등전점 침전법)하면 단백질이 응고되면서 침전된다. 이 단계에서 탄수화물과 지방이 거의 모두 제거되며, 고순도의 단백질만 남게 된다. 침전된 단백질을 깨끗한 물로 여러 번 세척하여 남아 있는 불순물을 제거하고, pH를 중성(pH 7)으로 조정한다. 마지막으로 단백질을 분무건조하여 수분을 제거하고 미세한 분말로 가공한다. 이 과정을 거치면 단백질 함량 90% 이상의 고순도 분리 단백이 완성된다.

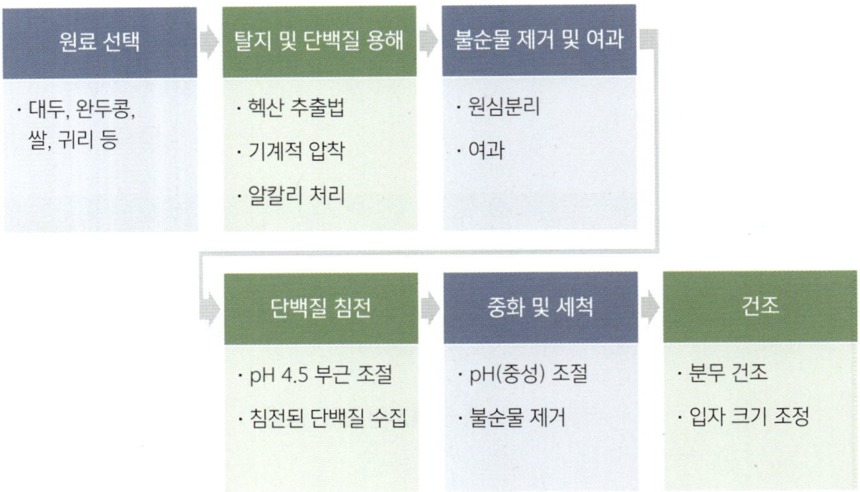

그림 2-5 **분리 단백질의 제조 공정**

농축 단백질과 분리 단백질 비교

a. 단백질 함량

농축단백은 단백질 함량이 65~80% 정도이며, 나머지는 탄수화물과 식이섬유로 구성된다. 반면 분리 단백은 90% 이상의 단백질을 함유하고 있으며, 탄수화물과 지방이 거의 제거된 형태이다. 따라서 분리 단백은 보다 고순도의 단백질 공급원으로 사용된다.

b. 제조 과정

농축단백은 원료에서 지방을 제거한 후, 수용성 탄수화물을 용매 추출 방식으로 일부 제거하여 제조된다. 이 과정에서 원료 고유의 영양소가 비교적 많이 남아 있게 된다. 반면 분리단백은 농축단백보다 더 정제된 형태로, 단백질을 알칼리 용액에 용해한 후 등전점 침전법을 통해 순수한 단백질만을 분리한다. 이후 건조 과정을 거쳐 최종적으로 높은 단백질 함량을 갖게 된다.

c. 영양 성분과 기능성

농축 단백질은 원료로부터 단백질을 농축하는 과정에서 탄수화물과 식이섬유 등 일부 비단백질 성분이 남아있다. 이러한 성분이 존재하면 단백질의 소화 속도가 다소 느려질 수 있지만, 천천히 소화되는 특성이 오히려 장 건강 개선에 긍정적인 영향을 미칠 수 있다. 반면, 분리 단백질은 추가적인 정제 과정을 통해 탄수화물과 지방 등의 비단백질 성분이 대부분 제거되어 단백질 순도가 매우 높다. 따라서 소화와 흡수가 빠르며, 보다 신속한 단백질 공급이 가능하다는 장점이 있다. 또한, 분리 단백질은 공정 과정에서 단백질 구조가 보다 균일하게 정제되기 때문에 부드럽고 이취가 적어 다양한 식품의 재료로 활용하기에 더욱 적합하다.

d. 활용 용도

농축단백은 일반적으로 식품 첨가물, 단백질 강화 식품, 두유, 대체육 등에 사용된다. 육류 대체식품의 질감을 개선하는 데 도움을 주며, 영양 보충 목적으로도 사용될 수 있다. 반면 분리 단백은 단백질 보충제, 스포츠 뉴트리션, 고단백 식품, 대체육, 기능성 식품 등 보다 정제된 제품에 활용된다. 특히 분리 단백은 높은 단백질 함량과 빠른 소화 흡수 속도로 인해 스포츠 선수나 단백질 보충이 필요한 사람들에게 적합하다.

표 2-2 **농축 단백질과 분리 단백질 비교**

구분	농축 단백질(protein concentrates)	분리 단백질(protein isolates)
단백질 함량	65~80%	90% 이상
탄수화물 함량	10~20%	1~3%
지방 함량	1~3%	1% 이하
소화 흡수 속도	중간 (비단백질 성분 존재로 인해 비교적 느림)	높음 (비단백질 성분이 적어 소화 흡수 용이)
용도	일반 식품, 단백질 보강	단백질 보충제, 대체육

② 단백질 원료 종류

식물성 대체육 제조에는 주로 대두, 완두, 밀 글루텐, 녹두, 파바콩, 동부콩 등의 식물성 단백질이 활용된다. 그중 대두 단백질은 필수아미노산 조성이 우수하여 압출 성형 공정을 통해 육류와 유사한 섬유질 구조를 효과적으로 형성하며, 분리대두단백(SPI)과 농축대두단백(SPC)이 대표적으로 활용된다. 완두 단백질은 GMO나 알레르기 이슈가 상대적으로 적고, 담백한 맛과 우수한 가공적 특성으로 점차 사용량이 증가하고 있다. 밀 글루텐은 오랜 역사를 가진 대표적인 식물성 대체육 원료로, 씹는 질감과 탄력이 뛰어나 다양한 대체육 제품의 주요 소재로 활용된다. 이외에도 녹두, 파바콩, 동부콩 단백질은 알레르기 가능성이 낮고 중립적인 맛과 좋은 영양 성분을 지녀, 향후 대체육 원료로서 활용 가능성이 높다.

2) 그 외 대체육

(1) 곤충 단백질

곤충 단백질(insect protein)은 높은 영양 가치와 환경 친화적인 생산 방식을 기반으로 대체 단백질 공급원으로 주목받고 있다. 곤충은 약 7,000년 전부터 인간의 식량으로 활용되었으며, 현재까지 전 세계적으로 약 2,300여 종이 식용 가능 곤충으로 분류된다. 곤충 단백질은 건조 중량 기준으로 40~75%의 높은 조단백질 비율을 가지며, 기존 육류 단백질보다 필수아미노산 및 불포화지방산이 풍부하여 영양학적으로 매우 우수한 식품 원료로 평가받고 있다. 특히, 번데기와 유충은 아미노산 조성이 우수하고, 지방산 함량이 높아 기능성 식품 및 단백질 보충 식품으로 활용 가능하다.

곤충 단백질은 기존 육류 생산 방식에 비해 자원 효율성이 높고 환경 영향을 최소화할 수 있어 지속 가능한 단백질 공급원으로 주목받고 있다. 특히 곤충은 다른 가축에 비해 사료 전환 효율(feed conversion ratio, FCR)이 뛰어나다. 사료 전환 효율이란 가축이 섭취한 사료의 양 대비 생산된 체중(단백질)의 비율을 나타내는 지표로, 이 수치가 낮을수록 적은 사료로 더 많은 단백질을 생산할 수 있음을 의미한다. 또한 곤충은 메탄과 같은 온실가스를 거의 배출하지 않아 환경 부담이 현저히 적다. 생육 속도가 빠르고 소규모 공간에서도 대량 생산이 가능하여, 미래 식량 부족 문제를 해결할 수 있는 잠재적 대체 단백질 자원으로 평가받고 있다.

곤충 단백질을 활용한 식품 개발은 유럽과 아시아를 중심으로 빠르게 확산되고 있으며, 다양한 식품 유형으로 가공되고 있다. 현재 곤충 가루, 단백질 바, 단백질 셰이크, 스낵류, 파스타 등 다양한 제품이 개발 및 상용화되고 있다. 유럽에서는 곤충을 이용한 단백질 식품이 건강 및 친환경 식품 트렌드와 결합하여 소비자의 관심을 받고 있으며, 폴란드, 네덜란드, 프랑스를 중심으로 곤충 기반 단백질 시장이 빠르게 성장하고 있다. 한 연구에 따르면, 귀뚜라미 가루를 활용한 베이커리 제품(머핀, 빵 등)은 최대 10%까지 혼합이 가능하며, 이는 소비자의 거부감을 낮추고 영양학적 가치를 높이는 방식으로 활용되고 있다. 아시아, 아프리카, 남아메리카에서는 오랫동안 곤충을 식용으로 사용해

왔다. 중국에서는 곤충이 약용, 가축 사료, 색소 등의 공업용 소재로 활용되어 왔으며, 최근에는 곤충의 높은 단백질 함량(50~70%)과 불포화지방산 함량을 활용하여 곤충 기반 식품을 개발하는 연구가 활발히 진행되고 있다.

곤충을 식품으로 활용하기 위해서는 영양학적 가치뿐만 아니라, 식품 안전성 확보가 필수적이다. 곤충 단백질은 다양한 아미노산, 불포화지방산, 무기질, 비타민을 함유하고 있지만, 동시에 미생물, 중금속, 알레르기 유발 가능성 등의 문제로 인해 식품 안전 관리가 필수적이다. 중국, 미국, 유럽을 비롯한 여러 국가에서는 식용곤충에 대한 연구와 안전성 평가를 기반으로, 곤충 단백질을 식품 원료로 승인하고 있다. 식용곤충은 사육 환경과 사료에 따라 영양 성분이 크게 달라지므로 사료 조성과 사육 환경의 표준화 연구가 중요하다. 또한, 곤충은 오염된 환경과 먹이에서 중금속(카드뮴, 납 등)이나 병원성 미생물(살모넬라 등)이 유입될 수 있어, 유럽 식품안전청(EFSA)과 미국 FDA는 식용곤충에 대한 안전 관리 기준을 엄격히 마련하고 있다. 국내에서도 식약처 주도로 식용곤충의 유전독성 및 일반독성 시험, 중금속과 잔류농약 시험 등의 안전성 연구가 활발히 진행 중이다.

국내에서도 식용곤충을 활용한 연구가 활발히 진행되고 있으며, 현재 식품으로 승인된 곤충은 총 10종으로 등록되어 있다. 이는 기존부터 오랜 기간 식용 사례가 있었던 벼메뚜기, 누에 번데기, 백강잠을 포함하여, 농촌진흥청에서 식용 가능성을 확인한 갈색거저리 유충, 흰점박이꽃무지 유충, 장수풍뎅이 유충, 쌍별귀뚜라미, 아메리카 왕거저리 유충, 수벌번데기, 풀무치 등이 있다. 국내에서 연구가 활발히 진행되는 곤충 단백질 중 갈색거저리(고소애)와 쌍별귀뚜라미(쌍별이)는 단백질 함량이 높고, 기능성이 우수하여 대체 단백질 식품으로 활용될 가능성이 크다. 갈색거저리(고소애)는 단백질 함량이 높으며, 불포화지방산(75%)이 풍부하여 심혈관 질환 예방에 효과가 있다. 또한, 무기질(인, 철)과 비타민 B_3, B_5를 많이 함유하고 있어 영양학적으로 우수하다. 쌍별귀뚜라미(쌍별이)는 단백질 함량이 닭고기와 유사한 수준을 보이며, 아미노산 조성이 균형 잡혀 있어 단백질 보충제 및 스포츠 영양식품에 활용될 가능성이 높다. 국내에서는 곤충 단백질에 대한 소비자 인식 개선을 위해 곤충 단백질을 활용한 한식 조리법 개발, 어린이 교육 프로그램 운영, 친숙한 곤충 애칭 공모(예: 고소애, 쌍별이) 등의 활동이 진행되고 있다. 또한, 곤충을 활용한 병원식(환자식) 개발, 기능성 식품 연구 등도 활발히 진행되며,

식용곤충의 활용 가능성이 점차 확대되고 있다.

곤충 단백질은 높은 영양 가치, 환경 친화적 생산 방식, 그리고 지속 가능성을 기반으로 미래 대체 단백질의 핵심 자원으로 자리 잡고 있다. 그러나 곤충 식품에 대한 거부감을 줄이고, 보다 친숙한 식재료로 정착시키는 것은 여전히 해결해야 할 과제이다. 이를 위해 안전성 확보를 위한 지속적인 연구, 가공 기술 개발 및 향미 개선 연구, 그리고 소비자 인식 개선을 위한 프로그램이 병행될 필요가 있다. 향후 곤충 단백질은 기존 육류 기반 단백질을 보완할 수 있는 대체식품으로 자리 잡을 것이며, 대체육 산업에서 새로운 단백질 원료로 적극적으로 활용될 가능성이 높다.

그림 2-6 **대표적인 식용곤충인 갈색거저리(좌)와 쌍별귀뚜라미(우)**

표 2-3 주요 식용곤충 및 축산물의 영양성분 비교 (g/100 g)

	갈색 거저리	흰점이 꽃무지	장수 풍뎅이	쌍별귀 뚜라미	대두	생태	계란	닭	돼지	소
수분	2.9	6.7	1.6	2.4	2.5	2.3	0.4	2.8	0.7	6.1
탄수화물	9.3	10.6	28.6	13.3	37.7	0.2	5.6	0.2	0.4	3.4
단백질	50.3	57.9	39.3	64.4	39.1	76.0	54.0	64.5	32.7	65.1
지방	33.7	16.6	25.2	14.4	15.4	14.8	36.3	29.3	64.7	20.6
철	0.005	0.006	0.027	0.006	0.009	0.004	0.008	0.001	0.001	0.010
인	0.59	0.72	0.43	0.85	0.61	1.04	0.64	0.51	0.25	0.53
칼슘	0.03	0.18	0.30	0.24	0.30	0.61	0.19	0.003	0.01	0.01

(2) 미생물 활용 단백질

미생물 단백질은 고단백 함량과 균형 잡힌 필수아미노산 조성, 그리고 높은 지속 가능성을 바탕으로 대체 단백질 공급원으로 주목받고 있다. 미생물을 이용한 단백질 생산 방식은 크게 두 가지로 구분할 수 있다. 첫째, 미생물 자체를 단백질 원료로 활용하는 방식이고, 둘째, 미생물을 이용하여 기능성 단백질을 생산하는 방식(레그헤모글로빈 합성, β-락토글로불린 생산 등)이다. 이 중 대체 단백질의 주류는 미생물 자체를 단백질 공급원으로 사용하는 방식이며, 이는 단백질 원료로 직접 섭취하거나 가공하는 형태로 활용된다. 반면, 미생물을 이용한 기능성 단백질 생산 방식은 특정 단백질(예: 효소, 성장인자, 유제품 대체 단백질 등)을 합성하는 방식으로, 기존 식품 및 기능성 식품 산업에서 점차 확대되고 있다. 대체육을 위한 단백질 원료는 대부분 미생물 자체를 단백질 원료로 활용하는 방식이 많다.

① 단세포 단백질

단세포 단백질(single cell protein, SCP)은 미생물 세포를 대량 배양하여 얻은 단백질로, 흔히 미생물 단백질(microbial protein), 바이오 단백질(bioprotein), 또는 바이오매스 단백질(biomass protein)으로도 불린다. SCP는 미생물을 원료로 하여 직접 단백질 공급원으로 활용되거나, 기능성 단백질을 생산하는 플랫폼으로 사용될 수 있다. 기존 동물성 단백질과 비교했을 때, SCP는 생산 속도가 빠르고, 온실가스 배출량이 낮으며, 상대적으로 적은 자원(물, 토지, 사료 등)으로 생산이 가능하다는 점에서 지속 가능한 단백질 공급원으로 주목받고 있다. SCP는 일반적으로 효모(yeast), 곰팡이(fungi), 미세조류(microalgae) 등을 활용하여 생산되며, 건조 중량 기준 단백질 함량은 40~80%로 높은 편이고 필수아미노산을 균형적으로 함유하고 있다. 일부 조류 및 박테리아 유래 SCP는 비타민 B_{12}, 비타민 D 및 필수 무기질(Fe, Zn 등)이 풍부하여, 기존 동물성 단백질의 대체식품으로 연구되고 있다. 그러나 일부 SCP는 핵산(nucleic acid) 함량이 높아 과다 섭취 시 퓨린 대사 이상(예: 통풍, hyperuricemia)을 유발할 가능성이 있으므로, 핵산 저감 처리(enzymatic hydrolysis, 열처리 등)가 필요할 수 있다.

SCP는 단순한 단백질 공급원을 넘어, 대체육 원료로 활용될 경우, 그 자체로 대체육 주원료로 사용하거나 조직 형성과 물성 개선을 위한 부원료로 사용하기 위한 연구가 수행되고 있다. 즉, 대체육에서 SCP는 겔화(gelation) 등 기능적 특성을 통해 육류 조직감을 모사하는 데 기여하며, 대체육의 식감과 맛을 개선하는 원료로 활용될 수 있다.

그림 2-7 **SCP 생산을 위한 일반적인 방식**

SCP의 생산 공정 및 발효 기술

SCP의 생산 공정은 기질 준비 → 미생물 배양 → 단백질 회수 및 정제 → 최종 가공의 네 가지 주요 단계로 이루어진다. 각 단계는 미생물의 성장 환경을 최적화하고, 단백질 생산성을 극대화하는 데 중요한 역할을 한다.

기질 준비 및 배양 배지 조성

SCP 생산을 위해서는 미생물 성장에 적합한 탄소원(carbon source)과 질소원(nitrogen source)이 필요하다. 탄소원은 미생물의 성장과 단백질 합성의 주요 에너지원이며, 질소원은 아미노산 합성에 필수적인 요소로 작용한다. 일반적으로 사용되는 원료는 다음과 같이 분류할 수 있다.

- 농업 폐기물(agricultural waste): 밀기울, 옥수수 전분, 당밀(molasses), 리그닌(lignin) 등
- 산업 부산물(industrial by-products): 바이오매스 잔류물, 식품 가공 폐기물 등
- 합성 기질(synthetic substrate): 메탄(methane), 이산화탄소(CO_2), 에탄올(ethanol) 등

이러한 기질의 조성은 미생물의 성장 속도와 단백질 생산성에 직접적인 영향을 미치며, 미생물의 대사 특성에 따라 배지의 최적 구성이 달라질 수 있다. 따라서 기질의 선택과 조성은 SCP 생산 공정에서 핵심적인 요소로 작용하며, 원가 절감과 환경적 지속 가능성을 고려하여 연구가 활발히 진행되고 있다.

미생물 배양 및 발효 과정

SCP 생산에 사용되는 미생물은 크게 효모(yeast), 곰팡이(fungi), 미세조류(algae), 박테리아(bacteria)로 나뉘며, 배양 방식은 미생물의 특성과 생산 목표에 따라 심부 발효(submerged fermentation, SmF) 또는 고상 발효(solid-state fermentation, SSF) 방식으로 진행된다.

심부 발효(SmF)는 액체 배양 시스템에서 미생물을 배양하는 방식으로, 높은 산소 공급과 균일한 배양 환경을 유지할 수 있는 장점이 있다. 배양액 내 탄소원(포도당, 자일로스, 메탄올 등)과 질소원(암모니아, 질산염 등)을 활용하여 최적의 성장 환경을 조성하며, 대규모 산업용 SCP 생산에 적합하다. 이 방식은 미생물의 빠른 증식과 높은 단백질 생산성을 보장하며, 균일한 품질의 단백질을 확보할 수 있다.

고상 발효(SSF)는 고체 기질(농업 폐기물, 곡물 부산물 등)을 기반으로 한 미생물을 배양하는 방식으로, 상대적으로 낮은 수분 함량에서 발효가 진행된다. 발효 속도는 상대적으로 느리지만, 특정 기능성 단백질 및 항산화 펩타이드 생성이 가능하여 건강기능성이 높은 단백질 생산에 적합하다. SSF 방식은 비용 절감과 친환경적 생산 방식으로 연구가 활발히 진행되고 있으며, 농업 부산물을 재활용할 수 있는 장점이 있다.

단백질 회수 및 정제 공정

발효 과정이 완료된 후, 미생물 세포를 원심분리 및 여과를 통해 배양액에서 회수한다. 이후, 단백질의 품질과 소화율을 높이기 위해 다음과 같은 정제 공정을 거친다.

- 효소 처리(enzymatic hydrolysis): 효소를 이용하여 미생물의 세포벽을 분해함으로

써 단백질 추출율을 높이고, 단백질의 소화율을 개선한다.

- 열처리(thermal processing): 세포벽을 물리적으로 분해하여 단백질을 추출하는 방식으로, 고온에서 효소 처리를 병행할 경우 단백질의 변성 없이 효율적인 회수가 가능하다. 이 과정에서 단백질 변성을 최소화하고, 최종 제품의 품질을 유지하는 것이 중요하다.
- 건조 및 가공: 최종적으로 분무건조(spray drying) 또는 동결건조(freeze drying) 과정을 통해 SCP를 안정적으로 가공하여 단백질 함량을 높이고 장기간 보관이 가능하도록 한다. 스프레이 건조 방식은 대량 생산에 적합하며, 단백질의 저장성과 가용성을 개선하는 데 유리하다. 반면, 동결 건조는 단백질의 구조적 변형을 최소화하여 품질을 유지하는 데 효과적이다.

이러한 공정을 통해 생산된 SCP는 단백질 보충제, 대체육 제품, 유제품 대체식품, 건강기능식품 등의 다양한 용도로 활용되며, 향후 식량 안보를 강화하고 기존 육류 기반 단백질 공급원을 보완할 수 있는 핵심적인 단백질 원료로 평가받고 있다.

대표적인 대체육용 단세포 단백질

효모 단백질

효모 단백질(yeast protein)은 대체육 생산에 사용되는 SCP 중 하나로, 단백질 함량이 50% 이상으로 높은 수준을 유지하며, 필수아미노산이 균형 잡혀 있어 고품질 단백질 공급원으로 평가된다. 또한, 비타민 B군(B_1, B_2, B_{12}), 철(Fe), 아연(Zn) 등의 무기질이 풍부하여 영양적으로 우수한 원료이다. 효모 단백질은 빠른 증식 속도와 높은 생산성을 가지며, 배양을 통해 환경적 지속 가능성이 뛰어난 대체 단백질로 주목받고 있다. 효모 단백질은 단일세포 단백질(SCP)로 분류되며, 빠른 성장 속도와 높은 단백질 회수율을 바탕으로 대량 생산이 가능하다. 효모 기반 SCP 생산에서 주로 사용되는 균주는 *Saccharomyces cerevisiae*, *Candida utilis*, *Hansenula*, *Pichia*, *Torulopsis* 등이 있으며, 이들은 높은 단백질 함량과 우수한 기능성을 갖춰 식품 및 사료 산업에서 광범위하게 활용된다. 효모는 다양한 탄소원(carbon source)과 질소원(nitrogen source)을 이용할 수 있으며, 발효 환경의 조절이 단백질 생산성과 품질에 큰 영향을 미친다.

마이코프로틴

마이코프로틴(mycoprotein)은 사상균(filamentous fungi)의 균사(mycelium)에서 유래한 단백질로, 주로 발효 과정을 통해 생산된다. 대표적으로 *Fusarium venenatum*과 같은 균주를 이용한 발효 과정을 통해 생산되며, 이러한 곰팡이 균주에서 얻은 SCP의 한 형태이다. 이는 육류와 유사한 섬유질 구조, 높은 단백질 함량(40~60%), 저포화지방, 그리고 높은 식이섬유 함량 등의 특성을 가지며, 환경적 지속 가능성과 영양학적 가치로 인해 차세대 대체 단백질 공급원으로 주목받고 있다. 마이코프로틴은 균사체의 미세 섬유 구조가 근섬유와 유사한 배열을 형성하여, 별도의 가공 없이도 육류 조직감을 자연스럽게 재현할 수 있다는 점에서 차별화된다. 이를 통해 별도의 고온·고압 가공 없이도 씹는 질감을 형성할 수 있어, 식물성 단백질 기반 대체육 대비 물성과 조직 형성에서 뛰어난 경쟁력을 가진다.

마이코프로틴은 완전 단백질로, 모든 필수아미노산을 포함하고 있어 육류 대체 단백질로 이상적인 원료이다. 단백질 소화율(protein digestibility-corrected amino acid score, PDCAAS)은 90% 이상으로 평가되며, 이는 소고기(92%) 및 대두 단백질(91%)과 유사한 수준이다. 또한, 식물성 단백질 대비 아미노산 프로필(amino acid profile)이 균형적으로 구성되어 있어, 단일 단백질 공급원으로도 활용이 가능하다. 뿐만 아니라, 마이코프로틴은 건강 기능성이 뛰어난 원료로 평가된다. β-글루칸(β-glucan)과 키틴(chitin) 성분을 함유하고 있어 콜레스테롤 저하 및 혈당 조절 효과를 가지며, 소화율이 높고, 장 건강에 기여할 수 있는 식이섬유를 포함하고 있다. 또한, 비타민 B군, 무기질(칼슘, 철, 마그네슘) 함량이 풍부하여, 육류 기반 단백질 대비 영양학적 균형을 유지할 수 있다. 특히, 마이코프로틴은 저포화 지방과 콜레스테롤이 없으며, 동물성 단백질 대비 지방 함량이 낮아 건강 기능성이 우수하다.

현재 마이코프로틴은 다양한 기업에 의해 대체육 및 식품 원료로 활용되고 있으며, 대표적인 제품으로는 Quorn(영국), Meati Foods(미국), MyForest Foods(미국), The Better Meat Co.(미국) 등이 있다. 마이코프로틴의 활용 범위는 확대되고 있다.

표 2-4 마이코프로틴의 생산 방법 비교

발효 방법	특징	장점	단점
심부 발효(SmF)	액체 배지에서 발효	• 높은 생산성 • 균일한 품질 유지	• 물과 에너지 소비가 높음
고상 발효(SSF)	불용성 기질에서 발효	• 에너지 절약 가능 • 높은 단백질 품질 유지	• 대량 생산의 어려움

레그헤모글로빈

레그헤모글로빈(leghemoglobin)은 콩류(대두 등)의 뿌리혹박테리아에서 유래한 헴(heme) 단백질로, 육류의 헤모글로빈과 유사한 기능을 수행하여 대체육에서 육즙, 풍미 및 색감을 재현하는 역할을 한다. 현재 레그헤모글로빈은 재조합 효모(*Pichia pastoris*) 발효 시스템을 통해 대량 생산되며, 이는 상업적으로 가장 경제적인 방법으로 평가된다. 대표적인 응용 사례로는 Impossible Foods의 '임파서블 버거(Impossible Burger)'가 있으며, 이는 대체육의 육즙감과 육류 특유의 감칠맛(umami)을 재현하는 데 활용된다.

레그헤모글로빈 생산 공정은 다음과 같다. 대두의 뿌리혹에서 공생하는 박테리아(예: 뿌리혹박테리아, *Rhizobium* spp.)에서 유래한 레그헤모글로빈 유전자를 재조합 효모(예: *Pichia pastoris*)의 유전체에 삽입한다. 유전자 삽입 효모를 이용해 대량 발효하며, 최적의 산소 공급과 배양 조건을 조절하여 헴 단백질 생산량을 극대화한다. 이후, 발효된 효모에서 헴 단백질을 분리하고, 식품용으로 정제하여 대체육 제품에 적용한다. 레그헤모글로빈의 상업적 생산은 미국 FDA로부터 GRAS(generally recognized as safe) 승인을 받았으며, 대체육 산업에서 중요한 원료로 자리 잡고 있다. 향후 연구는 산화 안정성, 열 안정성 개선을 통한 레그헤모글로빈의 기능성 향상에 초점을 맞추고 있다.

균주는 YEPD 배지(yeast extract peptone dextrose broth)에서 사전 배양(pre-culture)된 후, 대형 발효조(fermentor)에서 fed-batch 방식으로 주 배양(main culture)된다. Fed-batch 배양 방식은 발효 과정에서 지속적으로 글루코스(glucose) 또는 메탄올(methanol)을 공급하여 균주의 성장을 최적화하고, 헴 생합성 경로를 활성화하는 전략을 포함한다. 이는 영양소 부족을 방지하여 균주의 빠른 증식을 유도하고, 레그헤모글로빈의 합성을 극대화하는 핵심적인 요소로 작용한다. 레그헤모글로빈 합성을 극대화하기 위해서는 헴 생합성(heme biosynthesis) 경로를 최적화하는 전략이 필요하다. 첫째, 5-aminolevulinic acid(ALA) 생성 촉진을 통해 헴 합성의 초기 단계를 활성화하여 헴 합성 속도를 증가시킨다. ALA는 헴 생합성의 전구체로, 이를 충분히 공급하면 효율적인 헴 합성이 가능하다. 둘째, uroporphyrinogen iii 합성 강화를 통해 헴의 중간 대사 산물을 증가시켜 최종적으로 헴 결합률을 높이는 역할을 한다. 마지막으로, ferrochelatase(HEM15) 발현 증가를 유도하여 헴과 철(Fe)의 결합을 촉진하고, 이를 통해 레그헤모글로빈의 헴 결합 비율을 93%까지 향상시킬 수 있다.

레그헤모글로빈 단백질을 효율적으로 생산하기 위해 발효 과정(fermentation process)은 일반적으로 30°C, 250 rpm의 교반 속도에서 약 96시간 동안 발효가 진행되지만, 균주 특성과 목적 단백질 생산 효율에 따라 실제 조건은 조정될 수 있다. *Pichia pastoris* 균주는 성장하면서 산소 소비량이 증가하므로, 용존 산소 농도(dissolved oxygen, DO) 조절이 필수적이다. 이를 위해 배양액 내 공기 또는 순수 산소(O_2)를 공급하여 충분한 산소량을 유지한다. 또한, 균주의 성장을 촉진하고 단백질 발현을 극대화하기 위해 배양액에 글루코스(glucose) 또는 메탄올을 주기적으로 첨가하며, 이 과정에서 Fed-batch 방식이 활용된다. 배양이 종료될 시점에는 레그헤모글로빈의 농도가 최대치로 도달할 수 있도록 배양 환경을 최적화하여 생산 효율을 극대화한다.

정제된 레그헤모글로빈 단백질은 산소와 쉽게 결합하여 산화(oxidation)될 가능성이 높기 때문에, 단백질의 품질을 유지하기 위해 산화 방지제(antioxidants)를 첨가하여 산화를 억제한다. 일반적으로 아스코브산(ascorbic acid), 에리소브산(erythorbic acid), EDTA(ethylenediaminetetraacetic acid) 등이 활용되며, 이는 헴의 산화로 인해 단백질이 변성되는 것을 방지하는 역할을 한다. 저장은 단기 보관 시 저온(refrigeration, 4°C)에서 보관하여, 2~4주 동안 품질을 유지하면서 보관할 수 있다. 장기 보관 시는 냉동 보관(frozen, -20°C 이하)하여, 헴 단백질이 변성되지 않도록 한다.

(3) 버섯 단백질

버섯 단백질(mushroom protein)은 최근 대체 단백질 시장에서 주목받는 차세대 원료로, 단순한 식물성 단백질과 차별화되는 독특한 물성과 영양학적 장점을 제공한다. 표고버섯(*Shiitake, Lentinula edodes*), 양송이버섯(*Button mushroom, Agaricus bisporus*), 느타리버섯(*Oyster mushroom, Pleurotus ostreatus*) 등 다양한 식용 버섯에서 추출되며, 특히 단백질뿐만 아니라 베타글루칸(β-glucan)과 키틴(chitin) 등의 다당류가 풍부하여 다공성 조직과 쫄깃한 식감을 형성할 수 있다.

버섯 단백질은 마이코프로틴과 유사한 점이 있지만 균사체(mycelium)의 대량 배양을 통해 육류 조직과 유사한 섬유질을 생성하는 마이코프로틴과는 본질적으로 다르다. 마이코프로틴은 *Fusarium venenatum* 등의 균류 기반으로 균사체 발효를 통해 단백질을 대량 생성한다. 버섯 단백질은 보통 식용 버섯을 활용하며, 버섯 조직 자체로 단백질을 활용한다. 이러한 차이로 인해 마이코프로틴은 가공을 통해 섬유질 조직을 강화하지만, 버섯 단백질은 자체적인 다공성 구조를 이용하여 대체육의 조직감을 구현하는 방식으로 활용된다.

버섯 단백질은 영양적으로도 우수한데, 이는 완전 단백질로서 필수아미노산을 포함하고 있으며, 건조 상태에서 단백질 함량이 15~30% 수준으로 비교적 높은 편이다. 버섯 단백질의 주요 영양 성분으로는 단백질, 베타글루칸(β-glucan), 키틴(chitin), 무기질, 비타민 D 등이 포함된다. 단백질은 주요 아미노산을 포함하고 있어 식물성 대체육의 단백질 강화 원료로 적합하며, 베타글루칸은 면역 기능을 강화하고 항산화 효과를 제공하는 것으로 알려져 있다.

또한, 버섯의 키틴 성분은 식이섬유로 작용하여 장 건강을 증진시키는 데 기여하며, 셀레늄(Se), 칼륨(K), 마그네슘(Mg) 등 다양한 무기질을 함유하고 있어 신체 기능 유지에 도움을 줄 수 있다. 특히, 버섯 단백질은 비타민 D를 함유한 몇 안 되는 식물성 단백질 공급원으로, 동물성 식품을 섭취하지 않는 채식주의자나 비건 식단을 따르는 소비자들에게 중요한 영양 공급원이 될 수 있다.

① 버섯 원료의 종류

표고버섯

표고버섯(shiitake mushroom)은 풍부한 감칠맛(umami)과 단백질 함량으로 인해 대체육 원료로 각광받고 있다. 특히 글루탐산(glutamic acid)과 구아닐산(guanylic acid) 함량이 높아 육류와 유사한 감칠맛을 부여할 수 있어, 대체육 제품의 풍미 개선에 중요한 역할을 한다. 또한, 표고버섯은 100 g 당 단백질 함량이 약 2.2 g이며, 라이신(lysine), 류신(leucine) 등 필수아미노산을 다량 함유하고 있어 영양학적으로 우수하다.

표고버섯의 활용 방식은 크게 두 가지로 나눌 수 있다. 첫째, 미세 분말 형태로 사용하는 방법으로 표고버섯을 분말화하여 대체육 반죽에 첨가함으로써 풍미를 강화하고, 영양가를 높이는 방식이 활용된다. 둘째, 추출물 형태로 사용하는 방식이다. 표고버섯 추출물은 식품의 항산화 특성을 높이고, 육류와 유사한 향미를 제공하는 천연 향미 증진제로 활용된다.

실제로 국내 기업 CJ제일제당은 표고버섯을 활용한 '비비고 표고버섯 육류'를 출시한 바 있으며, 이는 표고버섯을 이용해 육류와 유사한 조직감과 감칠맛을 구현한 제품이다.

흰목이버섯

흰목이버섯(snow fungus, *Tremella fuciformis*)은 다당류(polysaccharides)와 식이섬유가 풍부하며, 보수력이 뛰어나 대체육의 보습력 및 조직감을 향상시키는 역할을 한다. 특히 흰목이버섯의 다당류는 면역 증진 효과가 있는 것으로 알려져 있으며, 항산화 활성(antioxidant activity)을 높여 대체육의 보존성과 기능성을 향상시키는 데 기여할 수 있다.

대체육에서 흰목이버섯은 주로 보습제(hymectant) 및 구조 강화제(structural enhancer) 역할로 활용된다. 즉, 흰목이버섯에서 추출한 다당류는 수분을 유지하는 능력이 뛰어나, 대체육의 육즙 보유력과 촉촉한 질감을 개선하는 데 사용된다. 또한, 흰목이버섯은 탄성과 점탄성을 조절하여 대체육의 조직감을 강화하는 기능이 있다.

스페인의 스타트업 'Innomy'는 흰목이버섯 균사를 활용하여 햄버거 패티, 소시지, 미트볼, 너겟 등의 대체육 제품을 개발하고 있으며, 이는 기존의 대두 기반 대체육과 차별화된 조직감을 구현하는 방식으로 주목받고 있다.

팽이버섯

팽이버섯(enoki mushroom)은 긴 섬유질 구조와 높은 단백질 함량(100 g당 약 2.7 g)을 가지고 있어, 대체육의 물성과 조직감을 개선하는 원료로 적합하다. 특히, 팽이버섯의 섬유 구조는 근섬유(myofibrillar) 조직과 유사한 배열을 형성할 수 있어, 물리적 가공 없이도 육류 조직감 구현이 가능하다.

대체육에서 팽이버섯은 다음과 같은 방식으로 활용된다. 첫째, 조직 강화(tissue structuring) 역할이다. 팽이버섯을 분쇄하여 대체육 혼합물에 첨가하면, 근섬유 조직을 모사한 섬유상 조직(fibrous texture)을 형성할 수 있다. 둘째, 식이섬유 공급원으로 활용된다. 팽이버섯에는 키토올리고당(chitooligosaccharides)이 포함되어 있어, 식이섬유 함량을 증가시키면서도 조직감을 유지하는 기능을 수행한다.

최근 한 연구에서는 팽이버섯 줄기 폐기물을 활용하여 영양가 높은 대체육 제품을 개발한 사례가 보고되었다. 해당 연구에 따르면, 팽이버섯 줄기에서 추출한 단백질과 항산화 성분이 너겟의 물성, 항산화 안정성 및 저장 수명을 개선하는 데 기여하였으며, 이는 팽이버섯이 육류 대체 제품의 주요 성분으로 활용될 수 있는 가능성을 보여준다.

미국의 Meati Foods는 팽이버섯 균사체를 활용하여 대체육을 개발하고 있으며, 이는 기존의 대두 기반 대체육과 달리 자연스러운 섬유질 조직을 형성할 수 있는 방식으로 주목받고 있다.

② 버섯 단백질 추출 공정

버섯을 이용한 단백질 추출 과정은 크게 화학적 및 효소적 가수분해 방법을 중심으로 진행되며, 초음파 및 마이크로웨이브 보조 추출 기법을 활용하여 효율을 증대할 수 있다.

우선, 화학적 가수분해 방법에서는 강산이나 강알칼리를 이용하여 단백질을 분해한다. 산 가수분해는 보통 6N 염산(HCl) 용액을 사용하여 단백질을 작은 펩타이드 단위로 분해하는 방식이며, 단백질 회수율이 높고 소수성 아미노산이 보존된다는 장점이 있다. 알칼리 가수분해는 NaOH나 KOH와 같은 강염기를 이용하여 단백질을 가수분해하며, 산 가수분해보다 부드러운 처리를 통해 특정 아미노산을 보호할 수 있다. 다만, 극단적인 pH 조건은 일부 아미노산을 파괴할 수 있는 단점이 존재한다. 특히 버섯의 경우 강한 산이나 알칼리 조건에서 생리활성 펩타이드의 손실 위험이 크므로, 가급적 완화된 조건을 선택하거나 효소적 가수분해와 병행하여 처리하는 것이 바람직하다.

효소적 가수분해 방법은 프로테아제(알칼라아제, 파파인, 브로멜라인 등)를 사용하여 단백질을 특정 길이의 펩타이드 및 아미노산으로 분해하는 과정이다. 이 방법은 낮은 온도와 중성에 가까운 pH(5~8)에서 진행할 수 있으며, 특정 생리활성을 갖는 펩타이드를 생산하는 데 유리하다. 특히 버섯 단백질은 항산화, 면역조절, 항고혈압 등 다양한 생리활성 펩타이드로 전환될 수 있어, 효소 선택 및 반응 조건을 최적화하는 것이 매우 중요하다.

최근에는 추가적인 물리적 처리를 통해 단백질 효율적인 추출에 도움을 주기도 한다. 초음파 처리는 강한 진동을 이용하여 세포벽을 깨트리고 용매의 침투성을 증가시켜 단백질 용출을 촉진하는 역할을 한다. 버섯의 경우 키틴(chitin)과 베타글루칸(β-glucan)으로 이루어진 단단한 세포벽 구조를 가지고 있어, 초음파 처리를 활용하면 단백질의 회수율과 효율을 크게 증가시킬 수 있다.

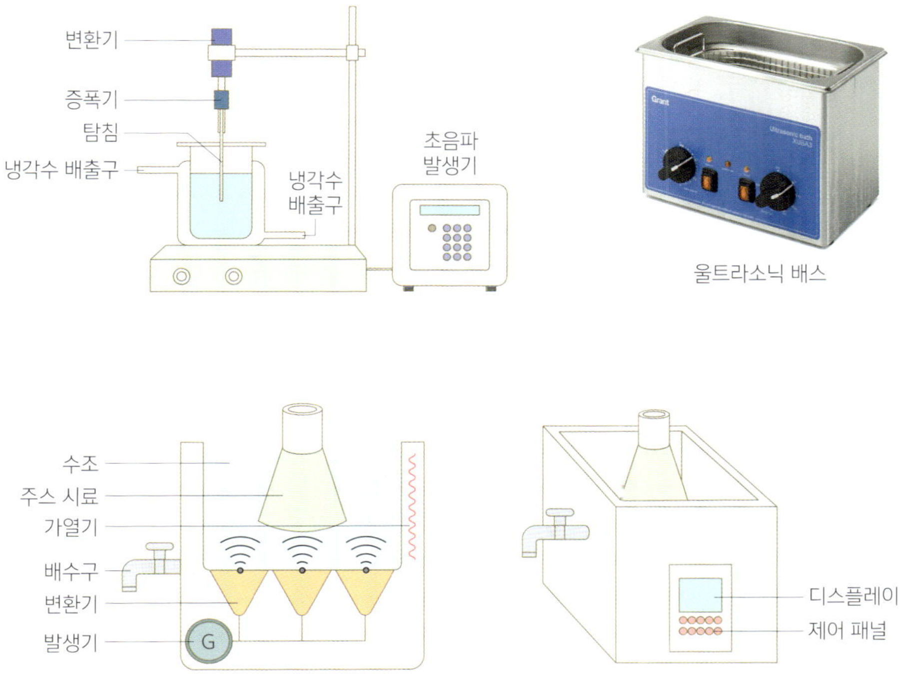

그림 2-8 **초음파 처리를 통한 단백질 추출 방식**

두 번째로, 마이크로웨이브 추출은 전자기파를 이용해 물질의 내부 온도를 상승시켜 세포막을 파괴하고 단백질 방출을 증가시키는 방식이다. 이 기법들은 기존 방식보다 추출 시간을 단축하며 단백질 품질 향상에도 기여한다.

단백질 추출 후, 분리 및 정제 과정이 진행된다. 일반적으로 여과, 원심분리, 다단계 용매 분획법을 사용하여 불순물을 제거하고, 단백질의 순도를 높인다. 버섯 추출물에는 기능성 폴리사카라이드나 페놀성 화합물 등의 성분이 함께 존재할 수 있어, 초여과(ultrafiltration), 투석(dialysis), 또는 크로마토그래피(chromatography)와 같은 추가적인

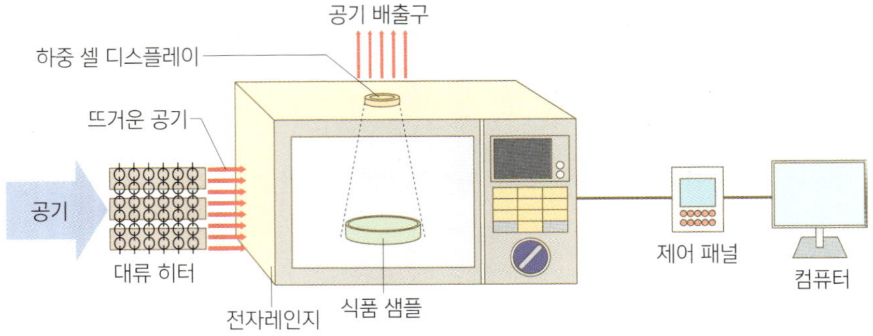

그림 2-9 **마이크로웨이브 처리를 통한 단백질 추출 방식**

정밀 정제 과정이 요구될 수 있다. 최종적으로 동결건조나 분문건조를 이용하여 분말 형태의 단백질 제품을 생산할 수 있다. 이러한 버섯 단백질 가수분해물(MPH)은 기능성 식품, 제약, 화장품 및 농업 분야에서 활용될 수 있으며, 항산화, 항고혈압, 면역조절 등의 생리활성을 갖는 것으로 보고되고 있다.

3장

식물성 대체육 연구

1. 식물성 대체육 제조 가치 사슬의 연구 방법론
2. 식품 콜로이드와 식물성 대체육
3. 대체지방
4. 대체육 향, 맛, 색상
5. 전 세계 대체육 산업 현황

1. 식물성 대체육 제조 가치 사슬의 연구 방법론

식물성 대체육 연구는 제조 가치 사슬의 각 단계에 따라 구분될 수 있으며, 단계별로 독립적인 연구 분야와 산업이 존재한다. 식물성 대체육 개발은 단순히 최종 제품을 만드는 과정이 아니라, 원료 선정부터 가공 기술 개발에 이르기까지 과학적 접근이 요구되는 다층적인 연구 영역이다. 이러한 가치 사슬은 크게 원물 연구, 소재화 연구, 구조화 연구, 제품화 연구로 나눌 수 있다.

- 원물 연구: 식물성 대체육의 기초가 되는 단백질 원료를 탐색하고 최적화하는 단계로, 주로 대두, 완두, 해조류, 곡물 등이 연구 대상이 된다. 원료의 단백질 함량, 기능성, 영양적 가치를 평가하며, 새로운 단백질원 발굴과 개량을 목표로 한다.
- 소재화 연구: 원료에서 단백질을 추출·정제하여 기능성 단백소재를 개발하는 단계이다. 대두단백 분리물(SPI), 완두단백 분리물(PPI), 곡물단백 등이 대표적 연구 대상이며, 가용성, 점탄성, 유화성 등의 특성을 조절하여 최적의 단백질 소재를 확보하는 것이 핵심이다.
- 구조화 연구: 단백소재를 이용해 조직화(텍스처링)하여 대체육의 물성을 형성하는 단계로, 압출성형(high-moisture extrusion), 섬유화(fiber spinning), 3D 프린팅 등의 기술이 포함된다. 이 과정에서 실제 육류의 섬유 조직과 유사한 구조를 구현하는 것이 주요 연구 목표이다.
- 제품화 연구: 조직화된 단백소재를 활용하여 최종 대체육 제품을 개발하는 단계이다. 햄버거 패티, 소시지, 닭고기 대체육 등 다양한 제품군이 포함되며, 맛, 식감, 영양 균형, 소비자 선호도를 고려한 최적화 연구가 진행된다.

이와 같이, 식물성 대체육 연구는 원료부터 최종 제품에 이르기까지 단계별로 고유한 연구 분야와 산업이 존재하며, 각 단계의 기술적 발전이 전체 가치 사슬의 완성도와 식물성 대체육 시장의 경쟁력을 결정짓는다. 이어서 단계별 연구방법론을 더욱 자세히 살펴보기로 한다. 그리고 이번 장에서 나오는 '대체육'은 모두 '식물성 대체육'을 의미한다.

1) 원물 연구

대체육 제품의 품질과 기능성은 사용되는 원물의 물리·화학적 특성과 품종 개량 노력에 의해 결정되며, 원료의 재배 방식과 환경 지속 가능성도 중요한 요소로 작용한다. 현재 대체육 산업에서 가장 널리 사용되는 식물성 원료는 대두(soybean), 완두콩(pea), 밀(wheat), 귀리(oat), 해조류(seaweed) 등이며, 각 원료는 단백질 함량과 기능적 특성이 다르기 때문에 적용 방식이 다르게 설계될 필요가 있다.

원물 연구는 대체육의 조직감, 향미, 기능성을 결정하는 기초 연구 분야이다. 특히, 생명공학(biotechnology) 기술을 이용한 종자 개량 연구는 단백질 함량 증가, 겔화 특성 향상, 알레르기 유발 성분 제거 등을 목표로 하고 있다. 단백질 함량이 높은 품종은 대체육 제조 시 조직 형성에 유리하며, 겔화 특성이 향상된 품종은 압출성형 공정에서 보다 안정적인 구조를 유지하는 데 기여할 수 있다. 또한, 항영양소를 저감하는 품종 개량 연구는 대체육의 소화 흡수율을 높이고, 소비자 건강 측면에서도 긍정적인 영향을 미칠 수 있다.

(1) 대두(soybean) 및 콩가루(soy flour)

대두는 단백질 함량이 약 35~40%, 지질이 20%에 이르는 고단백 작물로, 식품 가공용 단백질 원료로 가장 널리 활용되는 원료 중 하나이다. 대두 단백질은 우수한 유화성, 보수력, 겔화 특성을 가지고 있어, 대체육 가공에서 중요한 역할을 한다. 특히, 대두 단백질은 열처리 시 3차원 단백질 네트워크를 형성하여 조직감을 제공하는 특성을 가지므로, 대체육의 물성 개선에 필수적 역할을 한다.

최근 대두 품종 개량 연구는 단백질 함량 증가, 콩취 성분 저감, 항영양소 감소 등의 다양한 목표를 중심으로 진행되고 있다. 이를 통해, 보다 기능성이 우수하고 가공성이 향상된 대두 품종을 확보하는 것이 연구의 핵심 목표로 떠오르고 있다.

대두는 기본적으로 단백질 함량이 높지만, 대체육 원료로 활용하기 위해서는 더 높은 단백질 함량과 최적화된 기능성을 가진 품종이 필요하다. 이를 위해 전통 육종(breeding)과 유전자 편집(CRISPR-Cas9) 기술을 활용하여 단백질 함량을 45% 이상으로 증가시키는 품종 개발 연구가 활발히 진행되고 있다. 특히, 고단백 품종을 개발하는 과정에서, 특정 단백질 발현을 조절하여 겔화 및 점탄성 특성을 향상시키는 연구가 병행되고 있다. 대두 단백질의 주요 성분인 7S(β-conglycinin)와 11S(glycinin)의 비율을 조절하여 대체육 가공에 최적화된 단백질 조성을 갖춘 품종을 개발하는 것이 연구의 중요한 방향 중 하나이다.

대두 단백질은 리폭시게나아제(lipoxygenase) 효소의 작용으로 인해 특유의 비린 맛(beany flavor)을 가지며, 이는 대체육 제품에서 소비자의 기호도를 낮추는 요소로 작용할 수 있다. 이를 해결하기 위해, 향미 성분을 조절하는 품종 개량 연구가 진행되고 있으며, 특히 리폭시게나아제 비활성 품종 개발을 통해 콩 비린내 등과 같은 이취를 저감하는 연구가 주목받고 있다. 또한, 대두 단백질에서 발생하는 지질 산화 과정을 억제하여 산미를 줄이고, 보다 중립적인 풍미를 가진 품종을 개발하는 연구도 함께 진행되고 있다. 이를 통해, 기존의 대두 단백질 대비 자연스러운 맛을 가지면서도, 대체육 가공에 적합한 품종을 개발하는 것이 목표이다.

그 외에도 대두는 다양한 항영양소를 포함하고 있어, 단백질의 생체 이용률(bio-availability)을 저해할 수 있다. 따라서, 이러한 항영양소를 저감하고, 보다 소화·흡수율이 높은 품종을 개발하는 연구가 활발히 진행되고 있다. 대표적인 항영양소로는 트립신 저해제(trypsin inhibitors)와 파이트산(phytate)이 있으며, 이들은 단백질 소화율을 낮추고, 무기질 흡수를 방해할 수 있다. 이를 해결하기 위해, 트립신 저해제 함량을 감소시키는 품종 개량 연구가 진행되고 있으며, 동시에 파이트산 함량을 줄여 무기질 흡수율을 높이는 연구가 수행되고 있다.

(2) 완두콩(pea)

완두콩(Pea)은 자연적으로 글루텐이 없는(gluten-free) 단백질 공급원으로 알레르기 유발 가능성이 낮아 유제품 및 글루텐을 피하는 소비자들에게 적합한 단백질 원료로 활용된다. 이러한 특성 덕분에, 완두 단백질은 대체육 및 다양한 식품 산업에서 중요한 원료로 자리 잡고 있다. 하지만, 상대적으로 낮은 용해도와 유화성으로 인해 기능성 개선이 필요하며, 이를 해결하기 위한 가공 방식과 개질 기술 연구가 필수적이다. 완두콩 단백질의 품질을 향상시키기 위해 유전자 편집(CRISPR-Cas9) 및 생명공학적 기법을 활용한 품종 개량 연구가 활발히 진행되고 있다. 기존 품종의 단백질 함량은 22~25% 수준이지만, 최신 연구에서는 30% 이상의 단백질을 함유하는 품종을 개발하고 있다.

(3) 밀(wheat)

밀은 글루텐의 강한 점탄성을 기반으로 대체육 제조에서 중요한 역할을 하는 원료이다. 특히, 밀가루는 대체육의 조직을 강화하는 기능을 가지며, 전분과 단백질의 조합을 통해 대체육의 탄력성과 결합력을 조절하는 데 필수 원료로 활용된다.

밀 원료의 연구는 다음과 같다. 밀 품종과 가공 방식에 따라 밀가루의 물성이 달라지기 때문에, 대체육 가공에 최적화된 밀 품종을 개발하는 연구가 활발히 진행되고 있다. 구체적으로, 저알레르기 밀 품종 개발 연구가 이루어지고 있다. 일부 소비자들은 글루텐 민감성 또는 셀리악병(celiac disease) 때문에 밀 제품을 섭취하지 못하므로, 저글루텐(low-gluten) 또는 글루텐 프리(gluten-free) 밀 품종 개발이 중요한 연구 분야로 자리 잡고 있다. 이를 위해 특정 단백질 발현을 조절하여 점탄성을 유지하면서도 알레르기 반응을 최소화하는 품종 연구가 진행되고 있다. 특히, 유전자 편집 기술을 활용하여 특정 글루텐 단백질(글리아딘)을 억제하면서도 점탄성을 유지하는 품종이 개발되고 있다. 그 외, 대체육 조직감을 개선하기 위한 밀 품종 개량 연구가 이루어지고 있다.

(4) 귀리(oat) 및 오트밀(oatmeal)

귀리와 오트밀은 베타글루칸(β-glucan) 함량이 높아 점성을 증가시키고, 대체육 제품에서 조직감을 부드럽게 조절하는 기능을 가진다. 특히, 베타글루칸은 보수력이 뛰어나며, 대체육 내에서 결합제 역할을 수행하여 육즙 손실을 방지하는 중요한 역할을 한다. 이러한 특성 덕분에, 귀리는 대체육의 물성 조절, 점탄성 향상, 조직 안정화 등에 활용될 수 있다. 귀리는 다른 단백원료보다 상대적으로 낮은 단백질 함량(약 12~15%)을 가지지만, 식이섬유와 결합하여 점탄성을 조절할 수 있으며, 대체육 조직 형성을 보완할 수 있다.

또한, 귀리 및 오트밀도 품종 개발 연구가 진행되는데, 고베타글루칸(high-β-glucan) 귀리 품종 개발이 대표적이다. 또한, 섬유질 조성을 최적화하여, 고형화 및 조직 형성을 개선할 수 있는 품종 개량 연구도 진행되고 있다.

(5) 해조류(seaweed)

해조류는 해양에서 지속 가능하게 생산될 수 있는 고단백 원료로, 필수 아미노산과 다량의 단백질을 함유하고 있어 대체육 원료로 활용될 가능성이 높다. 해조류는 생장 속도가 빠르고, 토지와 담수 자원을 소비하지 않기 때문에 환경 친화적 단백질 공급원으로 주목받고 있다. 특히, 다당류 및 무기질이 풍부하며, 점탄성과 보수력이 뛰어나 대체육 조직 형성 및 식감 개선에 기여할 수 있다. 해조류 단백질의 활용 가능성을 높이기 위해 단백질 함량이 높은 품종 개량 연구가 활발히 진행되고 있다.

해조류는 녹조류, 갈조류, 홍조류로 분류되며, 이 중 홍조류는 가장 높은 단백질 함량을 보유하고 있어 대체육 원료로 적합하다. 현재 연구에서는 단백질 함량이 30~40%에 이르는 홍조류 품종을 대체육 원료로 활용하기 위한 연구가 진행되고 있으며, 가공 적합성과 영양적 균형을 고려한 품종 개량이 이루어지고 있다.

또한, 해조류의 지속 가능한 생산을 위해 친환경 재배 기술을 적용하여, 해양 생태계에 미치는 영향을 최소화하는 연구가 병행되고 있다. 특히, 미세조류(microalgae)와 해조류(macroalgae)를 조합한 배양 시스템을 통해, 생산성을 높이고 기능성을 극대화하는 연구가 활발히 진행 중이다. 이를 통해, 기존 육상 기반 단백질 원료(대두, 완두콩 등)와 차별화된 단백질 공급원을 확보하는 것이 목표이다. 해조류와 미세조류 기반 단백질은 기존 육상 작물과 달리 토지와 담수 자원을 거의 소비하지 않으며, 해양에서 지속 가능하게 생산될 수 있는 대체 단백질 공급원으로 주목받고 있다. 따라서 해조류 기반 단백질 연구는 대체육 산업의 탄소 발자국(carbon footprint)을 줄이고, 환경 친화적 단백질 공급망을 구축하는 데 중요한 역할을 한다.

2) 다당 추출 공정

(1) 알긴산

알긴산(alginate)는 갈조류(brown seaweed)에서 주로 추출되는 친환경 고분자로, 식품, 제약, 생체재료 등 다양한 산업에서 활용되고 있다. 알긴산이라는 단어는 1881년에 처음 기술되었으며, 현재는 식품에서 사용할 수 있는 알긴산(alginate acid) 염류를 지칭하는 일반적인 용어로 사용된다. 콩 비린내 등과 같은 이취는 갈조류(phaeophyceae)의 세포벽과 세포 사이 공간에서 발견되며, 해양 환경에서 식물에 유연성과 강도를 제공하는 역할을 한다. 유화제, 겔 형성제, 코팅제, 점증제 등으로 쓰일 수 있는 것이 특징이다. 산업적 생산은 일반적으로 전통적인 화학적 추출법을 사용하지만, 최근 환경친화적 새로운 추출 기술이 개발되고 있다.

a. 추출 공정

알긴산의 추출 과정은 다음과 같은 단계로 이루어진다. 세부 공정 모식도는 다음 그림과 같다.

① 전처리: 갈조류 원료를 세척 및 건조 후 분쇄하여 표면의 염류, 모래, 불순물을 제거한다. 에탄올, 포름알데히드 등의 용매를 사용하여 단백질, 페놀 화합물, 색소 제거 등의 전처리를 수행할 수 있다. 세포벽을 효과적으로 파괴하기 위해 기계적 분쇄 또는 초음파 처리를 활용하기도 한다.

② 산 처리: HCl(염산), H_2SO_4(황산), 구연산(citric acid) 등을 이용하여 알긴산을 불용성 알긴산(alginic acid)으로 전환한다. 이 과정에서 불순물(푸코이단, 라미나린 등)을 제거하며, 최적 pH는 4 이하가 권장된다.

③ 알칼리 추출: Na_2CO_3(탄산나트륨) 또는 NaOH(수산화나트륨)을 사용하여 불용성 알긴산을 수용성 나트륨 알긴산(sodium alginate)으로 변환한다. 일반적으로 40~90℃에서 추출이 진행되며, 온도와 시간은 알긴산의 수율 및 분자량 결정에 중요한 변

그림 3-1 **일반적인 알긴산 추출 공정 및 세부 추출 공정 모식도 1**

그림 3-1 일반적인 알긴산 추출 공정 및 세부 추출 공정 모식도 2

수로 작용한다.

④ 여과 및 침전: 추출된 알긴산을 여과하여 불용성 물질을 제거한 후, 에탄올, $CaCl_2$(염화칼슘), HCl(염산) 등을 이용하여 침전시킨다. 에탄올 침전법이 가장 일반적으로 사용되며, 화학적 변성을 최소화하면서 높은 수율을 얻을 수 있다.

⑤ 정제 및 건조: 침전된 알긴산을 세척 및 순화하여 불순물을 제거한 후, 건조 및 분쇄하여 분말화한다. 제약 및 생체재료 용도의 고순도 알긴산은 고급 정제 공정(특수 용매 정제, 이온 교환 등)을 추가적으로 거칠 수 있다.

⑥ 최종 제품: 최종적으로 알긴산나트륨(sodium alginate), 알긴산칼슘(calcium

alginate), 알긴산 프로필렌글리콜(propylene glycol alginate, PGA) 등으로 가공되어 식품 및 산업 분야에서 사용된다.

b. 새로운 알긴산 추출 기술

전통적인 화학 추출법은 처리 시간이 길고, 화학약품 사용에 따른 환경적 부담이 크다. 이를 해결하기 위해 환경 친화적이고 효율적인 추출 기술이 연구되고 있다.

① 초음파 보조 추출법: 초음파(20~100 kHz)를 활용하여 세포벽을 붕괴시키고, 용매 침투를 증가시켜 추출 효율을 높일 수 있다. 기존 방법 대비 시간 단축 및 용매 사용량 감소 효과가 있는 것이 특징이다.

② 마이크로웨이브 보조 추출법: 비전리 방사선을 활용한 열 효과로 세포벽을 균열시켜 용출을 촉진하는 방식이며, 용매 사용량 감소 및 에너지 절감 효과가 있다.

③ 초임계 유체 추출: CO_2 등을 초임계 상태로 활용하여 화학 용매 없이 알긴산을 추출하는 기술이며, 공동용매(예: 에탄올-물 혼합물)와 함께 적용될 경우, 식품 및 제약용 고순도 알긴산 생산에 적합한 방식이다.

④ 효소 보조 추출법: 셀룰라아제(cellulase), 알기네이트 리아제(alginate lyase) 등을 활용하여 세포벽을 선택적으로 분해, 목표 성분을 높은 순도로 추출하는 방식이며, 환경친화적인 동시에 고분자량 알긴산 추출이 가능한 것이 특징이다.

그림 3-2 갈조류로부터의 다당 추출 공정

(2) 카라기난

카라기난(carrageenan)은 홍조류(Rhodophyta)에서 추출한 황산화 갈락탄으로, α-1,3과 β-1,4 결합으로 번갈아 연결된 D-갈락토스 잔류물로 구성되어 있다. 이들은 sulfate 치환 패턴과 3,6-anhydrogalactose 함량에 따라 카파(κ), 이오타(ι), 람다(λ)로 분류된다. 이러한 천연 중합체는 열가역성 겔 또는 고점도 용액을 형성하는 능력이 있으며, 일반적으로 여러 식품과 제약 및 화장품에서 겔화제, 안정화제 및 유화제로 사용된다는 특징이 있다(Webber et al., 2012).

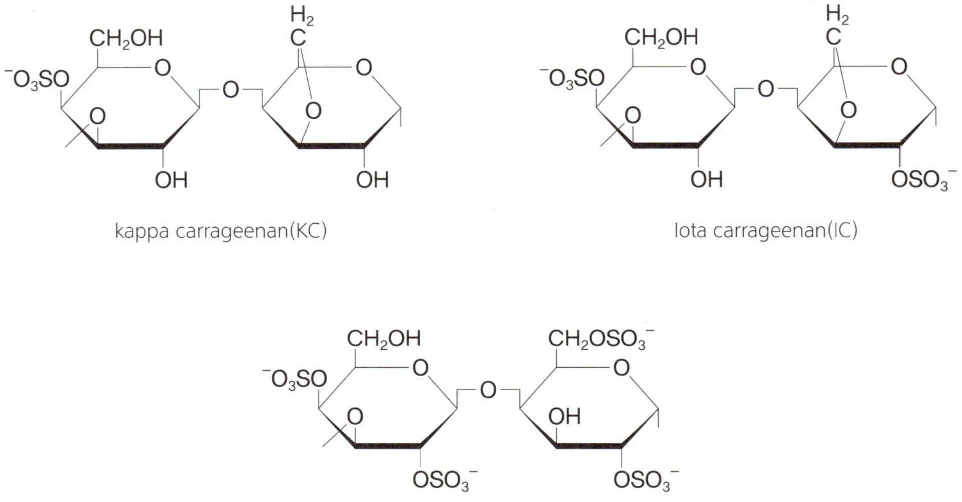

kappa carrageenan(KC) lota carrageenan(IC) lambda carrageenan(LC)

그림 3-3 **카라기난의 종류**

a. 세부 추출 공정

카라기난의 추출은 다음과 같은 단계로 이루어진다.

① 전처리

- 해조류 세척: 모래, 염분, 유기물, 불순물을 제거하기 위해 담수 또는 해수로 여러 번 세척한다.
- 건조 및 분쇄: 일부 공정에서는 건조 및 분쇄 과정을 거치는데 이는 추출 효율을 높이기 위한 과정이다.

- 알칼리 전처리: 일부 공정에서는 NaOH 등의 알칼리 용액으로 해조류를 전처리하여 황산 에스터기(sulfate ester)를 조절하고 겔 강도를 높이고자 한다.

② 알칼리 추출: 뜨거운 알칼리 용액에서 카라기난 용출을 하기 위한 과정이며, 일반적으로 NaOH, KOH 등의 알칼리 용액(0.1~0.5M)을 사용하며, 온도는 70~90℃, 시간은 2~6시간 정도로 조절하며 진행한다. 이 과정에서 일부 황산 에스터기가 제거되며, 3,6-anhydro-L-galactose(AHG) 단위가 형성되어 겔 강도 향상이 이루어진다.

③ 여과 및 침전: 카라기난이 녹아 있는 용액을 여과하여 불용성 단백질, 세포벽 잔여물, 기타 불순물을 제거한다. refined carrageenan(RC) 생산이나 semi-refined carrageenan(SRC) 생산을 진행해 카라기난 회수 및 정제를 진행한다.

④ 건조 및 분쇄: 회수된 카라기난을 건조(분무 건조, 진공 건조, 열풍 건조 등)하는 과정이며, 최종적으로 분쇄하여 미세한 분말 형태로 가공한다.

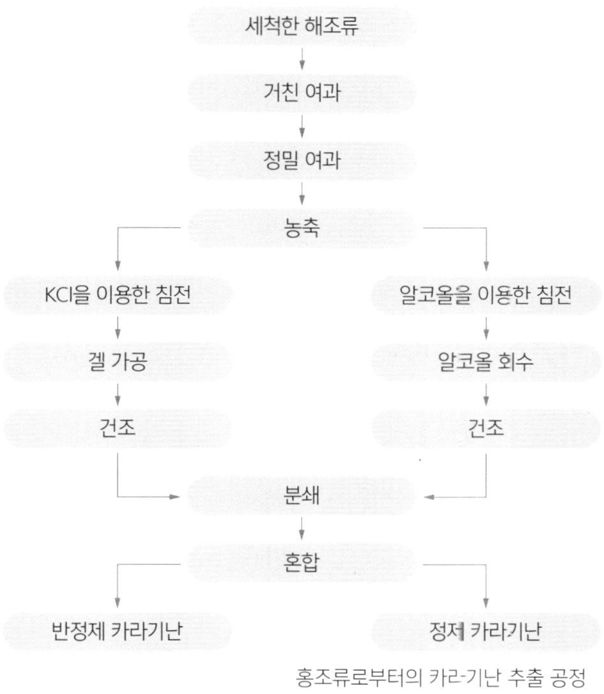

그림 3-4 **홍조류로부터의 카라기난 추출 공정**

b. 새로운 카라기난 추출 기술

전통적인 화학적 추출법은 시간 소요가 크고, 화학물질 사용으로 인한 환경 부담이 크다. 이를 해결하기 위해 환경 친화적이고 효율적인 추출 기술로 여겨지는 기계적 추출 공정 중 비드밀(bead mill), 볼밀(ball mill), 해머밀(hammer mill) 등의 추출 방법을 선택할 수 있다. 하지만 비드밀법을 제외한 방법은 거대조류 샘플을 활용하기에 적합하지 않을 수 있다.

- 비드밀법: 비드밀은 비드를 사용하여 크기 감소를 돕고 다양한 재료를 분쇄하는 분쇄기이다. 해당 방법은 효모를 분해하며 지질을 방출하고 미세조류를 분해해 단백질, 지질, 탄수화물을 바이오프로덕트로 방출하는 방법이다. 이는 무해하며 공정은 오염이 없고 폐기물 용액을 발생시키지 않는 것이 특징이다. 또한 대량 생산을 위해 설계되었기 때문에, 추출 효율을 높여 더 높은 수율을 얻을 수 있다.

(3) 식물성 검

식품의 주요 구성 요소 중 하나인 수분은 친수성 성질로 인해 다당류(특히 식품용 검, gum)과 쉽게 결합한다. 이러한 다당류 중 다양한 식물에서 유래한 성분은 식물성 검으로 분류되며, 식품 산업 전반에서 폭넓게 활용되고 있다. 특히 제빵에서는 반죽의 물성 개선, 부드러운 식감 유지, 부피 증가 등에 기여하며, 그 외에도 결합제, 안정제, 유화제 등의 용도로 다양하게 적용된다.

식물성 검은 유사한 기능을 지닌 해조류 검(예: 카라기난, 알긴산)과 비교해 추출 방식에서 차이를 보인다. 해조류 검은 고온의 알칼리 처리와 화학적 침전 등 복잡한 공정을 거치는 반면, 식물성 검은 수침, 분쇄, 여과 등의 비교적 순한 물리적 방식으로 추출된다.

이러한 차이는 원료의 세포 구조와 다당류의 수용성에 기인하며, 식물성 검은 주로 점증제나 안정제로, 해조류 검은 겔화제로 특화되어 활용된다.

식물 유래 검은 천연 유출(exudate) 검과 비유출(non-exudate) 검으로 구분되며, 각 유형에 따라 추출 공정이 다르게 진행된다. 일반적으로 채취 → 정제 → 건조 및 분쇄 단계를 거치며, 추출 방법은 검의 원료가 되는 식물 부위에 따라 다르다.

a. 천연 유출 검의 추출 공정

이 유형의 검은 나무나 식물에서 자연적으로 분비되며, 아래와 같은 공정을 통해 얻어진다.

① 채취 및 전처리: 나무에서 자연적으로 분비된 검을 채취하는 과정이다. 검을 건조, 분쇄 또는 절단하여 가공(예: 아몬드 검은 건조, 망고 검은 분쇄, 캐슈 검은 절단)하는 방식을 택한다.

② 용해 및 정제: 검을 탈이온수(deionized water)에 녹인 후(25~30℃), 불순물을 제거하기 위해 침전(sedimentation), 여과(filtration), 원심분리(centrifugation)를 진행한다.

③ 정제 및 건조

- 침전법(precipitation method): 에탄올, 아세톤, 메탄올을 과량 첨가하여 검을 침전시킨 후 세척, 건조 및 분쇄하여 분말화한다.
- 투석법(dialysis method): 검 용액을 투석(dialysis)한 후, 동결 건조(freeze-drying)하여 고순도 검을 얻는다.

b. 비유출 검의 추출 공정

비유출 검에는 종자 검(seed gum)과 점액질 검(mucilage gum)이 포함되며, 사용되는 식물 부위에 따라 공정이 다르다.

① 종자 검 추출

- 대표적인 예: 구아 검(guar gum), 로커스트빈 검(locust bean gum) 등
- 종자를 탈각(dehusk), 분쇄(milling), 물에 용해하여 추출한다.
- 추출된 용액을 여과(filtration)하여 검 다당류(polysaccharide)를 분리한다.

② 점액질 검 추출

- 대표적인 예: 줄기, 뿌리, 잎, 과일 등에서 유래한 검
- 식물 부위를 30~90℃ 물에 담가 2시간 동안 추출한다.
- pH를 조절하여 최적의 추출 조건을 맞춘다.
- 여과 및 원심분리(centrifugation) 과정을 통해 불용성 성분을 제거한다.
- 침전(precipitation): 에탄올 또는 아세톤을 사용하여 침전 후 세척, 건조 및 분쇄하여 분말 형태로 가공한다.

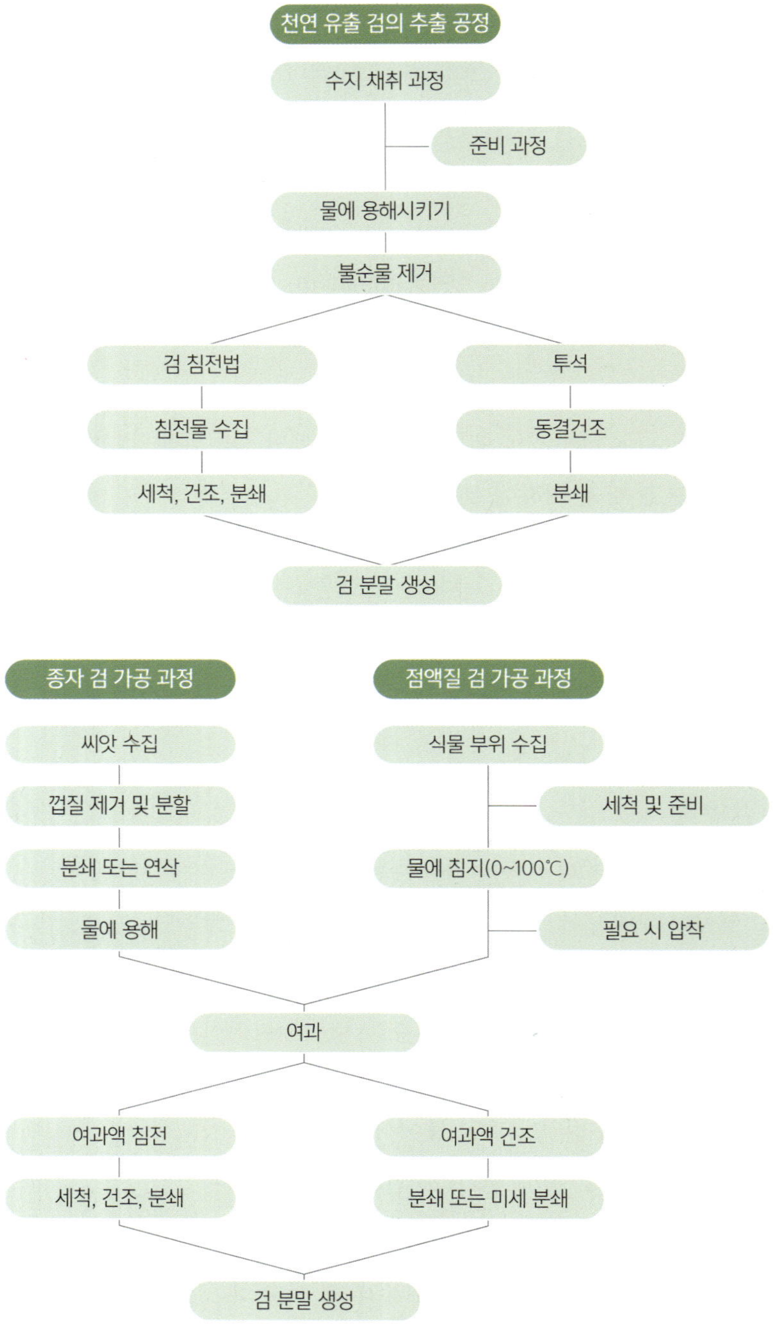

그림 3-5 **천연 및 비천연 유출 검의 추출 공정**

(3) 전분

전분(starch)은 식물에서 생성되는 다당류로, 주로 에너지를 저장하는 역할을 한다. 아밀로스(amylose)와 아밀로펙틴(amylopectin)으로 구성되며, 원료 식물에 따라 특성이 달라 다양한 산업에서 활용된다.

주요 전분 원료로는 옥수수, 감자, 쌀, 고구마, 카사바, 밀, 수수, 토란, 바나나 등이 있으며, 각각의 전분은 식품, 제약, 바이오소재 등 다양한 분야에서 사용된다. 전분의 소재화 과정은 전처리, 정제, 변형, 최종 제품화로 구성된다. 세척과 분쇄 후 단백질 및 불순물을 제거하여 순수한 전분을 확보하며, 이후 물리적·화학적·효소적 처리를 통해 기능성을 강화한다. 이를 통해 점증제, 겔 형성제, 바이오플라스틱 원료 등 다양한 제품으로 활용된다. 최근에는 친환경적인 전분 응용과 지속 가능한 변형 기술이 연구되고 있다.

표 3-1 전분의 종류 및 추출 방법

전분 원료	주요 특징	추출 방법	주요 활용
옥수수	높은 순도, 제지 및 접착제 산업 활용	습식 추출	식품, 접착제, 바이오플라스틱
감자	높은 점성, 투명도 우수, 식품 및 섬유 산업 활용	습식 또는 효소 추출	소스, 수프, 제지 및 섬유 산업
쌀	미세한 입자 크기, 화장품 및 제약 산업 활용	습식 추출	베이비 푸드, 화장품, 제약 산업
고구마	겔 형성 우수, 면류 제조 활용	습식 또는 초음파 보조 추출	면류, 디저트, 기능성 식품
카사바	글루텐-프리, 바이오플라스틱 원료	습식 또는 알칼리 추출	글루텐-프리 식품, 바이오소재
밀	제빵, 제과 산업 활용	건식 또는 습식 추출	제빵, 파스타, 제과 산업
수수	단백질 제거 방법에 따라 회수율, 순도 차이	알칼리 또는 효소 추출	바이오연료, 산업용 전분
토란	높은 점성 겔 형성, 기능성 식품 활용	습식 또는 효소 추출	겔형 제품, 기능성 식품
바나나	저항성 전분 함유, 건강식품 활용	습식 또는 초음파 보조 추출	건강식품, 저탄수화물 다이어트 식품

a. 추출 공정

전분의 추출 과정은 전처리, 분쇄, 정제, 건조 단계로 구성되며, 이후 추가적인 물리적·화학적·효소적 변형이 이루어진다.

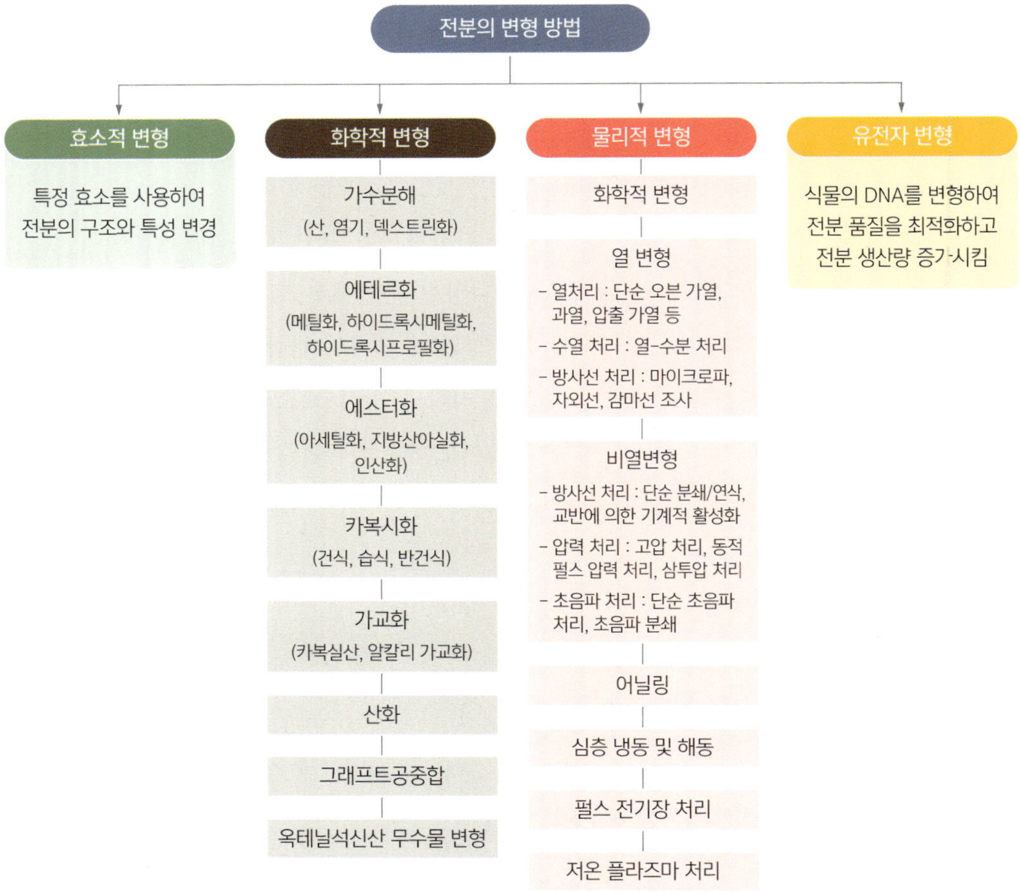

그림 3-6 **전분의 추출 및 공정 모식도**

① 전처리: 원료를 세척하여 이물질과 불순물을 제거한 후, 침지를 통해 조직을 연화한다. 주요 방법으로는 온수 침지(40~60℃, 12~24시간), 초음파 보조 침지(20~40 kHz, 30~60분), 알칼리 세척(0.1~0.5% NaOH, 1~2시간) 등이 있으며, 알칼리 세척은 불순물 제거 효과가 뛰어나지만 전분의 결정성에 영향을 줄 수 있다. 침지 과정에서 pH 조절(5.5~7.0)이 중요하며, 과도한 산성 또는 염기성 환경은 전분의 기능성을 저하시킬 수 있다. 일반적으로 pH 조절을 위해 구연산(citric acid), 젖산(lactic acid), 황산(sulfuric acid) 등의 산 또는 수산화나트륨(NaOH), 탄산나트륨(Na_2CO_3), 인산나트륨(Na_3PO_4) 등의 염기성 화합물이 사용된다.

② 분쇄: 침지된 원료를 습식 또는 건식 방식으로 분쇄하여 세포 구조를 파괴하고 전분을 방출한다. 습식 분쇄는 물과 함께 분쇄하여 전분을 용출시키며, 원심분리(3,000~10,000 rpm, 10~30분)와 조합하여 높은 순도의 전분을 얻는 데 유리하다. 건식 분쇄는 공기 분급(air classification)과 결합하여 효율성을 높일 수 있지만, 불순물 함량이 높아질 가능성이 있다. 초음파 보조 방식(20~40 kHz, 15~30분)은 높은 수율과 낮은 탄닌 함량을 유지할 수 있어 효율적인 방법으로 평가된다.

③ 정제: 원심분리 또는 체 여과를 통해 섬유질과 단백질을 제거하며, 효소 처리(α-아밀라아제 또는 프로테아제, 40~50℃, 2~4시간) 또는 화학적 처리를 활용하여 전분 순도를 높인다. 정제 과정에서 탈색 공정(활성탄 처리, 2~4시간)이나 이온 교환법(ion-exchange chromatography)을 추가할 경우, 식품 및 제약 산업에서 활용할 수 있는 고순도 전분을 확보할 수 있다. 탈색 공정에서는 활성탄(activated carbon), 과산화수소(hydrogen peroxide), 이산화염소(chlorine dioxide) 등의 화학적 시약이 사용될 수 있으며, 제거 시간과 온도를 최적화하는 것이 중요하다. 24시간 침지 후 3시간 효소 가수분해를 수행하는 방식이 높은 전분 회수율과 단백질 제거 효과를 보였다.

④ 건조: 탈수 및 건조하여 전분을 보관하기 용이한 분말 형태로 만든다. 건조 방법에는 열풍 건조(50~70℃, 6~12시간), 동결 건조(-40~-60℃, 24~48시간), 진공 건조(10~50 mbar, 8~16시간) 등이 있으며, 열풍 건조는 비용 효율성이 높지만 구조 변형이 발생할 수 있다. 동결 건조는 전분의 구조적 안정성을 유지하는 데 유리하며, 유리 전이 온도(glass transition temperature, -20~-10℃) 제어를 통해 최적의 품질을 확보할 수 있다. 진공 건조는 낮은 온도에서 수분을 제거하여 열에 민감한 전분의 기능성을 유지하는 데 적합하다. 건조 과정에서 잔류 수분 함량(10~14%)을 조절하는 것이 중요하며, 과도한 건조는 전분의 기능적 특성을 저하시킬 수 있다. 이후 전분은 물리적(열처리, 초음파 처리, 방사선 조사 등), 화학적(에스터화, 에테르화, 산가수분해 등), 효소적(전분 가수분해, 변성) 방법을 통해 산업적 활용성을 증대시킨다. 최근에는 친환경적 변형 기술이 연구되며, 지속 가능한 전분 생산 공정이 개발되고 있다. 나노 전분(nano-starch) 및 생분해성 고분자 개발을 위한 연구도 활발히 진행 중이며, 이를 통해 전분의 고부가가치 활용이 확대되고 있다.

(4) 메틸셀룰로스

셀룰로스는 식물 세포벽을 구성하는 주요 다당류로, β-1,4-글루코시드 결합으로 이루어진 고분자 구조를 가지며 강한 수소 결합망을 형성한다. 이러한 구조적 특성으로 인해 물에 불용성이며, 높은 결정성을 갖는 것이 특징이다. 하지만 셀룰로스를 다양한 산업 소재로 활용하기 위해서는 용해도와 점탄성 등의 물성을 조절하는 변형 과정이 필요하다.

이를 위해 셀룰로스의 하이드록실기(-OH)를 메톡시기($-OCH_3$)로 치환하는 메틸화 반응을 거쳐 메틸셀룰로스(methylcellulose)를 합성할 수 있다. 메틸화 과정을 통해 수소 결합이 약화되며, 친수성과 소수성이 조절되어 물에 대한 용해성이 증가하며, 특정 온도에서 겔화를 일으키는 열가역적 겔화 특성을 갖게 된다. 이러한 물성 변화로 인해 메틸셀룰로스는 식품, 제약, 건축 및 섬유 산업에서 점증제, 안정제, 유화제 등으로 활용되며, 특히 글루텐 대체제나 정제 코팅제 등의 기능성 소재로 사용된다. 또한, 생분해성이 우수하여 친환경 고분자로서 지속 가능한 소재 개발에도 활용 가능성이 높다.

a. 추출 공정

① 전처리

- 메틸셀룰로스 합성을 위해서는 먼저 고순도의 셀룰로스를 확보하는 과정이 필수적이며, 원료로는 주로 나무, 면화 및 기타 섬유질 식물에서 추출한 셀룰로스가 사용된다. 원료는 먼저 세척 과정을 거쳐 표면에 부착된 먼지, 이물질 및 기타 불순물을 제거하며, 이를 통해 후속 반응이 원활하게 진행될 수 있도록 한다. 세척 후에는 가수분해(hydrolysis)를 하여 셀룰로스의 분자량을 낮추고 반응성을 증가시키는데, 이는 이후의 메틸화 반응이 보다 효과적으로 이루어질 수 있도록 하기 위한 필수 과정이다.
- 이어서 알칼리 처리가 진행되며, 보통 0.5~2% NaOH 용액에서 1~2시간 동안 처리하여 셀룰로스 섬유를 개질하고 잔여 불순물을 제거한다. 알칼리 처리는 셀룰로스의 구조적 변화를 유도하여 반응성을 높이는 동시에, 일부 결합을 끊어 반응 속도를 개선하는 역할을 한다. 마지막으로, pH를 조절(6.0~8.0)하여 적절한 반응 환경을 조성하며, 이를 위해 구연산(citric acid), 황산(sulfuric acid) 등의 산이나 수산화나트륨(NaOH), 탄산나트륨(Na_2CO_3) 등의 염기성 화합물이 사용된다. pH 조절은 과

도한 산성 또는 염기성 환경이 셀룰로스의 기능성을 저하시킬 가능성이 있으므로, 일정한 범위 내에서 유지하는 것이 중요하다. 이러한 전처리 과정을 거친 셀룰로스는 메틸화 반응에 최적화된 상태로 가공되며, 최종적으로 높은 품질의 메틸셀룰로스를 합성하는 기반이 된다.

② 메틸화 반응: 전처리된 셀룰로스는 알칼리 조건에서 메틸화제와 반응하여 메틸셀룰로스로 변환된다. 메틸화 반응에는 메틸클로라이드(CH_3Cl) 또는 메틸브로마이드(CH_3Br)가 사용되며, 이를 통해 셀룰로스의 하이드록실기(-OH)를 메톡시기(-OCH_3)로 치환한다. 반응은 NaOH(1~5%)가 존재하는 알칼리 환경에서 진행되며, 40~80℃의 온도에서 26시간 동안 지속된다. 연구 결과에 따르면, 반응 온도가 상승할수록 알킬기 치환도가 증가하는 경향이 있으며, 이는 최종 제품의 물성과 용해도에 영향을 미칠 수 있다. 따라서 원하는 특성을 얻기 위해 반응 조건을 적절히 조정하는 것이 중요하다.

③ 회수 및 정제

- 메틸화 반응이 완료된 후, 반응 부산물과 잔여 시약을 제거하여 고순도의 메틸셀룰로스를 확보한다. 이를 위해 용매 추출, 여과 및 정제, 탈색 공정이 수행된다.
- 먼저, 에탄올(ethanol) 또는 메탄올(methanol)과 같은 유기용매를 이용한 용매 추출을 통해 반응 후 남은 불순물을 효과적으로 제거한다. 이후, 여과 과정을 통해 잔여 불순물을 제거하며, 필요에 따라 추가적인 세척 및 재결정화 과정을 수행하여 순도를 높인다. 마지막으로, 최종 제품의 색도를 개선하기 위해 활성탄, 과산화수소(H_2O_2), 이산화염소(ClO_2) 등의 시약을 활용한 탈색 공정을 적용할 수 있으며, 이를 통해 식품 및 제약 산업에서도 활용 가능한 고순도의 메틸셀룰로스를 확보할 수 있다.

④ 건조

- 메틸셀룰로스의 건조 방식은 열풍 건조, 동결 건조, 진공 건조 등으로 나눌 수 있으며, 각 방식은 특정한 장점과 용도에 따라 선택된다.
- 열풍 건조는 비용 효율성이 높아 산업적으로 널리 활용되는 방법이지만, 일부 구조적 변형이 발생할 가능성이 있다. 동결 건조는 낮은 온도에서 수분을 제거하는 방식으로, 열에 민감한 메틸셀룰로스의 기능성을 유지하는 데 적합하다. 이러한 건조 방식의 선택은 최종 제품의 요구 특성 및 생산 비용을 고려하여 결정된다.

표 3-2 메틸 셀룰로스의 건조 방식

건조 방식	조건	특징
열풍 건조	50~70°C, 6~12시간	비용 효율성이 높다.
동결 건조	-40~-60°C, 24~48시간	구조적 안정성을 유지하는 데 유리하다.
진공 건조	10~50 mbar, 8~16시간	열에 민감한 메틸셀룰로스의 기능성을 유지하는 데 적합하다.

⑤ 후처리 및 기능성 변형

- 제조된 메틸셀룰로스는 다양한 용도로 활용될 수 있도록 추가적인 변형 과정을 거칠 수 있다. 변형 방식에는 물리적·화학적·효소적 변형이 있으며, 이를 통해 제품의 물리적 특성, 기능성 및 용해도를 조절할 수 있다.
- 물리적 변형은 고온 처리, 초음파 처리, 방사선 조사 등의 방법을 사용하여 메틸셀룰로스의 구조를 변화시키고 물성을 개선하는 데 활용된다. 화학적 변형은 에스터화, 에테르화, 산가수분해 등의 화학 반응을 적용하여 특정 기능성을 부여하는 과정이며, 이를 통해 점도나 용해성을 조절할 수 있다. 효소적 변형은 특정 효소를 활용하여 메틸셀룰로스의 분자 구조를 개질하며, 특히 용해도와 점도를 조절하는 데 효과적이다. 이러한 변형 과정을 통해 메틸셀룰로스는 식품, 제약, 산업용 소재 등 다양한 분야에서 요구되는 특성을 부여받아 활용될 수 있다.

3) 소재화 연구(Protein Material Processing Research) – 1차 가공 기술

대체육 제품의 품질과 기능성은 원료 단백질의 물리화학적 특성과 제조 공정에 의해 결정된다. 따라서, 식물성 단백질의 추출 및 가공 방법을 최적화하는 것은 대체육 생산의 핵심 과정이다. 현재 대체육 산업에서는 대두 단백질(soy protein), 완두 단백질(pea protein), 밀 글루텐(wheat gluten) 등의 식물성 단백질이 주로 사용되며, 각각의 단백질은 서로 다른 물리적·화학적 특성을 가지므로 가공 과정에서 적절한 공정이 필요하다. 본 장에서는 대표적인 식물성 단백질의 제조 방법과 그 특성을 상세히 다루고자 한다.

(1) 대두 단백질(soy protein) 제조 방법

대두 단백질은 농축대두단백(soy protein concentrate, SPC)와 분리대두단백(soy protein isolate, SPI) 형태로 분류되며, 단백질 함량이 높고 기능성이 우수하여 대체육 원료로 널리 사용되는 단백질 공급원이다. SPC는 단백질 함량이 약 65~70%이며, SPI는 80~95%의 고순도 단백질로, 용해도와 기능성이 뛰어나 다양한 식품 응용이 가능하다.

대두 단백질은 여러 단계의 정제 과정을 통해 단백질 순도를 높이는 방식으로 생산되며, 주요 공정은 다음과 같다. 첫째, 탈지 및 전처리 공정이다. 대두는 수확 후 껍질을 제거하고 헥산(hexene) 용매 추출 또는 압출-압착(extruded-expelled, EE) 공정을 통해 지방을 제거한다. 탈지된 대두 플레이크는 단백질을 추출하기 쉬운 형태로 가공되며, 이 과정에서 단백질 변성이 발생할 수 있으므로 적절한 온도 조절이 필수적이다. 둘째, 알칼리 추출 및 단백질 용해 과정이다. 탈지된 대두 플레이크를 pH 8.0~9.0의 알칼리성 용액(보통 NaOH 사용)에서 용해하여 단백질을 추출한다. 이 과정에서 대두 단백질 중 주요 성분인 7S(β-conglycinin) 및 11S(glycinin) 단백질이 용해되며, 단백질의 용해도는 PDI(protein dispersibility index)를 통해 평가된다. 셋째, 산 침전 및 원심분리 과정이다. 용해된 단백질 용액의 pH를 대두 단백질의 등전점인 4.2~4.5로 조절하여 침전시킨 후 원심분리하여 불순물을 제거한다. 이 단계에서 단백질과 탄수화물이 분리되며, 단백질 순도가 증가하게 된다. 마지막으로, 건조 및 분말화 과정이다. 단백질 용액을 분말 건조(spray drying) 또는 동결 건조(freeze drying)하여 대두 단백질 분말을 생성한다. 건조 과정은 단백질 변성을 최소화하는 것이 중요하며, 고온에서의 건조는 단백질 기능성을 저하시킬 수 있기 때문에 적절한 건조 조건이 요구된다.

대두 단백질은 그 기능성에 따라 다양한 식품 공정에서 활용된다. 농축대두단백은 조직화 공정(압출성형, 전단셀 기술)에서 결합제 역할을 하며, 분리대두단백은 높은 용해도를 바탕으로 유화제, 점증제 및 구조 형성 등에 활용된다. 또한, 우수한 보수력을 가지며, 이는 대체육의 육즙 유지 및 탄성 향상에 중요한 역할을 한다. 이러한 특성으로 인해, 두 소재 모두 대체육뿐만 아니라 스포츠 영양식품, 베이커리 제품, 유제품 대체식품 등에도 널리 사용된다.

결론적으로, 대두 단백질은 가공 방식에 따라 서로 다른 기능성을 가지며, 이를 최적화하는 것이 대체육 제품의 품질을 향상시키는 핵심 요소이다. 이를 위해 제조 공정에서 pH 조절, 원심분리, 건조 방식의 최적화가 필수적으로 요구된다.

(2) 완두 단백질 제조 방법

완두 단백질(pea protein)은 대두 단백질 대비 알레르기 유발 가능성이 낮고, 비유전자 변형(non-GMO) 원료로 선호도가 높아 대체육 및 식품 산업에서 중요한 원료로 활용된다. 그러나 대두 단백질에 비해 낮은 용해도와 유화성 문제가 있어 추가적인 기능성 개선 공정이 필요하다. 이를 보완하기 위해 다양한 가공 기술이 적용되며, 완두 단백질의 제조 과정은 크게 전처리 및 섬유 제거, 단백질 추출 및 분리, 건조 및 기능성 개선의 세 단계로 이루어진다. 첫째, 전처리 및 섬유 제거 과정이다. 완두콩은 수확 후 세척 및 껍질 제거 과정을 거쳐 이물질을 제거한 후, 미세한 가루로 분쇄하여 전분과 섬유질을 분리하는 공정을 진행한다. 이 과정은 단백질 추출을 용이하게 하고, 비단백질 성분(식이섬유, 전분 등)의 함량을 줄여 단백질 순도를 높이는 데 필수적이다. 둘째, 단백질 추출 및 분리 과정이다. 완두 단백질의 추출은 보통 pH 7.0~8.0의 알칼리성 용액(일반적으로 NaOH 사용)에서 용해하는 방식으로 진행된다. 이 과정에서 단백질이 용해되며, 이후 원심분리를 통해 불순물과 비단백질 성분을 제거하여 단백질 순도를 증가시킨다. 마지막으로, 건조 및 기능성 개선 과정이다. 단백질이 추출된 후, 건조 공정을 통해 완두 단백질 분말을 제조한다. 이후 후처리 공정으로 초음파 처리, 고압 균질화 등의 공정을 적용하여 단백질의 입자 크기를 줄이고, 분산성을 향상시켜 기능성을 개선할 수 있다. 이러한 기능성 개선 과정을 거친 완두 단백질은 겔화, 유화성, 점탄성이 향상되어 대체육 응용에 더욱 적합한 특성을 가지게 된다. 특히, 대체육 제품에서 단백질 네트워크 형성을 돕고 조직감을 개선하는 역할을 하며 다양한 식품 응용에서 사용될 수 있다.

완두 단백질은 대체육, 스포츠 영양식품, 베이커리 제품 등 다양한 산업에서 활용된다. 또한, 단백질 함량이 80~85%로 높고, 기능성 개선 공정을 통해 유화성과 용해도가 향상되면 대체육 제조에서 결합제 및 점탄성 조절제로 활용될 수 있다. 완두 단백질의 강점 중 하나는 유당이 없고, 동물성 원료를 포함하지 않아 채식주의자 및 플렉시테리언(flexitarian) 소비층을 타깃으로 한 제품에 적용 가능하다는 점이다. 그러나 아미노산 조성이 대두 단백질보다 불균형하므로, 밀 글루텐이나 다른 식물성 단백질과 조합하여 사용하면 기능성을 보완할 수 있다.

결론적으로, 완두 단백질은 대체육 산업에서 중요한 원료이며, 기능성 개선 공정을 통해 대체육의 조직감과 물성을 향상시킬 수 있다. 이에 따라, 단백질 추출 및 기능성 보완 기술이 지속적으로 발전하면서, 완두 단백질의 적용 범위는 더욱 확대될 것으로 예상된다.

(3) 밀 글루텐 제조 방법

밀 글루텐(wheat gluten)은 강한 점탄성을 바탕으로 대체육의 결합력과 씹는 질감을 향상시키는 핵심 원료이다. 특히, 고탄성 단백질로서 점탄성과 신장성이 우수하여 압출성형 공정과 병행하여 사용할 경우 단백질 네트워크 형성을 보강하고, 대체육의 조직감을 개선하는 데 중요한 역할을 한다. 밀 글루텐은 주로 밀가루에서 수용성 단백질을 제거한 후 남은 글리아딘(gliadin)과 글루테닌(glutenin) 단백질이 결합하여 형성되며, 반죽 공정을 거쳐 최종적으로 글루텐 분말로 가공된다. 글루텐의 점탄성은 대체육뿐만 아니라, 베이커리 제품, 육류 대체식품, 식물성 가공식품에서 다양한 기능을 수행할 수 있도록 한다.

밀 글루텐 제조의 첫 번째 단계는 밀가루를 반죽하여 물을 가하면서, 수용성 단백질(알부민, 글로불린)을 제거하고 불용성 단백질인 글리아딘과 글루테닌을 분리하는 과정이다. 밀 단백질의 약 80%를 차지하는 글리아딘과 글루테닌은 글루텐의 주요 성분으로, 물과 결합하면서 점탄성을 가지는 네트워크를 형성한다. 이 과정에서 반죽을 지속적으로 세척하면, 전분과 수용성 단백질이 제거되면서 점탄성이 강한 글루텐 덩어리가 남게 된다. 물을 가하는 동안, 글루텐의 네트워크가 형성되며 탄성과 연신성이 증가하게 된다. 반죽을 계속 세척하는 과정에서, 글루텐 단백질이 더욱 응집되면서 점탄성을 가지는 덩어리(gluten mass)로 변환된다. 이후, 잔여 전분을 완전히 제거하기 위해 여러 차례 세척 및 여과 과정을 진행하며, 글루텐 순도를 높인다. 이 단계에서 세척 및 정제된 글루텐은 탈수 과정을 거치면서 점탄성이 극대화되며 물리적 특성이 안정화된다. 세척 과정에서 전분과 기타 불순물이 완전히 제거되지 않으면 최종 제품의 품질이 저하될 수 있으므로, 정제 공정이 매우 중요하다. 최종적으로 정제된 글루텐은 탈수 후 건조 과정을 거쳐 밀 글루텐 분말(wheat gluten powder)로 가공된다. 건조 방식에 따라 건조된 글루텐의 물성(점탄성, 용해도, 재수화 능력)이 달라질 수 있다. 건조 방식 중 고온 공기 건조(hot-air drying)은 비교적 높은 온도에서 글루텐을 빠르게 건조하는 방법으로, 생산성이 높지만 일부 단백질 변성이 발생할 수 있다. 반면, 저온 건조(low-temperature drying)는 단백질 변성을 최소화하면서 글루텐의 기능성을 유지하는 방법이다. 그리고 분무 건조는 미세한 입자로 분산시켜 건조하는 방식으로, 분말 형태의 글루텐 제품을 생산하는 데 적합하다. 이 과정에서 글루텐의 입자 크기와 건조 조건이 최종 사용 용도에 따라 조절되며, 분말화된 글루텐은 다양한 식품 가공 공정에서 활용할 수 있도록 설계된다.

밀 글루텐은 강한 결합력과 점탄성을 바탕으로 대체육 제조에서 필수적인 성분으로 사용된다. 특히, 압출성형 공정과 병행하여 사용될 경우 단백질 네트워크를 강화하고, 육류와 유사한 조직감을 부여하는 역할을 한다. 대체육 제품에서 밀 글루텐은 단백질 간 결합을 촉진하고, 조직 형성을 안정화하는 중요한 역할을 하며, 최종 제품의 물성을 결정하는 핵심적인 원료 중 하나로 평가된다. 대체육 제조에서 밀 글루텐의 주요 역할은 크게 세 가지로 나뉜다. 먼저, 결합제 역할을 수행하며, 압출성형 공정에서 단백질을 서로 결합시키고 섬유질 조직을 형성하는 데 기여한다. 밀 글루텐의 점탄성이 단백질 구조를 고정하여 대체육의 형태를 유지하는 데 도움을 준다. 또한, 글루텐의 탄력적인 특성이 대체육 제품의 씹는 감각을 향상시킨다. 마지막으로, 수분 유지 향상 효과를 제공한다. 밀 글루텐은 높은 수분 보유력을 가지므로, 대체육 제품에서 육즙(retained moisture)의 손실을 방지하고, 보다 촉촉한 식감을 유지하는 역할을 한다. 밀 글루텐은 대체육뿐만 아니라 다양한 식품 산업에서도 활용된다. 베이커리 제품에서는 반죽의 점탄성을 높여 빵, 파스타 등의 기공 구조를 형성하는 데 필수적인 원료로 사용된다. 육류 대체식품에서도 중요한 역할을 하며, 식물성 소시지, 비건 햄 등의 결합제 역할을 수행하여 제품의 조직감을 강화한다. 또한, 단백질 보강제 역할을 하며, 스포츠 영양식품 및 기능성 식품에서 단백질 함량을 증가시키는 용도로 활용된다.

결론적으로, 밀 글루텐은 단순한 단백질 공급원 이상의 역할을 수행하며, 대체육 및 다양한 식품 가공 공정에서 조직 형성, 점탄성 조절, 수분 유지 등의 기능을 수행하는 핵심적인 원료이다. 이를 통해 대체육의 품질을 향상시키고, 보다 현실적인 육류 대체 제품을 구현하는 데 중요한 기여를 하고 있다.

(4) 1차 가공 기술의 중요성과 대체육 연구에서의 역할

대체육 산업에서 1차 가공 기술은 대체육 제품의 기본 원료가 되는 단백질을 추출, 정제, 가공하여 최적의 물성을 확보하는 핵심적인 연구 분야이다. 대두 단백질, 완두 단백질, 밀 글루텐과 같은 단백질 원료는 각각 고유한 물리화학적 특성을 가지며, 이러한 원료를 적절한 가공 기술을 통해 조직 단백질로 변환하는 것이 2차 가공에서 제품의 품질을 결정하는 핵심 요소가 된다. 대체육의 조직감을 구현하기 위해서는 단일 단백질만을 사용하는 것이 아니라, 다양한 단백질을 조합하여 서로의 기능적 특성을 보완하는 것이 필요하다. 예를 들어, 대두 단백질의 높은 유화성과 완두 단백질의 점탄성, 밀 글루텐의 높은 점탄성과 결합력을 결합하면, 더욱 탄력 있고 실제 육류와 유사한 조직감을 가진 대체육을 구현할 수 있다. 따라서, 각 단백질의 개별적 특성을 분석하고, 최적의 배합과 가공 조건을 탐색하는 연구가 1차 가공 기술에서 중요한 역할을 한다. 또한, 1차 가공 기술은 단순히 단백질을 정제하는 데 그치지 않고, 이들 단백질이 2차 가공(조직화 공정)에서 최적의 물성을 형성할 수 있도록 물리화학적 특성을 조절하는 데 초점을 맞추어야 한다. 예를 들어, 단백질 변성 정도를 조절하여 보수력을 최적화하거나, 단백질 네트워크의 강도를 높이는 기능성 개질 기술이 필요하다. 이러한 연구는 대체육의 씹는 질감, 탄력, 육즙 보유력 등을 개선하는 데 필수적이다. 또한, 대체육 산업이 지속적으로 성장하면서 식물성 단백질의 새로운 원료 발굴 및 활용 가능성에 대한 연구도 중요한 과제로 부각되고 있다. 기존의 대두 단백질과 완두 단백질 외에도, 병아리콩(chickpea), 퀴노아(quinoa), 감자 단백질(potato protein), 해조류 단백질(seaweed protein) 등 다양한 식물성 단백질이 대체육 원료로서 연구되고 있으며, 이들 단백질의 기능적 특성을 개선하고 상호작용을 분석하는 연구가 필요하다.

결론적으로, 1차 가공 기술은 대체육 산업의 원료 기반을 확장하고, 단백질 소재의 기능성을 최적화하여 2차 가공(조직화) 과정에서 보다 현실적인 육류 조직을 구현할 수 있도록 하는 중요한 연구 분야이다. 이를 위해, 단백질 가공 기술을 정교하게 발전시키고, 다양한 단백질 원료의 기능성과 상호작용을 분석하는 연구가 지속적으로 이루어져야 한다. 이러한 연구가 활발해질수록, 대체육의 품질이 향상되고 소비자 수용성이 증가할 수 있으며, 궁극적으로 대체 단백질 기반 식품의 산업적 확장이 가속화될 것이다.

4) 구조화 연구 - 2차 가공 기술

대체육 연구는 일반적으로 원료 및 소재 개발, 1차 가공 기술, 2차 가공 기술, 그리고 완제품 설계 및 소비자 맞춤형 제품화 단계로 구성된다. 이 가운데 2차 가공 기술은 식물성 단백질 원료를 실제 육류와 유사한 조직감과 섬유상 구조(fibrous structure)로 재구성하는 핵심 단계로, 제품의 물성, 기호성, 감각 품질을 결정짓는 데 중요한 역할을 한다.

2차 가공 기술은 단백질의 변성(denaturation), 재배열(re-alignment), 결합 형성(cross-linking) 등을 유도하여, 식물성 단백질이 근섬유 조직처럼 배열되도록 구조를 설계하는 과정에 해당한다. 이는 단순한 재료 혼합 수준을 넘어, 육류 특유의 식감, 층상 구조, 저작성을 구현하는 것을 목표로 한다.

현재 사용되는 2차 가공 기술로는 압출성형(extrusion), 3D 프린팅(3D printing), 단백질 방사(protein spinning), 전단셀(shear cell), 기계적 신장(mechanical elongation) 등이 있으며, 각각의 기술은 육류의 섬유상 구조(fibrous structure)와 텍스처를 모방하는 데 중요한 역할을 한다. 이러한 기술들은 크게 하향식(top-down) 전략과 상향식(bottom-up) 전략으로 나뉜다.

하향식 전략은 대규모 단백질 구조를 먼저 형성한 후 이를 개별적인 섬유 조직으로 세분화하는 방식이다. 주로 가열, 전단력 등의 외부 힘을 이용하여 단백질을 재배열하고 조직감을 형성하는 방식으로, 현재 대체육 제조에서 가장 널리 사용되고 있다. 대표적인 기술로는 압출성형 공정, 전단셀(shear cell), 3D 프린팅 기술 등이 있다. 압출성형 공정은 트윈 스크류 압출기를 활용하며, 저수분 압출성형(low-moisture extrusion, LME)과 고수분 압출성형(high-moisture extrusion, HME)으로 구분된다. 저수분 압출성형(LME)은 건조된 형태의 대체육을 생산하며 유통 및 보관이 용이한 반면, 고수분 압출성형(HME)은 육즙이 풍부한 제품을 생산할 수 있어 소비자 선호도가 높다. 이와 함께, 전단셀 기술은 전단 흐름을 이용해 단백질 섬유를 형성하는 방식으로, 기존 압출성형기보다 에너지를 덜 소비하지만, 연속식 공정이 아니므로 대량생산이 어렵다는 한계가 있다. 3D 프린팅 기술은 단백질, 탄수화물, 지방 등의 식품 원료를 정밀하게 프린팅하여 다양한 형태의 대체육을 제작할 수 있는 방식으로, 개별 맞춤형 대체육 생산에 유용할 수 있다. 하향식 전략은 상대적으로 간단한 장비와 공정을 사용하기 때문에 대량 생산이 용이하여 상용화에 유리한 방식이다. 따라서 현재 대부분의 대체육 제조 기술은 하향식 전략을 중심으로 개발 및 개선되고 있으며, 기존 식품 산업과의 접점이 많아 빠른 시장 확장이 가능하다.

반면, 상향식 전략은 개별 구조 요소를 먼저 생성한 후 이를 조립하여 최종 제품을 형성하는 방식이다. 즉, 작은 단위의 섬유질 구조를 조립하여 최종적인 육류 유사 조직을 구축하는 방법으로, 세포 배양(cultured meat), 마이코프로틴(mycoprotein), 습식 방사(wet spinning), 전기 방사(electrospinning) 등의 기술이 포함된다. 세포 배양 기술은 동물의 근육 세포를 배양하여 섬유 형태로 성장시켜 대체육을 제조하는 방식으로, 현재 가장 육류와 유사한 질감을 구현할 수 있는 대안으로 평가받고 있다. 배양된 세포는 특정 지지체(scaffold)에 정렬되어 섬유 구조를 형성하며, 근육 조직의 이방성(anisotropy)을 재현하는 데 중요한 역할을 한다. 이와 함께, 습식 방사(wet spinning) 및 전기 방사(electrospinning) 기술은 육류의 섬유질 조직을 형성하는 기술로 연구되고 있다. 습식 방사는 단백질을 용액 상태로 만들어 특정 조건에서 섬유 형태로 뽑아내는 방식이며, 전기 방사는 전기장을 이용해 고분자 용액을 나노섬유 형태로 변환하는 기술이다. 이들은 매우 가는 섬유를 생성할 수 있어 육류의 섬유상 조직을 정밀하게 모사하는 데 유용하지만, 현재 대량 생산이 어렵다는 한계를 지닌다. 상향식 전략은 고도의 기술적 요구 사항과 높은 비용이 필요하기 때문에, 아직 산업적으로 대량 생산에는 제약이 크다. 그러나 조직을 정밀하게 조립할 수 있어 최종 제품의 품질을 높일 수 있는 장점이 있으며, 향후 기술적 발전을 통해 상용화 가능성이 높아질 것으로 예상된다.

결론적으로, 상향식 방법은 정밀한 구조를 형성할 수 있지만 비용이 높고, 하향식 방법은 대량 생산이 가능하지만 구조의 세밀함이 떨어질 수 있다. 이처럼 이 두 가지 전략은 각각의 장단점을 가지고 있으며, 사용되는 재료와 장비의 종류, 최종 제품의 품질 및 생산 공정의 효율성과 관련하여 차별화된 접근이 필요하다. 따라서, 특히 대체육 제품 개발에서는 이 두 가지 전략을 적절히 조합하여, 대량 생산성과 정교한 조직감을 동시에 확보하는 방향으로 연구가 진행될 필요가 있다.

추가로 향후 대체육 산업의 발전 방향을 고려할 때, 현재는 하향식 전략을 중심으로 대체육 생산이 이루어지고 있지만, 상향식 전략을 활용한 고급형 대체육 제품이 연구·개발되면서 점진적으로 시장이 확장될 가능성이 크다. 특히, 압출성형 기술을 기반으로 한 대량 생산 기술과 세포 배양을 접목하여 새로운 형태의 육류 유사 조직을 구현하는 연구가 활발히 진행되고 있으며, 이를 통해 대체육 제품이 더욱 육류와 유사한 조직감과 맛을 제공할 수 있도록 개선될 전망이다. 아래에서는 대체육을 제조하는 기술들에 대해서 자세히 다루고자 한다.

(1) 압출성형 기술

압출성형 기술은 식물성 단백질을 고온·고압 환경에서 가공하여 육류의 섬유질 구조를 모방하는 방식으로, 현재 대체육 생산에서 가장 널리 활용되는 가공 기술 중 하나이다. 이 공정은 단백질 변성을 유도하여 조직감을 조절하는 방식으로, 단백질 사슬을 풀고 재배열하여 육류와 유사한 섬유 구조를 형성하는 것이 핵심이다. 압출성형은 저수분 압출(low-moisture meat analogs, LMMA)과 고수분 압출(high-moisture meat analogs, HMMA)로 나뉘며, 각각의 공정은 대체육의 최종 물성에 큰 영향을 미친다.

압출성형 공정에서 단백질의 변형(denaturation)과 재정렬(realignment)은 온도, 전단력, 압력의 상호작용에 의해 결정된다. 원료가 트윈 스크류(twin-screw) 압출기 내부에서 이동하는 동안, 단백질은 고온(140~180℃)과 높은 기계적 전단력을 받으며, 기존의 구조가 풀리고 단백질 사슬이 변성된다. 이 과정에서 비공유 결합이 약화되고 이황화 결합과 수소 결합의 재형성을 통해 섬유질 조직이 재구성된다. 압출기 내부의 스크류 회전 속도와 배럴 내 압력 분포에 따라 단백질 사슬의 정렬 방향이 달라지며, 육류의 섬유상 구조(fibrous structure)와 유사한 형태가 만들어진다. 특히, 저수분 압출성형에서는 배럴 내 압력이 상대적으로 낮아 단백질이 균일한 매트릭스를 형성하며, 다공성 구조가 만들어진다. 반면, 고수분 압출성형에서는 높은 압력이 유지되며, 냉각 다이(cooling die)를 통과하면서 단백질이 층상 구조(laminar structure)로 정렬되며, 이는 실제 육류와 유사한 조직감을 구현하는 핵심 기작이다. 또한, 원료로 사용되는 단백질의 종류에 따라 조직 형성이 달라진다. 예를 들어, 밀 글루텐은 높은 점탄성을 가지며, 대두 단백은 단단한 섬유 조직을 형성할 수 있다. 이러한 원료별 특성을 고려하여, 압출성형 공정에서 온도, 압력, 전단력을 최적화하는 것이 대체육의 최종 물성, 보수력, 단백질 네트워크 형성에 중요한 역할을 한다.

① 저수분 압출성형 공정

저수분 압출성형 공정(LME)은 식물성 단백질을 건조된 상태로 가공하여 조직단백질을 생성하는 공정으로, 10~40%의 낮은 수분 함량을 유지하며, 가열·압출성형 과정을 통해 단백질 매트릭스를 형성하여 팽화된 구조를 만드는 방식이다. 이 과정에서 단백질이 변성되면서 새로운 매트릭스를 형성하고, 이를 통해 육류의 조직감과 유사한 질감을 부여할 수 있다.

저수분 압출성형 공정은 먼저 농축 또는 분리대두단백 등의 원재료를 준비한 후, 수분 함량을 25~45% 수준으로 조절하는 단계로 시작된다. 이후, 트윈 스크류 압출기를 사용하여 원료를 이동시키며, 이 과정에서 고온·고압 상태에서 단백질 사슬이 풀리고 변성된다. 단백질이 변성되면, 배럴 내부에서 강한 기계적 전단력이 가해지면서 단백질 간 결합이 재형성되고, 사출다이를 통과하면서 팽화가 발생하여 최종적으로 조직화된 텍스처를 형성하게 된다.

저수분 압출성형 공정의 사출물은 건조된 상태로 제공되므로 유통기한이 길고, 다양한 요리에 활용될 수 있다는 장점이 있다. 이 방식으로 생산된 식물성 조직단백(textured vegetable protein, TVP)은 즉석식품, 육류 대체 가공식품, 다양한 요리에 활용되는 단백질 원료로 사용될 수 있다. 그러나, 수분 함량이 낮기 때문에 조리 과정에서 별도의 수분을 추가해야 하며, 섬유질 구조가 상대적으로 단순하여 육즙감을 재현하는 데 한계가 있다. 이러한 한계를 극복하기 위해, 저수분 압출성형 제품을 수분 함량이 높은 소스나 요리에 결합하여 사용하는 방식이 일반적이며, 최근에는 보다 섬세한 조직감을 구현할 수 있도록 단백질 조성 및 가공 조건을 최적화하는 연구가 지속적으로 진행되고 있다.

② 고수분 압출성형 공정

고수분 압출성형 공정(HME)은 식물성 단백질을 높은 수분 함량(55~80%)으로 가공하여 육류의 섬유질 구조를 형성하는 공정으로, 기존 저수분 압출성형 공정과 비교하여 더욱 조밀한 섬유 조직과 풍부한 육즙감을 구현하는 방식이다. 이 기술은 단백질 사슬을 변형시키고 정렬하여 실제 육류와 유사한 조직감을 재현하는 데 중점을 둔다.

고수분 압출성형 공정은 먼저 식물성 단백질 원료를 준비한 후, 수분 함량을 55~80% 수준으로 조절하는 단계로 시작된다. 이후, 트윈 스크류 압출기를 통해 단백질 변성, 재배열, 조직화의 핵심적인 역할을 수행한다. 압출기의 배럴 내부에서는 고온과 고압이 가해지며, 동시에 강한 전단력이 작용하여 원료 내 단백질의 구조적 변형이 일어난다. 먼저, 단백질 원료가 압출기에 투입되면, 스크류의 회전력과 압력에 의해 밀려가면서 점진적으로 가열된다. 이 과정에서 단백질은 부분적으로 단백질 변성되며, 수소결합, 이온 결합, 소수성 상호작용이 약화된다. 이후, 강한 전단력과 높은 압력이 작용하면서 단백질 사슬이 풀리고 긴 선형 구조로 변화하게 된다. 이때, 배럴 내부의 온도 및 압력 분포에 따라 단백질이 다양한 방식으로 정렬되며, 특히 트윈 스크류의 회전 속도와 배럴 내 압력 구배(pressure gradient)가 단백질 재배열에 중요한 영향을 미친다. 높은 전단력이 작용하는 구간에서는 단백질 사슬이 방향성을 가지며 정렬되기 시작하고, 이 과정에서 단백질 간의 이황화 결합과 교차결합이 다시 형성되어 육류 조직과 유사한 섬유 구조가 형성된다. 압출성형된 단백질 혼합물은 마지막 단계에서 냉각 다이를 통과하면서 급속 냉각이 이루어지며, 단백질 조직의 팽화가 억제되고 더욱 조밀한 층상 구조로 재정렬된다. 이는 실제 육류의 근섬유 배열과 유사한 형태를 가지도록 하는 데 중요한 역할을 하며, 최종적으로 육류와 유사한 결 조직을 가진 고수분 압출성형 대체육(HMMA)이 형성된다.

이러한 특성을 가진 고수분 압출성형 제품은 조리된 육류와 유사한 외형과 식감을 가지며, 높은 수분 보유력으로 인해 육즙이 풍부한 제품을 만들 수 있는 장점이 있다. 하지만 높은 수분 함량으로 인해 유통기한이 짧고 보관성이 떨어지는 단점이 존재하며, 이는 상업적 대량 생산 시 해결해야 할 주요 과제 중 하나이다.

초기 대체육 기술에서는 저수분 압출성형 방식이 주로 사용되었지만, 육류의 수분감을 완벽하게 구현하는 데 한계가 있었다. 그러나 최근에는 냉각 다이를 장착한 고수분 압출성형 공정이 도입되면서, 보다 정교한 육류 조직체를 구현할 수 있게 되었다. 고수분 압출성형 기술은 고수분 대체육 생산을 위한 핵심 기술로 자리 잡았으며, 현재 상업화 및 판매가 이루어지고 있는 단계이다. 고수분 압출성형기는 상대적으로 높은 기계적 에너지를 요구하고, 장비와 운영 비용이 높은 단점이 있지만, 육류 대체품을 생산하는 핵심 기술로 널리 활용되고 있다. 특히, 소비자의 요구에 맞춰 더욱 정교한 조직감을 구현하기 위해 다양한 연구와 개발이 지속적으로 이루어지고 있다. 이러한 기술적 발전을 통해, 고수분 압출성형 방식은 향후 보다 육류에 가까운 대체육 생산을 위한 표준 기술로 자리 잡을 가능성이 높다.

③ 압출성형 장치와 구성 요소별 역할

압출성형 기술은 식물성 단백질을 가공하여 육류의 섬유질 조직을 형성하는 핵심적인 대체육 제조 기술이다. 특히, 트윈 스크류 압출기를 이용한 연속 생산 방식은 고수분 육류 대체물(HMMA)과 식물성 조직단백질(texturized vegetable protein, TVP)을 제조하는 데 널리 활용된다. 압출성형 장치는 단백질을 단순히 가열하여 변형하는 것이 아니라, 단백질 구조를 재정렬하고 조직화하는 복합적인 과정을 포함하며, 이를 위해 여러 주요 부품으로 구성되어 있다. 각 부품은 단백질 변성, 조직화, 냉각 및 형상 유지에 중요한 역할을 하며, 최종 제품의 물성과 품질에 큰 영향을 미친다. 특히, 각 장치는 서로 유기적으로 작용하여, 단백질이 점진적으로 변형되면서 최적의 조직감을 형성하도록 설계되어 있다.

압출성형 장치는 피더(feeder), 프리컨디셔너(preconditioner), 트윈 스크류 유닛(twin-screw unit), 배럴(barrel), 다이(die), 냉각 다이(cooling die), 압력 게이지(pressure meter), 전자 제어 시스템(electronic control system) 등으로 구성된다. 각각의 부품은 단백질을 물리적·화학적으로 변형시키며, 가공 조건에 따라 최적의 조직을 형성하도록 설계되어 있다. 압출성형 공정은 원료 투입부터 최종 제품이 형성될 때까지 일련의 단계적 과정을 거친다. 먼저, 피더를 통해 정확한 비율로 원료가 공급되며, 프리컨디셔너에서 수분과 열이 가해지면서 원료의 초기 물성이 조정된다. 이후, 트윈 스크류가 회전하면서 원료를 이동시키며, 강한 전단력과 압력을 가하여 단백질 사슬을 변성시키고 정렬을 유도한다. 이 과정에서 배럴 내부 온도는 단백질의 구조적 변성을 결정하는 중요한 역할을 하며, 최적의 온도 구배를 유지해야 한다. 압출성형된 단백질 혼합물은 다이를 통과하면서 최종 형태를 가지게 되며, HME 공정에서는 냉각 다이를 사용하여 층상 섬유 조직을 형성하고 안정화하는 단계가 추가된다. 반면, LME 공정에서는 급격한 압력 감소를 통해 수분이 증발하며 다공성 조직이 형성된다.

피더와 프리컨디셔너의 역할

피더는 원료(식물성 단백질, 수분, 첨가제 등)를 정확한 비율로 압출기 내부로 공급하는 역할을 하며, 원료의 균일한 공급은 공정의 일관성을 유지하는 데 필수적이다. HME 공정에서는 더 많은 수분이 필요하므로, 피더를 통해 정확한 수분 함량을 조절하는 것이 필수적이며, 반면 LME 공정에서는 상대적으로 건조한 원료가 투입되므로 일정한 밀도를 유지하는 것이 최종 가공 품질을 결정하는 요소가 된다. 프리컨디셔너는 원료가 스크류 내부로 들어가기 전에 예비 가공을 수행하는 장치로, 원료에 적절한 수분을 가하고 부분적인 열처리를 수행하여 단백질 변성을 시작하는 역할을 한다. 프리컨디셔너에서 가해지는 온도와 수분 조절이 압출기 내부에서 단백질 변형과 조직 형성에 직접적인 영향을 미치며, 이는 최종 대체육의 품질을 결정하는 중요한 단계이다.

트윈 스크류 및 배럴의 역할

트윈 스크류 유닛은 단백질 혼합물을 이동시키면서 가열, 혼합, 전단력을 가하는 핵심적인 역할을 수행한다. 스크류의 회전 속도, 형태, 압축 비율(compression ratio), L/D 비율(길이 대 직경 비율) 등이 단백질 변성과 섬유 조직 형성에 직접적인 영향을 미친다. LME 공정에서는 상대적으로 낮은 전단력이 가해져 다공성 조직이 형성되며, HME 공정에서는 높은 전단력과 압력이 가해져 육류와 유사한 층상 섬유상 구조가 형성된다. 스크류의 길이 대 직경 비율(L/D ratio)이 증가할수록 단백질 변형의 제어 범위가 커지고, 단백질의 물리적 재배열이 더욱 정밀하게 이루어진다. 또한, 스크류 회전 속도가 빠를수록 전단력과 SME(specific mechanical energy, 특정 기계적 에너지)가 증가하여 단백질 변성이 가속화되며, 회전 속도가 낮으면 SME가 감소하면서 단백질 구조 변형이 완만하게 이루어진다.

배럴은 스크류가 회전하면서 단백질 혼합물이 이동하는 내부 공간으로, 단백질 변성, 수분 흡수, 섬유 조직 형성 과정이 진행되는 핵심 부위이다. 배럴 내부는 다단 구성으로 되어 있으며, 구간별 온도 조절이 가능하여 정밀한 가공 온도를 유지할 수 있다. HME에서는 100~160℃의 온도에서 단백질이 변성되며, 수분 함량이 높아 변성이 완화되면서 층상 섬유 조직이 형성된다. 일부 공정에서는 180℃까지 도달할 수 있다. LME에서는 110~160℃ 범위에서 단백질 변성이 이루어지며, 압출성형 후 급격한 압력 감소로 인해 수분이 빠르게 증발하면서 다공성 조직이 형성된다. 일부 원료 조합에서는 100℃ 부근에서도 가공이 가능할 수 있다.

다이 및 냉각 다이 등의 역할

다이 및 냉각 다이는 압출성형된 단백질 혼합물이 최종 형태를 유지하고 조직감을 형성하는 부위로, 가공 방식(LME 또는 HME)에 따라 기능이 달라진다. HME 공정에서는 냉각 다이를 사용하여 섬유 조직을 고정하고, 육류 조직과 유사한 결(섬유상 구조)을 형성한다. 냉각 다이는 온도 구배를 조절하여 단백질이 점차적으로 고체화되도록 유도하며, 이 과정에서 층상 섬유 구조가 형성된다. 반면, LME 공정에서는 냉각 다이 없이 다이를 통해 배출되면서 급격한 압력 감소가 발생하고, 수분이 빠르게 증발하여 다공성 조직이 형성된다.

그 외에도 압력 게이지 및 전자 제어 시스템은 압출성형 과정에서 온도, 압력, 전단력을 실시간으로 모니터링하고 조절하는 역할을 수행한다. 압력 게이지는 스크류 내부의 압력 변화를 감지하여 최적의 가공 조건을 유지하는 데 도움을 주며, 전자 제어 시스템은 온도, 압력, 스크류 속도 등의 매개변수를 자동으로 조정하여 공정의 균일성을 유지하고, 품질 편차를 최소화한다.

SME의 역할

압출성형 공정에서 특정 기계적 에너지(SME)는 단위 질량당 소비되는 기계적 에너지(kWh/kg 또는 J/g)로 정의되며, 원료가 받는 전단력과 압력의 총합을 반영하는 지표이다. 즉, SME는 압출기가 원료를 가공하는 데 사용한 에너지의 효율성을 측정하는 핵심 지표로, 압출성형 공정에서의 기계적 에너지 투입량과 제품의 최종 물성(조직감, 텍스처) 간의 관계를 평가하는 데 중요한 역할을 한다. SME 값이 높을수록 전단력이 강하게 작용하여 단백질 사슬이 더욱 풀리고 정렬되며, 섬유질 조직이 형성될 가능성이 높아진다. LME 공정에서는 높은 SME가 필요하며, 이는 건조한 원료가 압출기 내부에서 더 많은 기계적 에너지를 필요로 하기 때문이다. 높은 SME는 단백질 변성을 촉진하고, 다공성 조직을 형성하는 데 필수적이며, TVP의 최종 조직감을 결정하는 중요한 요소이다. 반면, HME 공정에서는 상대적으로 낮은 SME가 요구되며, 단백질이 점진적으로 정렬되도록 유도하는 역할을 한다. SME가 너무 높으면 단백질이 과도하게 응집되어 최적의 섬유 조직 형성이 어려울 수 있으므로, 적절한 조정이 필요하다. 또한, 배럴 온도가 SME 감소에 영향을 주지만, 너무 낮으면 단백질이 과도하게 응집될 수 있으며, 배럴 온도가 너무 높을 경우 단백질 구조가 과도하게 풀려서 조직 안정성이 낮아질 수 있기 때문에 최적의 온도 범위를 설정하는 것이 중요하다. 정리하면, SME는 단순한 에너지 소비량 측정 지표가 아니라, 공정 효율성과 최종 제품 품질을 함께 평가할 수 있는 핵심 지표이다.

SME는 트윈 스크류의 회전 속도와 압축 비율에 의해 결정되며, 고속 회전일수록 SME가 증가하고, 저속 회전 시 SME가 감소한다. 배럴 내부 온도가 높으면 SME가 낮아지고, 반대로 배럴 온도가 낮아질수록 SME가 증가하여 단백질 변성이 강화된다. 이는 온도가 높을 경우 단백질의 점도가 낮아지고 유동성이 증가하여 전단력이 완화되기 때문이다. 이처럼 SME와 전단력의 조절은 대체육의 조직 형성을 결정하는 핵심 요소로 작용하며, 스크류 회전 속도, 배럴 내부 온도, 다이에서의 압력 변화 등과 긴밀하게 연결되어 있다. 특히, HME에서는 냉각 다이를 통해 SME를 조절하여 균일한 층상 구조를 형성해야 하며, LME에서는 다이를 통과하는 과정에서 SME가 과도하게 증가하지 않도록 조절하는 것이 중요하다. 또한, SME가 증가할수록 단백질의 점도가 낮아지고, 유동성이 증가하여 전단력이 완화되는 경향이 있다.

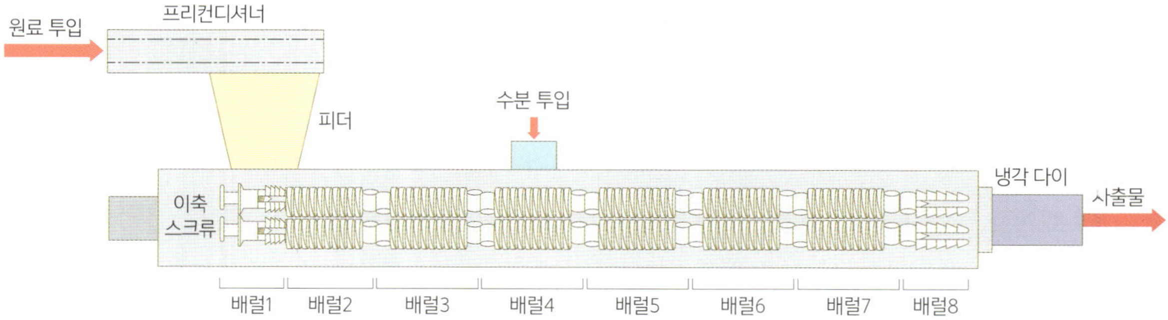

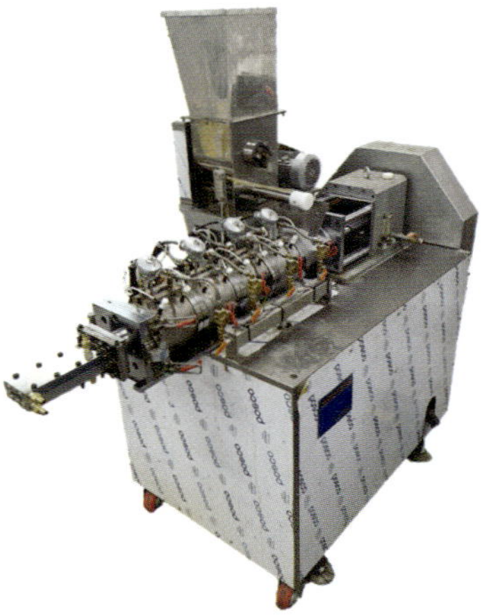

그림 3-7 **압출성형 장치 모식도(상) 및 예시(하)**

④ 저수분 압출성형 공정과 고수분 압출성형 공정 비교

저수분 압출성형 공정과 고수분 압출성형공정은 압출기 내부의 온도, 압력, 전단력, 수분 함량에 따라 단백질 변형 방식과 최종 제품의 물성이 다르게 나타난다. 압출기 내부에서는 피더 → 배럴(온도 및 전단력) → 다이 → 냉각 다이(고수분 압출성형만)의 순서로 단백질 원료가 이동하며, 수분 함량의 차이에 따라 단백질이 변형되는 방식이 크게 달라진다. 본 장에서는 LME와 HME의 차이점, 단백질 구조 변화 과정, 그리고 각 공정에서 온도, 압력, 전단력이 수행하는 역할을 상세히 설명한다.

a. 단백질 네트워크 형성 메커니즘

저수분 압출성형 공정은 수분 함량이 10~40%로 낮아 단백질과 물 분자 간의 상호작용이 제한적이다. 이에 따라 단백질 간 직접적인 상호작용이 주요한 구조 형성 요소로 작용하며, 단백질 변성을 유도하기 위해 높은 온도(150~180℃)와 강한 전단력(80~200 r/min)이 필요하다. 배럴 내부에서는 높은 온도와 강한 전단력의 영향을 받아 단백질이 강하게 변성된다. 이 과정에서 단백질 간 직접적인 상호작용이 활발해지며, 네트워크 형성이 초기 단계부터 시작된다. 빠른 스크류 속도는 강한 전단력을 적용하여 단백질 결합을 깨뜨리고, 이후 새로운 배열을 형성할 수 있도록 유도한다. 배럴 내부에서 단백질이 변성되며, 변성된 단백질 분자들이 서로 직접적인 상호작용을 통해 네트워크를 형성한다. 이후, 다이를 통과할 때 압력이 급격히 낮아지면서 단백질이 팽화되고, 수분이 증발하여 다공성 조직이 형성된다. 이러한 조직 구조는 최종 제품인 건식 TVP의 씹힘성과 조직감에 영향을 미친다. 결과적으로, 저수분 환경에서는 단백질이 높은 온도와 강한 전단력의 영향을 받아 변형되며, 급격한 압력 변화가 다공성 조직 형성을 촉진한다. 이러한 구조적 특성은 수화 과정에서 육류와 유사한 조직감을 부여하는 데 기여한다.

반면, 고수분 압출성형 공정은 수분 함량이 50~70%로 높아 단백질과 물 분자 간의 상호작용이 보다 활발하다. 수분은 단백질의 유동성을 증가시키며, 높은 전단력이 없이도 변형을 용이하게 한다. 이로 인해 상대적으로 낮은 온도(120~160℃)에서도 단백질 변성이 충분히 진행될 수 있다. 배럴 내부에서는 단백질이 용융(molten state)된 상태로 존재하며, 수분이 단백질의 유동성을 증가시키고, 전단력과 온도의 영향을 받아 점진적으로 정렬이 진행된다. 또한, 스크류 속도(30~60 r/min)가 낮아 머무름 시간이 길어지고,

이 과정에서 단백질이 변성, 잘림, 정렬 등의 과정을 통해서 초기 섬유상 구조가 형성된다. 이후, 다이에서는 일부 수분이 손실되지만, 냉각 다이로 연결되면서 급격한 압력 변화 없이 단백질 네트워크가 균일하게 유지된다. 이후, 온도가 점진적으로 감소하면서 단백질 간 이황화 결합이 강화되고, 최종적으로 육류 근섬유와 유사한 섬유상 조직이 형성된다.

표 3-3 LME vs HME 공정 비교: 주요 조건 및 결과물 특성

요소	LME	HME
수분 함량	낮음(10~40%)	높음(50~70%)
온도 범위	150~180℃ → 강한 단백질 변성 유도	120~160℃ → 수분과 함께 단백질 변성 촉진
스크류 속도(전단력)	80~200 r/min (고속) → 강한 기계적 힘으로 단백질 결합 깨고 새로운 배열 형성	30~60 r/min (저속) → 섬유 구조 정렬, 지나치게 높으면 조직 손상 가능
압력 변화	배럴 내부에서 일정 유지 → 다이에서 급격히 감소 → 팽화 및 수분 증발로 다공성 조직 형성	배럴 내부에서 일정 유지 → 다이에서 점진적으로 감소 → 네트워크 균일 형성
단백질 네트워크 형성	높은 전단력과 온도로 변성된 단백질이 응집하여 네트워크 형성	수분과 온도의 영향으로 단백질이 점진적으로 정렬, 냉각 다이에서 결합 강화
주요 형성 기작	높은 온도 및 전단력, 급격한 압력 감소 → 다공성 조직 형성	수분 및 온도 조절, 점진적 냉각 → 섬유 조직 형성
최종 제품 구조	TVP 형성, 재수화 후 사용	육류 조직을 모방한 대체육

(2) 전단셀 기술

전단셀 기술은 압출성형 기술과 달리 전단력과 온도를 이용하여 단백질을 정렬하고 섬유 조직을 형성하는 방식이다. 이 기술은 고온·고압 환경에서 단백질을 변성시키는 압출성형 기술과 차별화되며, 보다 균일한 전단 흐름을 유지하면서도 단백질을 특정 방향으로 정렬하여 육류와 유사한 섬유 구조를 형성할 수 있다. 전단셀 기술은 레오미터(rheometer) 설계를 기반으로 개발되었으며, 원추형(conical shear cell) 또는 쿠에트(couette) 형상으로 설계된 반응기 내부에서 전단력이 작용하는 원리를 따른다. 이를 통해 단백질이 특정 온도를 초과하는 순간 변성되며, 전단 흐름 속에서 정렬된 후 냉각 과정에서 구조가 고정(fixation)된다. 온도와 전단력의 최적 조합이 조직 형성의 핵심 요소

이며, 이를 최적화하기 위한 연구가 활발히 진행되고 있다

전단셀 기술은 단백질을 가열한 상태에서 전단력을 가하여 섬유 구조를 형성한 후, 냉각 과정을 통해 구조를 고정하는 방식으로 작동한다. 이는 단백질이 특정 온도를 초과할 때 변성되면서 방향성을 가지며 정렬되는 원리를 기반으로 한다. 전단셀 반응기 내부에서는 전단력과 온도가 조절되며, 이를 통해 단백질이 녹고 변형되는 과정이 진행된다. 이때 단백질 사슬이 정렬되면서 육류의 근섬유와 유사한 층상 조직이 형성되며, 냉각 과정에서 섬유 조직이 고정된다. 전단력과 온도의 조합이 최적화되지 않으면 섬유 형성이 균일하지 않거나 과도한 응집이 발생할 가능성이 있으므로, 이를 조절하는 것이 제품 품질의 핵심 요소로 평가된다. 전단셀 기술은 다양한 식물성 단백질 원료를 활용할 수 있으며, 농축대두단백, 분리대두단백, 밀 글루텐, 펙틴 등의 성분이 주로 사용된다. 특히, 밀 글루텐 함량이 높을 경우 탄성이 뛰어난 섬유 조직이 형성되며, 이는 육류 조직과 유사한 구조를 구현하는 데 중요한 역할을 한다.

전단셀 기술은 기존 압출성형 기술과 비교하여 조직 형성의 정밀성이 뛰어나며, 대형 단위 섬유 구조를 형성할 수 있는 점에서 스테이크와 같은 근육 덩어리형 대체육(whole-cut meat analogs) 제조에 적합하다. 쿠에트형 반응기는 원통형 구조로 설계되어 있어 크기 조정이 용이하며, 대량 생산성을 높이는 데 유리한 특성을 가지고 있다. 그러나, 현재 전단셀 기술은 연속 공정이 어렵고 배치(batch) 공정 방식으로 이루어져 있어 산업적 확장이 제한적이다. 전통적인 압출성형 공정은 연속 공정(continuous process)이 가능하여 대량 생산에 유리하지만, 전단셀 공정은 한 번에 일정량의 단백질만을 처리할 수 있어 생산성이 상대적으로 낮다. 이를 해결하기 위해서는 공정 자동화와 연속 생산이 가능하도록 기술적 개선이 이루어져야 하며, 연구기관과 기업 간 협력을 통해 상용화 연구가 필요하다. 전단셀 기술은 대체육의 조직감을 향상시키고, 기존 압출성형 방식보다 정밀한 육류 섬유 구조를 형성할 수 있는 가능성을 가지고 있다. 하지만, 대량 생산을 위한 공정 최적화와 산업화 연구가 부족하여 현재 상용화 단계에서는 압출성형기 대비 활용도가 낮은 상황이다. 향후 기술적 연구를 통해 연속 공정이 가능해지고 생산성이 향상된다면, 전단셀 기술은 대체육 시장에서 핵심적인 제조 기술로 자리 잡을 가능성이 크다.

(3) 단백질 방사 기술

단백질 방사(Protein Spinning) 기술은 식물성 단백질을 섬유 형태로 가공하여 육류의 근섬유 조직을 모방하는 방식으로, 기존 대체육 제조 기술과 차별화된 상향식 접근법을 따른다.기존의 압출성형 및 전단셀 기술은 거시적 단백질 구조를 변형하여 조직감을 형성하는 하향식(top-down) 방식인 반면, 단백질 방사 기술은 미세 단위에서 단백질 섬유를 형성한 후 이를 조립하여 육류와 유사한 조직을 구축하는 상향식(bottom-up) 접근법으로, 보다 정밀한 조직 구현이 가능하다는 장점을 지닌다. 대체육의 품질을 결정짓는 중요한 요소 중 하나는 근육 조직과 유사한 섬유 구조를 얼마나 효과적으로 형성할 수 있는가이며, 단백질 방사 기술은 보다 가는 단백질 섬유를 형성하여 육류 조직과 유사한 물성을 제공할 수 있는 방법으로 주목받고 있다. 특히, 습식 방사(Wet Spinning), 전기 방사(Electrospinning), 제트 방사(Jet Spinning), 블로우 방사(Blow Spinning) 등의 기술이 개발되면서, 식물성 단백질을 활용한 섬유 형성 연구가 활발히 진행되고 있다.

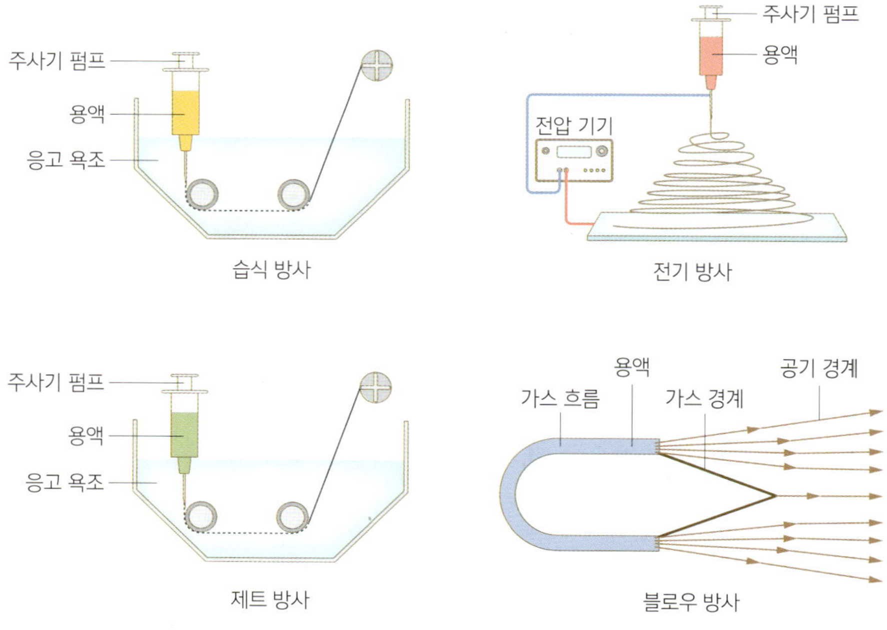

그림 3-8 **단백질 방사 기술: 습식 방사(상좌), 전기 방사(상우), 제트 방사(하좌), 블로우 방사(하우)**

① 습식 방사 기술

습식 방사(wet spinning)는 식물성 단백질을 포함한 용액을 방사구(spinneret)를 통해 비용매(non-solvent) 욕조(bath)로 방출하여 섬유를 형성하는 방식이다. 이 과정에서 용매와 비용매의 교환이 일어나면서 약 10~20 ㎛ 신장된 필라멘트가 형성되며, 이를 통해 육류의 근육 섬유와 유사한 구조를 구현할 수 있다. 습식 방사의 가장 큰 특징은 단백질 용액을 일정한 속도로 방출하여 균일한 섬유를 형성할 수 있다는 점이다. 형성된 섬유의 직경이 상대적으로 크며, 압출성형기에서 구현하기 어려운 연속적인 섬유 조직을 생성할 수 있다. 또한, 대두 단백, 완두 단백, 파바빈 등의 다양한 식물성 단백질을 활용하여 식품 등급 섬유를 생산할 수 있다.

습식 방사 과정에서 형성되는 구조는 크게 세 가지로 나뉜다. 첫째, 섬유상 구조는 분산상이 응고되면서 연속상이 제거될 때 형성되며, 육류의 긴 근섬유와 유사한 형태를 구현할 수 있다. 둘째, 모세관 충전 겔(capillary-filled gel)은 연속상이 고화되면서 내부의 분산상이 액체 상태를 유지하는 구조로, 식품 조직에서 다공성 구조를 형성하는 역할을 할 수 있다. 셋째, 섬유 충전 겔(fiber-filled gel)은 분산상과 연속상이 모두 응고되면서 단단한 겔 구조를 형성하는 방식으로, 다양한 조직감을 구현하는 데 활용될 수 있다.

습식 방사는 연속적인 섬유 형성이 가능하다는 점에서 대체육 제조에 유리하지만, 기존의 대체육 제조 방식과 통합하기 위해서는 추가적인 연구가 필요하다. 특히, 식물성 단백질의 용해도와 점도를 조절하여 보다 섬세한 섬유를 형성하는 방법을 최적화하는 것이 핵심 과제이다. 향후 습식 방사 기술이 발전한다면, 압출성형기나 전단셀 기술과 결합하여 보다 고품질의 대체육을 생산할 수 있는 가능성이 높아질 것으로 기대된다.

② 전기 방사 기술

전기 방사(electrospinning)는 전기장을 이용하여 단백질을 매우 얇은 나노섬유(nanofiber) 형태로 방출하여 육류 조직과 유사한 구조를 형성하는 방식이다. 이 기술은 전기적 반발력을 활용하여 단백질 섬유를 연장하고 정렬시키는 과정을 포함하며, 기존의 압출성형이나 습식 방사 방식보다 훨씬 미세한 섬유 구조를 형성할 수 있다는 장점이 있다.

전기 방사 공정에서는 전하를 띤 단백질 용액이 방사구(needle)에서 방출되며, 전기적 반발력에 의해 얇은 섬유 형태로 길어지고 고체화되는 과정을 거친다. 이를 통해 근육 섬유의 미세 패턴을 정밀하게 구현할 수 있으며, 대체육의 조직감과 식감을 향상시키는 데 기여할 수 있다.

전기 방사의 공정 최적화를 위해서는 단백질 용액의 점도, 전도성, 방사 속도 등의 조절이 필수적이다. 현재 전기 방사 기술이 식품 산업에서 상용화되기 위해서는 식품 등급의 용매 개발과 공정 최적화 연구가 추가적으로 이루어져야 하며, 기존 대체육 제조 방식과 융합될 수 있도록 연구가 지속되어야 한다.

③ 제트 방사 및 블로우 방사 기술

제트 방사(jet spinning)와 블로우 방사(blow spinning)는 상대적으로 높은 속도의 유체 흐름을 활용하여 단백질 용액을 섬유 형태로 변환하는 기술로, 기존의 전기 방사 및 습식 방사와는 차별화된 방식으로 섬유를 형성할 수 있다.

제트 방사는 고속 회전력을 이용하여 단백질 용액을 길고 가는 섬유 형태로 변환하는 방식으로, 원심력을 활용하여 섬유를 생성한다. 이 방식은 전기 방사보다 빠른 속도로 섬유를 생성할 수 있으며, 균일한 섬유 형성이 가능하다는 장점을 가진다.

블로우 방사는 고압 가스를 이용하여 단백질 용액을 미세한 섬유 형태로 방출하는 방식이다. 이는 높은 속도의 공기 흐름을 이용하여 단백질 용액을 미세하게 분산시키고, 섬유 형태로 굳어지도록 하는 방식으로 작동한다. 블로우 방사는 비용이 상대적으로 낮고, 대량 생산이 가능하다는 점에서 기존 방사 기술보다 실용성이 높을 가능성이 있지만, 식품 등급에서의 적용 가능성은 아직 연구가 부족하다.

단백질 방사 기술은 대체육의 섬유 조직을 보다 정밀하게 구현할 수 있는 방법으로, 기존의 압출성형 및 전단셀 기술과 함께 활용될 경우 대체육의 조직감과 질감을 극대화할 수 있다. 그러나 이러한 기술을 대체육 산업에서 실제로 적용하기 위해서는 공정 최적화 및 대량 생산 기술 개발이 필수적이며, 식물성 단백질의 용해도, 점도 및 섬유 형성 효율을 개선하기 위한 추가 연구가 필요하다. 향후 연구가 진행됨에 따라, 이들 기술이 대체육 시장에서 실용적인 생산 공정으로 자리 잡을 가능성이 크며, 기존 대체육 제조 기술과 융합하여 더욱 발전된 단백질 섬유 조직을 형성할 것으로 기대된다.

5) 제품화 연구 - 완제품 제조 기술

대체육 제품의 상업화는 원료 단백질의 가공뿐만 아니라, 최종 제품으로의 변환 과정에서도 중요한 연구 개발이 필요하다. 특히, 대체육 완제품을 제조하는 기술은 현재 가장 많은 대체육 기업들이 집중하는 분야이며, 다양한 공정 개발을 통해 소비자의 요구를 충족하는 제품을 만들기 위한 노력이 지속되고 있다. 완제품 제조 기술은 식물성 단백질을 활용하여 육류의 질감과 맛을 모방하는 다양한 가공 방법을 포함하며, 대표적으로 반죽 성형 기술, 기계적 신장(mechanical elongation), 식품 3D 프린팅 기술 등이 있다. 이러한 기술은 대체육의 텍스처를 조정하고, 육류와 유사한 구조적 특성을 구현하는 데 중요한 역할을 한다. 특히, 2차 가공품인 TVP를 활용하여 다양한 대체육 가공품이 제조되고 있으며, 최근에는 조직 밀도를 조절하여 원육 대체육도 개발되고 있다.

(1) 반죽을 활용한 대체육 성형 기술

반죽을 이용한 대체육 제조 기술은 단백질 구조를 길게 늘려 육류의 섬유질 조직과 유사한 구조를 형성하는 방식으로 진행된다. 이 과정에서 가장 중요한 기술 중 하나가 기계적 신장(mechanical elongation) 기술이며, 이는 단백질 구조를 변형하여 육류와 유사한 섬유 조직을 형성하는 핵심 공정이다.

기계적 신장은 주로 밀 글루텐과 같은 탄력성이 높은 단백질을 활용하여 신장성을 극대화하는 방식으로 적용되며, 대표적인 사례로는 세이탄(seitan)과 같은 제품이 있다. 또한, 반죽의 물성을 조절하여 층층이 적층하는 방식으로 섬유상 매트릭스를 형성할 수도 있으며, 이를 통해 닭가슴살과 유사한 조직감을 가진 대체육을 구현할 수 있다. 이러한 기술은 기존의 압출성형 방식보다 상대적으로 낮은 에너지 소비와 비용 절감 효과를 가지므로, 최근 많은 연구가 진행되고 있다. 또한, 압출성형 대비 기계적 신장은 제품의 텍스처를 더욱 섬세하게 조정할 수 있으며, 특히 반죽 시트(sheet) 형성 및 적층 공정을 활용하면 다양한 육류 대체 제품을 제조할 수 있다.

기계적 신장 기술은 기존의 압출성형 방식과 비교했을 때, 보다 낮은 에너지 소비로 대체육의 조직을 형성할 수 있는 효과적인 공정이다. 이 기술은 상대적으로 낮은 온도에서도 단백질 변형이 가능하기 때문에, 단백질 변성으로 인한 영양소 손실을 최소화할 수 있다는 장점을 가진다. 또한, 대체육의 조직 형성을 위해 단순한 기계적 압력을 활용하므로, 기존의 고온·고압 압출성형보다 에너지 효율성이 뛰어나다. 기계적 신장은 비용 절감 측면에서도 유리한 가공 기술로 평가된다. 압출성형 방식과 비교했을 때, 설비 투자 및 유지보수 비용이 상대적으로 낮으며, 단순한 기계적 공정을 통해 대체육의 텍스처를 조정할 수 있다. 이는 보다 적은 공정 단계로 생산성을 높이는 데 기여할 수 있으며, 다양한 원료 단백질을 활용한 제품 개발에도 적용할 수 있다. 기계적 신장의 가장 큰 장점 중 하나는 텍스처 개선 효과이다. 압출성형기에서 형성된 제품보다 더욱 세밀한 조직 조정이 가능하여, 보다 자연스러운 섬유질 조직을 구현할 수 있다. 특히, 반죽 적층 공정(stacked dough process)을 활용하면 층 구조(fiber alignment)를 조정할 수 있어, 닭가슴살과 유사한 결을 형성하는 것이 가능하다. 이를 통해 보다 정교한 식감을 구현할 수 있으며, 기존의 대체육 제품이 가지는 텍스처적 한계를 보완할 수 있다.

기계적 신장 기술은 다양한 대체육 제품에 적용될 수 있으며, 특히 섬유질 조직을 강화하는 방식으로 활용되고 있다. 대표적인 사례로 세이탄이 있다. 세이탄은 밀 글루텐을 활용하여 제작된 대체육으로, 높은 탄력성과 씹는 질감을 가지며, 반죽 과정에서 기계적 신장 기술을 활용하여 단백질 네트워크를 형성한다. 또한, 반죽 적층 공정은 닭가슴살과 유사한 결을 형성하기 위해 얇은 반죽 층을 반복적으로 적층하여 제조하는 방식이다. 이 방식은 층 구조를 세밀하게 조정할 수 있으며, 물성과 조직을 최적화할 수 있다는 장점이 있다. 마지막으로, 압축 신장 공정(compression-elongation process)은 단

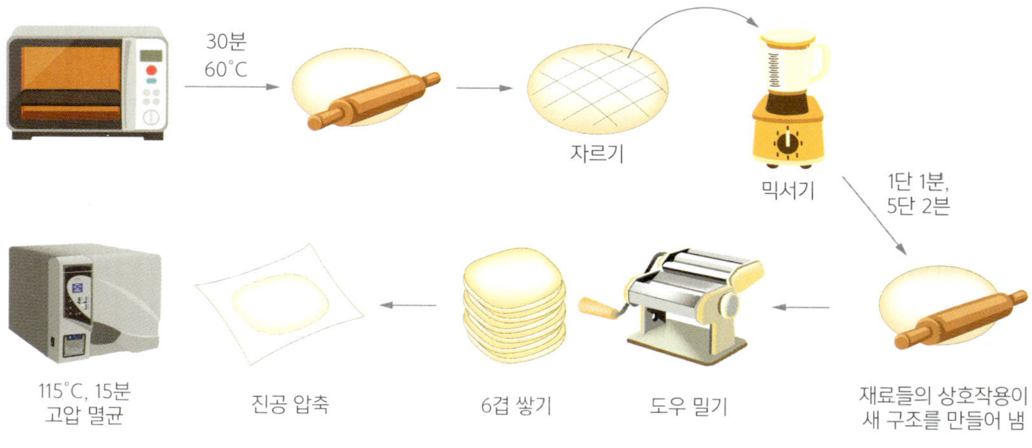

그림 3-9 **기계적 신장을 활용한 반죽 기법**

백질 네트워크를 늘리고 압축하여 결 조직을 강화하는 방식이다. 이 방식은 단백질 사슬의 정렬을 유도하여 섬유질 조직을 강화하는 효과를 가지며, 닭가슴살과 같은 구조적 특성을 가진 대체육 제품을 구현하는 데 활용된다. 기계적 신장 기술은 압출성형 대비 에너지 소비가 적고, 비용 절감 효과가 있으며, 보다 정교한 조직 형성을 가능하게 한다는 점에서 대체육 산업에서 중요한 기술로 자리 잡고 있다. 앞으로 연구가 지속되면서, 이 기술을 활용한 다양한 대체육 제품이 개발될 것으로 기대된다.

(2) 식품 3D 프린팅 기술

식품 3D 프린팅 기술은 원료를 층층이 적층하여 특정 구조와 질감을 구현하는 혁신적인 기술로, 최근 대체육 개발 분야에서 활발히 적용되고 있다. 기존 대체육 제조 방식인 압출성형이나 전단셀 기술은 비교적 단순한 섬유 구조를 형성하는 데 적합하지만, 근육 조직의 세밀한 배열이나 마블링(fat marbling) 같은 복잡한 구조를 정밀하게 구현하는 데는 한계가 있다. 반면, 3D 프린팅 기술은 이러한 단점을 극복하며 맞춤형 식품 생산, 정밀 영양 조절, 그리고 복잡한 조직화를 가능하게 한다. 특히, 3D 프린팅은 기존 가공 방식으로는 구현하기 어려운 세밀한 근섬유 형성 및 지방층 분포 조절이 가능하

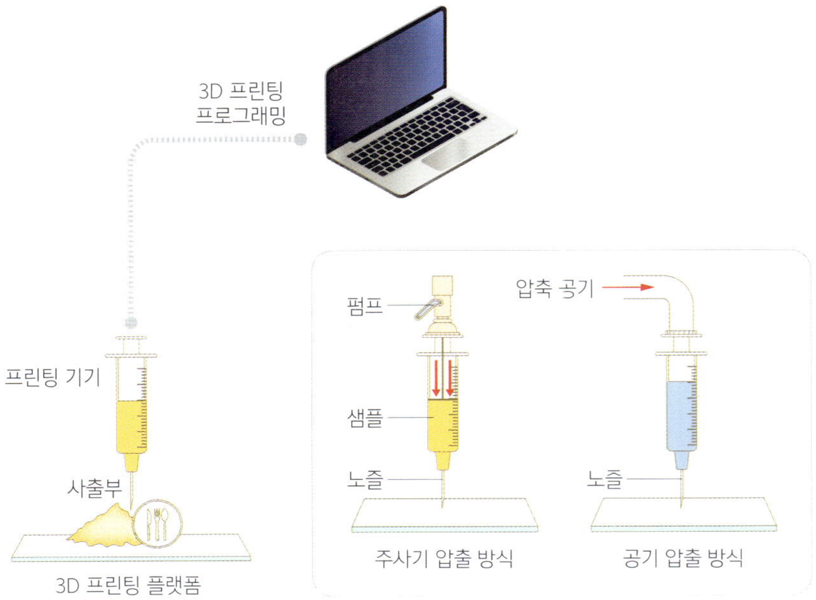

그림 3-10 **식품 3D 프린팅 예시**

다는 점에서, 미래 대체육 개발의 핵심 기술로 주목받고 있다. 이 기술을 활용하면 식물성 단백질 기반 대체육의 물성을 보다 정교하게 조절할 수 있으며, 소비자 맞춤형 대체육을 생산하는 데에도 응용할 수 있다.

① 식품 3D 프린팅 기술의 원리

식품 3D 프린팅 기술은 컴퓨터 지원 설계(computer-aided design, CAD) 기반의 디지털 모델을 이용하여 층층이 원료를 적층하는 방식으로 식품을 제조하는 기술이다. 이 기술은 다양한 원료의 물성을 활용하여 정밀한 조직 구조를 구현할 수 있으며, 맞춤형 식품 제작과 영양소 조절이 가능하다는 장점이 있다. 특히, 3D 프린팅은 기존 가공 기술로 구현하기 어려운 미세 조직 형성 및 식감 조절이 가능하여, 대체육 개발에서 핵심적인 역할을 하고 있다. 3D 프린팅 기술은 재료를 적층하는 방식에 따라 여러 가지 방식으로 분류될 수 있다. 압출 적층(fused deposition modeling, FDM), 선택적 소결(selective laser sintering, SLS), 잉크젯 프린팅(inkjet printing, CJP), 바인더 분사(binder jetting) 등이 대표적인 방식으로, 각각의 기술은 식품 원료의 점성(viscosity), 강도(strength), 유동성(flowability) 등에 따라 적합성이 다르게 나타난다.

첫째, 압출 적층(FDM) 방식은 가장 널리 사용되는 3D 프린팅 기법으로, 반고체 상태의 식품 재료를 노즐을 통해 층층이 적층하는 방식이다. 이 방식은 단백질 겔(gels), 전분(starch) 기반 원료, 지방 대체물 등을 활용할 수 있으며, 점성이 높은 원료도 가공이 가능하다는 장점이 있다. 그러나 상대적으로 출력 시간이 길고, 해상도가 낮아 정밀한 조직 형성이 어렵다는 단점이 있다.

둘째, 선택적 소결(SLS) 방식은 분말 형태의 식품 재료(전분, 단백질 분말 등)를 레이저로 가열하여 응집시키는 방식으로, 강도가 높은 구조를 형성할 수 있다는 장점이 있다. 그러나, 녹는점이 낮은 원료에만 적용이 가능하며, 프린팅 과정에서 정밀도가 떨어진다는 단점이 있다.

셋째, 잉크젯 프린팅(CJP) 방식은 액체 원료를 미세한 입자로 분사하여 적층하는 방식으로, 주로 초콜릿, 쿠키, 케이크 등의 장식 및 식재료 코팅에 사용된다. 이 방식은 점성이 낮은 원료를 균일하게 도포할 수 있는 장점이 있으나, 프린팅한 구조가 쉽게 변형될 가능성이 있어 보완 기술이 필요하다.

넷째, 바인더 분사 방식은 분말 형태의 원료에 결합제(binder)를 분사하여 적층하는 방식이다. 이를 통해 식품 내 특정 성분을 선택적으로 포함시킬 수 있으며, 맞춤형 영양소 조절이 가능하다. 그러나 출력 속도가 느리고, 강도가 낮아 추가적인 후처리 과정이 필요할 수 있다.

이처럼 식품 3D 프린팅 기술은 다양한 방식으로 적용될 수 있으며, 각 방식의 특성과 원료의 물성을 고려하여 최적의 프린팅 기법을 선택하는 것이 중요하다. 특히, 대체육 개발에서는 식물성 단백질, 지방 대체물, 전분 기반 원료 등의 조합을 최적화하여 육류 조직과 유사한 구조를 형성하는 것이 핵심 연구 분야로 자리 잡고 있다.

② 식품 3D 프린팅을 활용한 대체육 제조

대체육 제조를 위한 식품 3D 프린팅 기술은 기존 압출성형법이나 기타 가공법으로 구현하기 어려운 근섬유 구조 및 지방 조직 분포 등을 정밀하게 재현할 수 있는 기술이다. 이를 통해 대체육의 물성과 조직감을 더욱 세밀하게 조절할 수 있으며, 맞춤형 식품 개발이 가능하다는 점에서 기존 대체육 제조 방식과 차별성을 가진다. 특히, 3D 프린팅을 활용하면 소비자 요구에 맞춘 영양 설계와 더불어, 식물성 단백질 기반의 대체육을 보다 정교하게 구현할 수 있다. 3D 프린팅은 대체육의 조직감을 형성하는 데 있어 기존 압출성형 방식보다 자유도가 높아, 근섬유 배열 및 지방 분포를 조절할 수 있는 강점을 가진다. 특히, 동축 압출(Coaxial Extrusion) 및 다중 압출(Dual Extrusion) 기술을 활용하면 단백질 층과 지방층을 원하는 대로 배치하여 실제 육류 조직과 유사한 마블링을 구현할 수 있다.

첫째, 동축 압출 방식은 두 개 이상의 원료를 동시에 프린팅하여 지방층과 근섬유층을 동시에 형성하는 방식이다. 실제 육류의 지방 분포와 유사한 구조를 재현할 수 있어, 보다 자연스러운 조직감을 구현하는 데 유리하다. 이를 통해 지방이 균일하게 분포된 육류의 특성을 모방할 수 있으며, 제품의 씹는 질감을 더욱 향상시킬 수 있다.

둘째, 다중 압출 방식은 여러 개의 노즐을 활용하여 서로 다른 성분(예: 단백질, 지방, 수분 등)을 개별적으로 배치할 수 있도록 설계된 방식이다. 단백질 기반의 근섬유층과 지방층을 개별적으로 적층하는 기술을 적용하면, 육류의 결(texture)을 보다 정밀하게 조절할 수 있으며, 층(layer) 단위로 식감과 구조를 최적화할 수 있다. 이를 통해 소비자들이 기존 육류와 유사한 촉감과 씹는 질감을 경험할 수 있도록 한다.

3D 프린팅 기술은 이러한 정밀한 설계를 바탕으로 기존 압출성형 방식과 달리 세밀한 조직 조작이 가능하며, 대체육 제품의 조직감과 육즙 보유력을 향상시키는 데 기여할 수 있다. 또한, 육류 대체 단백질을 보다 균일한 밀도로 배치할 수 있어, 더욱 자연스러운 식감과 영양 균형을 유지할 수 있는 장점이 있다.

③ 식품 3D 프린팅의 연구 방법론

식품 3D 프린팅을 활용한 대체육 연구는 원료의 물리·화학적 특성을 최적화하고, 공정 변수를 조절하며, 최종 제품의 물성을 평가하는 다각적인 접근 방식으로 수행된다. 특히, 프린팅 잉크의 유변학적 조절, 프린팅 후 조직 구조 평가, 텍스처 및 기계적 강도 분석 등의 실험적 기법이 적용되며, 이를 통해 대체육의 품질과 생산 효율성을 극대화하는 연구가 진행되고 있다.

3D 프린팅을 활용한 대체육 연구는 일반적으로 재료 특성화(material characterization), 프린팅 공정 최적화(printing process optimization), 후처리(post-processing), 그리고 제품 물성 평가(product characterization)의 네 가지 주요 단계로 나뉜다.

a. 재료 특성화

3D 프린팅 대체육의 품질은 사용되는 식품용 잉크의 물성에 크게 영향을 받는다. 따라서 연구에서는 식품용 잉크의 유변학적 특성과 단백질 변성 정도를 평가하여 프린팅 적합성을 판단한다. 식품용 잉크의 점도(viscosity), 전단 박화(shear-thinning), 탄성율(elastic modulus) 등 유변학적 특성(rheological properties)을 평가하여 노즐에서 원활하게 압출될 수 있는지 분석한다. 점도가 너무 낮으면 구조적 안정성이 떨어지고, 점도가 너무 높으면 노즐 압출이 어려워진다. 단백질 변성 및 겔화(protein denaturation & gelation) 특성도 중요한데, 프린팅 과정에서 단백질이 열처리되면서 변성되는 정도를 평가하며, 이는 최종 제품의 조직감과 질감을 결정하는 핵심 요인이다. 온도 조절을 통해 특정 단백질의 겔화 온도를 확인하고, 3D 프린팅 시 단백질 네트워크 형성을 유도할 수 있다. 그 외, 보수력(water holding capacity, WHC)도 측정하는데, 이는 프린팅된 대체육이 수분을 얼마나 잘 보유하는지를 평가하여 육즙 보유력과 식감을 최적화한다.

b. 프린팅 공정 최적화

3D 프린팅 대체육의 품질을 결정하는 핵심 요소 중 하나는 프린팅 공정 변수의 최적화이다. 이를 위해 원료의 물성뿐만 아니라 노즐 압출 조건, 프린팅 속도, 온도 조절 등의 다양한 요소가 연구되고 있다. 적층 과정에서 균일한 구조를 유지하고, 최적의 조직감을 구현하기 위해서는 압출 매개변수(extrusion parameters) 조절이 필수적이다.

- 압출 공정 변수 최적화: 프린팅된 층(layer)의 두께와 해상도를 결정하는 노즐 크기는 조직 형성과 밀도에 직접적인 영향을 미치므로, 재료의 물성에 따라 최적화되어야 한다. 또한, 압출 속도와 프린팅 속도의 조절도 중요하다. 압출 속도가 지나치게 빠르면 층간(layer-to-layer) 결합이 불균형해질 수 있으며, 너무 느리면 프린팅 시간이 과도하게 증가할 수 있다. 프린팅 속도는 원료의 유동성과 점성을 고려하여 설정해야 하며, 이를 통해 구조적 안정성을 확보할 수 있다.
- 온도 조절을 통한 단백질 변성 최적화: 프린팅 중 온도 변화는 단백질의 변성 정도에 영향을 미치며, 이는 최종 제품의 근섬유 조직 형성에 결정적인 역할을 한다. 따라서, 적절한 응고와 단백질 결합이 이루어질 수 있도록 프린팅 환경의 온도를 조절해야 한다. 그리고 대두 단백질과 밀 글루텐 등 원료별 변성 온도를 고려하여 최적의 온도 프로파일(temperature profile)을 설정하는 연구가 필수적이다.
- 형상 유지력 및 구조적 안정성 확보: 3D 프린팅된 대체육이 목표로 한 형태와 구조적 강도를 유지하려면 형상 유지력과 구조적 안정성이 확보되어야 한다. 형상 유지력이 낮으면 프린팅 후 층간 결합력이 약해져 제품이 무너질 가능성이 있다. 이를 방지하기 위해 점탄성 조절, 응고 속도 조정, 가교 결합 촉진 등의 기술이 적용될 수 있다.

이러한 최적화 과정을 통해 3D 프린팅 대체육이 원하는 형태와 조직감을 구현할 수 있으며, 이를 바탕으로 실제 육류와 유사한 구조를 갖춘 대체육을 안정적으로 생산하는 공정을 구축할 수 있다.

c. 후처리

3D 프린팅된 대체육이 최종적으로 육류와 유사한 조직과 물성을 갖추기 위해서는 적절한 후처리 과정이 필수적이다. 후처리는 제품의 조직 안정화, 기계적 강도 향상, 수분

함량 조절, 그리고 최종 질감 조절 등의 역할을 하며, 대체육의 물성과 소비자 기호도를 결정하는 중요한 단계이다. 따라서, 프린팅된 대체육은 건조 및 수분 조절 과정을 거친다. 수분이 과도하게 포함될 경우 프린팅된 구조가 무너지거나 조직이 약해질 수 있으며, 반대로 지나치게 건조될 경우 제품이 지나치게 단단해지거나 균열(cracking)이 발생할 수 있다. 따라서, 프린팅된 대체육의 수분 함량을 조절하여 조직을 안정화하고, 재수화 특성을 평가한다. 그리고 프린팅 후 열처리를 통해 단백질 변성도를 조절하고, 조직의 강도를 높이는 연구가 진행된다. 단백질 변성은 조직의 강도를 조절하는 핵심적인 요소이며, 열처리 및 물리적 압력을 가하는 방식으로 단백질 네트워크를 강화할 수 있다. 이와 같은 후처리 공정을 최적화함으로써, 3D 프린팅 대체육이 실제 육류와 유사한 조직 구조를 갖추고, 씹는 질감과 육즙 보유력이 향상된 제품으로 발전할 수 있다.

d. 제품 물성 평가

프린팅된 대체육의 최종 품질은 기계적 강도 및 조직 구조를 평가하는 과정에서 확인된다. 텍스처 프로파일 분석(texture profile analysis, TPA)을 통해 경도(hardness), 씹힘성(chewiness), 점착성(adhesiveness) 등을 평가한다. 또한, 인장 테스트(tensile test) 및 압축 테스트(compression test)를 통해 제품의 내구성을 분석한다. 또한, 미세구조 분석(microstructure analysis)을 위해서 주사전자현미경(scanning electron microscopy, SEM)을 이용하여 프린팅된 제품의 미세 구조 및 기공(porosity) 분포를 분석한다. 이는 조직감과 기계적 강도에 영향을 미치는 중요한 요인이다.

식품 3D 프린팅 기술을 활용한 대체육 연구는 기존 식품 가공 방식과 차별화된 조직화 및 맞춤형 생산이 가능하다는 장점을 가진다. 그러나, 최적의 물성을 확보하기 위해 원료의 물리·화학적 특성을 조절하고, 적층 공정 및 후처리 과정을 최적화하는 연구가 필수적이다. 특히, 근섬유 조직과 유사한 구조를 형성하고, 최적의 텍스처를 구현하기 위해 온도, 점도, 프린팅 속도 등의 공정 변수를 정밀하게 조절해야 한다. 또한, 미세구조 분석 및 기계적 강도 평가를 통해 3D 프린팅된 대체육이 실제 육류와 유사한 물성을 가지도록 하는 것이 핵심적인 연구 목표이다. 향후 연구에서는 프린팅 잉크의 개선, 조직 구조 최적화, 소비자 감각적 선호도를 반영한 물성 조절 등이 중요한 과제로 남아 있으며, 이를 해결하기 위한 다학제적 접근이 필요할 것이다. 이를 통해, 3D 프린팅 기술을 활용한 대체육 제품이 보다 정교한 조직감과 높은 재현성을 갖추고, 소비자 요구에 맞춘 혁신적인 식품으로 자리 잡을 것으로 기대된다.

④ 식품 3D 프린팅의 향후 연구 및 개선 방향

3D 프린팅 기술을 활용한 대체육 개발은 아직 초기 연구 단계에 있으며, 보다 효과적인 조직화 기술과 원료 최적화 연구가 필요하다. 특히, 섬유 조직의 정밀 형성, 식품용 잉크 개발 및 다양화, 프린팅 장비 개선, 맞춤형 영양 설계 및 개인화된 대체육 생산이 주요 연구 방향으로 제시되고 있다.

a. 근섬유 구조 형성 및 최적화

대체육의 품질을 결정짓는 핵심 요소 중 하나는 실제 육류의 근섬유 구조를 얼마나 정교하게 재현할 수 있는가이다. 3D 프린팅 기술은 이러한 문제를 해결할 가능성을 제공하지만, 여전히 섬유 조직의 정밀한 형성과 구조적 안정성 유지라는 과제가 남아 있다. 이를 극복하기 위해 3D 프린팅 기술과 기존 단백질 조직화 기술을 결합한 하이브리드 공정이 연구되고 있다. 대표적인 접근 방식으로는 트윈스크류 압출(twin-screw extrusion)과 3D 프린팅의 결합이 있으며, 압출을 통해 섬유 패턴을 형성한 후 3D 프린팅을 활용하여 보다 세밀한 구조를 구현하는 방식이 연구되고 있다. 또한, 습식 방사(wet spinning) 기술과의 융합을 통해 단백질 섬유를 정밀하게 정렬하고 응고시키는 방식이 적용될 수 있다.

근섬유 조직이 형성되었다 하더라도, 이를 장기간 유지하고 조리 과정에서도 변형되지 않도록 하는 것이 중요하다. 이를 위해 단백질 가교결합및 후처리 기술이 적용될 수 있다. 단백질 간 결합력을 강화하기 위해 트랜스글루타미나아제(transglutaminase)와 같은 효소적 가교결합 기법이 활용될 수 있으며, 초음파 처리나 가압 성형(compression molding)과 같은 후처리 공정을 통해 조직의 밀도를 높이고 섬유 정렬을 개선하는 연구도 진행되고 있다. 또한, 근섬유 구조 형성을 최적화하기 위해서는 기존 단백질 원료와의 조합 연구가 필수적이다. 대두 단백질, 밀 글루텐 등의 식물성 단백질과 마이코프로틴(mycoprotein), 버섯 균사체(fungal mycelium) 등의 자연적으로 섬유 조직을 형성할 수 있는 단백질을 활용하여 최적의 조직감을 구현하는 연구가 이루어지고 있다. 이러한 연구를 통해 보다 자연스럽고 소비자가 선호하는 육류 조직감을 갖춘 대체육을 개발할 수 있을 것으로 기대된다.

b. 식품용 잉크 개발 및 다양화

3D 프린팅 대체육의 품질을 향상시키기 위해서는 단백질 원료의 개질(modification) 및 혼합(blending) 연구가 필수적이다. 현재 대두 단백질, 밀 글루텐 등과 같은 식물성 단백질이 3D 프린팅 대체육에 활용되고 있지만, 조직 형성 및 물성 측면에서 한계가 존재한다. 이를 해결하기 위해 하이드로겔 및 다당류와의 상호작용을 연구하여, 프린팅 재료의 유동성을 개선하고, 보다 정교한 조직 형성이 가능하도록 하는 연구가 진행되고 있다.

식품 3D 프린팅에서 사용되는 식품용 잉크는 특정한 점도, 탄성, 응고 특성 등을 갖춰야 하며, 이는 프린팅 적층 안정성과 최종 제품의 조직 형성에 결정적인 영향을 미친다. 식품용 잉크 연구는 주로 다음과 같은 방향으로 진행되고 있다. 첫째, 단백질-다당류 복합 잉크 개발이다. 대두 단백질과 카라기난(carrageenan), 한천(agar), 겔란검(gellan gum)과 같은 다당류를 혼합하여 유동성을 조절하고, 프린팅 후 조직 구조 안정성을 강화하는 연구가 진행 중이다. 이와 같은 단백질-다당류 복합 시스템은 근섬유 조직을 보다 자연스럽게 형성할 수 있도록 돕는다. 둘째, 전분 및 섬유질 기반 잉크 개발이다. 전분과 식이섬유는 겔화 특성을 부여하여 프린팅된 구조의 안정성을 유지하는 데 중요한 역할을 한다. 특히, 감자 전분, 타피오카 전분, 귀리 섬유 등과 같은 원료가 3D 프린팅 잉크 개발에 활용되고 있다. 셋째, 미세조류 기반 잉크 개발이다. 대표적으로 클로렐라(Chlorella), 스피룰리나(Spirulina) 등 미세조류를 활용하여 영양가를 높이고, 친환경적인 대체육용 식품용 잉크를 개발하는 연구가 활발하다. 미세조류 단백질은 아미노산 균형이 우수하며, 동시에 색소와 항산화 성분이 포함되어 있어 기능성 식품 개발에도 적용 가능하다.

c. 프린팅 기술 및 장비 개선

3D 프린팅 기술이 대체육 분야에서 보다 효과적으로 활용되기 위해서는 프린팅 장비 및 기술 개선이 필수적이다. 대체육 프린팅의 핵심 목표는 근육 섬유 조직과 지방층을 정밀하게 배치하여 실제 육류와 유사한 물성을 구현하는 것이며, 이를 위해 다양한 프린팅 기술과 장비 개선이 이루어지고 있다.

먼저, 코엑셜 노즐(coaxial nozzle) 및 다중 압출 시스템(dual extrusion system)의 개발

이 중요한 연구 과제로 떠오르고 있다. 코엑셜 노즐은 하나의 노즐에서 단백질 기반 근섬유층과 지방층을 동시에 프린팅할 수 있도록 설계된 기술로, 실제 육류의 마블링 패턴을 재현하는 데 유리하다. 다중 압출 시스템은 여러 개의 노즐을 활용하여 서로 다른 성분(예: 단백질, 지방, 겔화제 등)을 개별적으로 적층할 수 있어, 기존 방식보다 더욱 정밀한 조직화를 가능하게 한다. 이러한 기술을 적용하면 기존 압출성형 방식으로 구현하기 어려운 미세한 지방 분포를 보다 정확하게 형성할 수 있으며, 최종 제품의 육즙 보유력과 식감을 개선할 수 있다.

또한, 프린팅 속도 및 정밀도 향상을 위한 연구도 활발히 진행되고 있다. 기존 3D 프린팅 방식에서는 프린팅 속도가 느릴 경우 대량 생산이 어렵고, 반대로 속도를 높이면 적층 정밀도가 낮아질 수 있는 문제가 발생한다. 이를 해결하기 위해 고속 압출(high-speed extrusion) 기술과 다중 노즐 시스템을 활용하여 생산성을 높이는 연구가 이루어지고 있다. 또한, 레이어 적층 간 간격 조절(layer height adjustment), 노즐 이동 속도(feed rate control), 온도 제어(temperature control) 등의 요소를 최적화하여, 프린팅 속도를 증가시키면서도 조직 형성을 균일하게 유지하는 기술이 개발되고 있다.

또한, 기존 3D 프린터는 X, Y, Z축으로 제한되었지만, 로봇팔 기반 3D 프린팅(robotic arm 3D printing)을 적용하면 더욱 유연한 적층이 가능해진다. 이 기술을 활용하면 보다 정밀한 근육 조직과 지방층을 구현할 수 있으며, 복잡한 비정형 구조의 대체육을 제조하는 데 적합하다. 특히, 다축(6 DOF 이상) 로봇팔을 활용하여 대형 식품 프린팅과 자동화 생산 공정 적용 가능성이 높아지고 있다. 대체육 3D 프린팅의 성공적인 상용화를 위해서는 초속경 식품용 잉크 개발도 필수적이다. 이는 자연스럽게 식품용 잉크의 추가적인 연구방향성도 제시하는데, 식품용 잉크가 프린팅 후 빠르게 구조를 유지할 수 있도록 겔화 속도를 조절하는 연구가 필요하다. 특히, 단백질-다당류 복합 시스템, 전분 및 섬유질 기반 잉크, 미세조류 기반 잉크 등의 연구가 진행되고 있으며, 초음파 및 고압 처리를 통해 단백질 구조를 변형하여 응고 속도를 조절하는 기술이 개발되고 있다.

결과적으로, 3D 프린팅 대체육이 산업적으로 확장되기 위해서는 보다 정교한 조직 구현이 가능한 프린팅 기술, 대규모 생산이 가능한 로봇팔 기반 시스템, 그리고 프린팅 후 안정성을 확보할 수 있는 식품용 잉크 개발이 필요하다. 향후 이러한 기술적 과제가 해결된다면, 3D 프린팅 대체육은 단순한 육류 대체식품을 넘어 맞춤형 영양식품 및 기능성 식품으로까지 확장될 가능성이 크며, 지속 가능한 미래 식품 모델로 자리 잡을 것이다.

d. 맞춤형 영양 설계 및 개인화된 대체육 생산

3D 프린팅 기술은 개별 소비자의 건강 상태나 영양 요구에 맞춰 맞춤형 영양소 조절이 가능하다는 점에서 기존 식품 가공 방식과 차별성을 가진다. 이를 통해 기존 식품 가공 방식으로는 구현하기 어려운 개별 맞춤형 대체육 생산이 가능하며, 기능성 식품과의 융합도 이루어질 수 있다.

3D 프린팅을 활용한 맞춤형 영양 설계는 단백질, 지방, 무기질 등의 성분을 정량적으로 배합하여, 개개인의 건강 요구에 맞춘 대체육을 생산하는 방식으로 이루어진다. 예를 들어, ω-3 지방산이 강화된 대체육을 개발하거나, 특정 영양소가 결핍된 소비자(예: 철분 부족, 단백질 보강이 필요한 노인층)를 위한 맞춤형 보강 제품을 생산할 수 있다.

이와 더불어, 체질별 단백질 소비량을 고려하여 고단백 대체육 또는 저지방 대체육을 맞춤 생산할 수 있으며, 이는 스포츠 영양식품 및 의료 영양식품으로도 확장될 가능성이 크다. 예를 들어, 운동 선수들이 선호하는 고단백 대체육을 개발하거나, 소화가 용이한 연식(soft food) 형태의 대체육을 제작하여 노인 및 환자 맞춤형 식단으로 활용하는 것이 가능하다.

결과적으로, 3D 프린팅 기술을 활용한 대체육 제조는 단순한 육류 모사가 아니라, 개인 맞춤형 식품 및 기능성 식품으로의 확장 가능성을 지닌다. 이 기술은 소비자의 건강 요구와 영양 균형을 고려한 맞춤형 대체육 개발을 가능하게 하며, 이를 통해 보다 폭넓은 소비층을 확보할 수 있다. 산업적 확장을 위해서는 바이오잉크의 최적화, 조직 강화 후처리 기술 개발, 프린팅 방식의 개선이 필수적이며, 향후 연구를 통해 이러한 기술적 과제가 해결된다면, 3D 프린팅 대체육은 지속 가능한 미래 식품 모델로 자리 잡을 것으로 기대된다.

2. 식품 콜로이드와 식물성 대체육

1) 식품 콜로이드의 개념과 역할

식품 콜로이드는 식품 내에서 미세한 입자가 분산된 상태로 존재하는 시스템을 의미하며, 유화(emulsion), 겔(gel), 거품(foam), 졸(sol) 등의 형태로 존재할 수 있다. 콜로이드 시스템은 물리·화학적 특성에 따라 식품의 구조적 안정성, 점성, 텍스처 및 감각적 속성을 결정하는 중요한 요소이다. 특히, 단백질과 다당류 기반의 식품 콜로이드 시스템은 식품 가공 및 기능성 물질 전달 시스템에서 핵심적인 역할을 한다. 콜로이드 시스템의 가장 큰 특징은 분산된 입자가 용액에서 완전히 용해되지 않고, 일정한 크기의 입자로 유지되며 분산 매질(continuous phase)과 분산상(dispersed phase)이 구분된다는 점이다. 예를 들어, 우유는 지방이 수분 내에서 콜로이드 형태로 분산된 대표적인 유화 시스템이며, 휘핑크림은 기체가 액체 나에서 분산된 폼 시스템이다. 대체육 개발에서 식품 콜로이드 시스템은 단백질과 다당류의 상호작용을 통해 섬유질 조직 및 지방 분포를 조절하는 데 중요한 역할을 한다. 특히, 다양한 고분자 성분의 상호작용을 통해 육류 조직과 유사한 구조를 형성할 수 있으며, 이를 통해 육류의 씹는 질감과 유사한 텍스처를 구현할 수 있다.

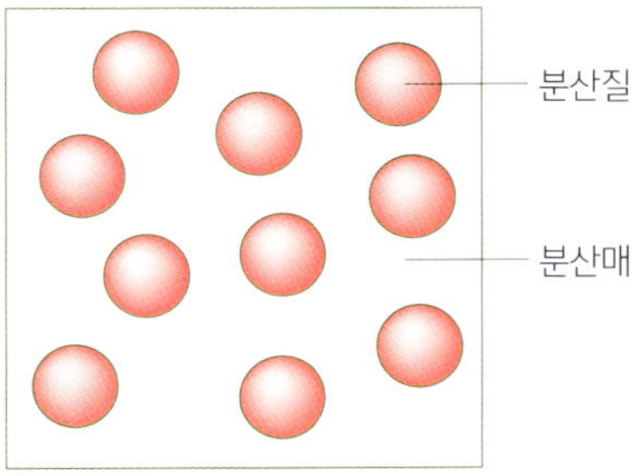

그림 3-11 **콜로이드 시스템**

표 3-4 콜로이드계의 유형

분산 매질	분산상	이름	예
기체	액체	에어로졸	안개
	고체	에어로졸	연기
액체	기체	거품	휘핑크림
	액체	에멀전	마요네즈
	고체	졸	마그네시아유
고체	기체	거품	플라스틱 거품
	액체	겔	젤리, 버터
	고체	고체 겔	합금, 강철

식품 콜로이드는 그 특성에 따라 여러 가지 종류로 나눌 수 있다. 각 콜로이드는 고유한 물리화학적 특성을 가지며, 이 특성들은 대체육과 같은 복합 식품 구조물의 물리적, 감각적 특성에 중요한 영향을 미친다.

첫 번째, 콜로이드는 상태에 따라 졸(sol), 겔(gel), 팽윤(swelling)으로 나눌 수 있다. 졸은 분산매가 액체이고 분산질이 고체이거나 다른 액체의 콜로이드 입자가 분산되어 흐를 수 있는 유동성을 지닌 것을 의미하며 친수성 졸, 소수성 졸로 구분되기도 한다. 예를 들어, 전분액, 우유, 수프, 된장국, 한천가루에 물을 가한 것 등이 포함된다. 그 다음으로 겔(Gel)은 한천가루나 겔라틴 등을 온수에 녹인 후, 냉각시키면 굳어져 일정한 모양을 지니게 되는데, 이와 같이 유동성을 잃은 상태를 말한다. 다량질의 분산질 입자 사이에 비교적 소량의 분산매가 있어, 분산질 입자가 서로 접촉해 전체적으로 유동성을 잃은 상태이다. 예를 들어, 한천 젤리, 겔라틴 젤리, 묵, 어묵, 두부, 치즈 등이 포함된다. 겔은 가역성 겔(펙틴, 겔라틴 겔, 한천 겔 등)과 비가역성 겔(묵, 어묵, 삶은 달걀 등)으로 나눌 수 있다. 또한 겔은 시간 방치 시 내부의 망상구조가 수축되어 액체 일부가 분리되어 물이 흘러나오는 현상인 이액현상(syneresis)이 발생하기도 한다. 다음으로, 팽윤은 물질이 용매를 흡수하여 부푸는 현상으로, 예를 들어 겔라틴이나 전분을 물에 담글 시 일어나는 상태이다.

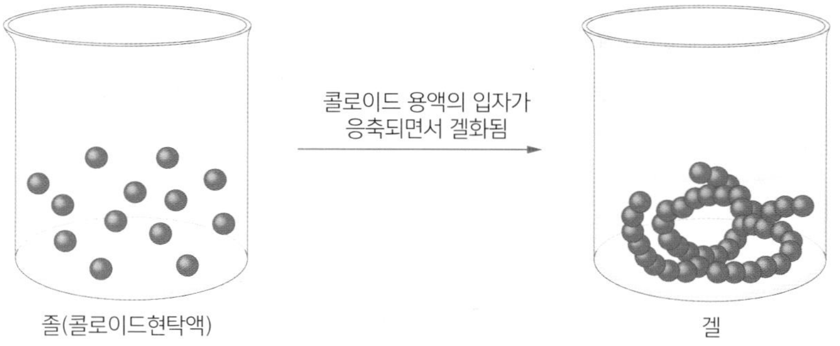

그림 3-12 **졸-겔 전환 메커니즘**

2) 식품 콜로이드 시스템과 식물성 대체육 구조 형성

최근 20년간 식품 콜로이드 연구는 기능성 성분의 전달 시스템(delivery system) 개발에 집중되어 왔지만, 대체육 및 첨단 식품의 구조체 설계로 연구가 확장되고 있다. 이는 식물성 원료를 활용하여 육류와 유사한 텍스처를 구현하기 위해 콜로이드 과학이 필수적인 역할을 하기 때문이다. 특히, 단백질 및 다당류 기반의 콜로이드 시스템을 활용한 대체육의 구조 형성 기술은 대체육 제조에 있어서 핵심적인 역할을 하며, 그 외에도 유화 기반 지방 마블링 구현 기술, 조직감 제어를 위한 가공 기술이 있다.

대체육의 육질감을 재현하기 위해 단백질-다당류 복합체를 이용한 섬유화(fibrillation) 연구가 활발히 진행되고 있다. 단백질과 다당류의 상호작용을 활용하여 네트워크를 형성하는 겔화 공정을 적용하면, 실제 육류 조직과 유사한 결을 모사할 수 있다. 특히, 단백질의 열적 변성 및 기계적 가공을 통해 단백질 사슬이 정렬되도록 유도하면, 근섬유 구조와 유사한 섬유 조직이 형성될 수 있다. 이러한 구조 형성 기술은 대두 단백질, 밀 글루텐, 완두 단백질 등의 식물성 단백질과 카라기난, 겔란검, 한천과 같은 다당류를 결합하여 적용될 수 있다. 이 과정에서 다당류는 단백질 간 가교 결합을 촉진하여 대체육의 씹는 질감을 강화하는 역할을 한다.

대체육 제품의 육즙감과 풍미를 개선하기 위해, 유화 시스템을 활용한 지방 마블링 기술이 연구되고 있다. 특히, 단백질과 지방 대체물을 결합하여 안정적인 다중 에멀전(multiple emulsion) 구조를 형성하는 방식이 주목받고 있다. 유화제를 활용한 일반적인 에멀전과 달리, pickering 에멀전(pickering emulsion) 방식은 고형 입자(예: 단백질 나노입자 또는 다당류 미셀)를 계면활성제로 활용하여 안정적인 유화 구조를 형성한다. 이를 통해 지방이 균일하게 분포된 대체육을 구현할 수 있으며, 기존의 단순한 지방 첨가 방식보다 더욱 정교한 마블링 구조를 형성할 수 있다. 또한, 대체육의 지방 마블링 구현을 위해 최근 올레오겔(oleogel) 기술이 활발히 연구되고 있다. 올레오겔은 액체 지방을 겔 구조로 변환하여 고체 지방과 유사한 물성을 부여하는 기술로, 기존의 포화 지방을 대체하면서도 육류의 지방 조직과 유사한 식감을 제공할 수 있다. 올레오겔 형성을 위해서는 특정 구조 형성제(gelator)가 필요하며, 고분자 겔화제(polymeric gelators), 저분자 겔화제(low molecular weight gelators), 입자 기반 네트워크(particle-based networks) 등이 활용된다. 대표적으로 카로티노이드(carotenoids), 스테롤(sterols), 왁스(waxes), 다당류(polysaccharides) 등이 올레오겔의 구조 형성제로 사용될 수 있다. 올레오겔을 활용하면 기존의 포화 지방 함량을 줄이면서도 육즙 보유력과 씹는 질감을 개선할 수 있어, 보다 건강한 대체육 개발이 가능하다. 대체지방 연구에 대해서는 다음 섹션에서 더 구체적으로 살펴보도록 한다.

대체육의 씹는 질감과 탄성을 최적화하기 위해서는 단백질 및 다당류의 유변학적 특성을 정밀하게 조절하는 것이 중요하다. 단백질의 응집과 가교 결합을 조절함으로써 조직감을 미세하게 조정할 수 있으며, 이 과정에서 다양한 가공 기술이 활용된다. 예를 들어, 고압 균질화(high-pressure homogenization, HPH) 기술은 단백질과 다당류를 높은 압력에서 균질화하여 미세한 단백질 네트워크를 형성하도록 유도한다. 이를 통해, 단백질이 더 균일하게 분포되며, 근섬유 조직과 유사한 물성을 가지도록 조정할 수 있다. 또한, 초음파 처리(ultrasonication) 기술을 적용하면, 단백질과 다당류 간의 물리적 결합력을 증가시키고, 조직 내 미세 기포를 제거하여 보다 균질한 텍스처를 구현할 수 있다. 특히, 유동학적 특성이 중요한 3D 프린팅 대체육의 경우, 프린팅 잉크의 점탄성(viscoelasticity)을 최적화하는 것이 필수적이다. 단백질-다당류 네트워크를 조정하여 노즐에서의 압출 거동(extrusion behavior)과 프린팅 후의 구조 안정성(shape fidelity)을 유지하는 연구가 진행되고 있다. 그 외에도, 열겔화 공정 기술도 연구되고 있는데, 이는 열에 의해 겔화제가 활성화되어 구조를 형성하는 방식으로, 대두 단백질이나 커들란과 같은 재료가 열에 의해 겔화되는 과정을 통해 육질을 모사한다. 이는 대체육에서 '육류 같은' 질감을 구현하는 데 필수적인 역할을 한다.

식품 콜로이드 시스템을 기반으로 한 대체육 조직화 기술은 기존의 물리적 가공 방식보다 정교한 구조 형성이 가능하며, 단백질과 다당류의 상호작용을 활용한 조직 조절을 통해 실제 육류와 유사한 텍스처를 구현할 수 있다. 단백질 네트워크 기반 섬유 구조 형성, 유화를 활용한 지방 마블링 구현, 그리고 조직감 제어를 위한 가공기술은 대체육의 품질을 향상시키는 핵심 기술로 자리 잡고 있으며, 향후 연구에서는 더욱 정밀한 공정 최적화 및 신소재 개발이 필요할 것이다.

표 3-5 조직감 제어를 위한 가공 기술

기술	설명	주요 응용 분야	장점	도전 과제
고압 균질화 (High-Pressure Homogenization)	콜로이드 입자를 균일하게 분산시켜 에멀전과 대체육 제품의 텍스처를 향상시킴	에멀전, 소스, 마리네이드, 대체육의 텍스처 개선	균일성 및 안정성을 향상시키며 텍스처를 개선함	특정 장비가 필요하며, 민감한 재료에 영향을 줄 수 있음
열겔화 (Thermogelation)	겔화제를 열로 활성화시켜 단백질이나 기타 재료를 고체화하여 육질을 모사함	식물 기반 또는 배양육 제품에서의 육질 모사	현실적인 텍스처를 구현하며, 열처리된 제품에 필수적임	정확한 온도 조절이 필요하며, 재료 유연성이 제한될 수 있음
전단 응집 (Shear Aggregation)	단백질 또는 다당류 기반 콜로이드를 전단력을 가하여 섬유상 또는 덩어리 형태의 구조를 형성함	대체육에서 근육 섬유와 같은 구조를 재현하는 데 필수적	현실적인 섬유질 텍스처를 구현하며, 다양한 단백질에 적용 가능함	전단력의 정확한 제어가 필요하며, 최적화가 복잡할 수 있음
3D 프린팅 (3D Printing)	콜로이드 기반 바이오 잉크를 사용해 대체육을 층층이 쌓아 원하는 형태를 만듦	대체육의 정밀한 형상 및 텍스처 구현, 맞춤형 제품에 적합	세밀한 텍스처 재현이 가능하며, 다양한 디자인과 제품에 적용 가능함	비용이 높으며, 기술이 아직 개발 중이고 전문 장비가 필요함

3. 대체지방

대체지방 연구의 첫 단계는 목표 지방의 특성을 명확히 정의하는 것이다. 목표 지방의 종류는 육류의 종류, 부위 등 매우 다양하며, 목표 지방의 범위는 육류 조직뿐만 아니라 버터, 라드(lard) 등 다양한 제형과 특성을 포함할 수 있다. 식품 콜로이드 기반 대체지방을 논하기에 앞서서 모사하고자 하는 동물(육류) 지방에 대해서 살펴보고자 한다.

1) 동물 지방 조직

대체지방 관점에서 동물 지방을 살펴보면, 지방의 구조 및 특성을 이해하는 것이 매우 중요하다. 일반적으로 동물 지방 조직은 지방세포(adipocytes)와 이를 둘러싼 세포외 기질(extracellular matrix, ECM), 그리고 혈관(vasculature), 면역세포(macrophages, mononuclear cells), 섬유아세포(fibroblasts) 등으로 구성되어 있다.

지방세포는 중성지방을 저장하며, 필요에 따라 에너지를 방출하는 대사적 기능을 수행한다. 이 과정에서 호르몬(예: 렙틴, 아디포넥틴)을 분비하여 신체 에너지 항상성을 조절하는 역할도 한다. 지방세포는 크게 두 가지 형태로 구분할 수 있다. 첫째, 백색 지방세포(white adipocytes, WAT)이다. 이는 에너지를 장기간 저장하는 역할을 하며, 큰 단일 지방구(droplet)를 포함하고 있다. 둘째, 갈색 지방세포(brown adipocytes, BAT)이다. 이는 미토콘드리아가 풍부하며, 열 생성(thermogenesis)을 위한 역할을 한다. 즉, 백색 지방 조직은 주로 에너지를 저장하는 반면, 갈색 지방 조직은 체온 유지에 중요한 역할을 한다.

ECM은 단순한 구조적 지지체 이상의 역할을 하며, 지방세포와의 상호작용을 통해 조직의 기계적 특성과 대사적 기능을 조절한다. ECM은 주로 콜라겐(collagen), 프로테오글리칸(proteoglycans), 다당류(polysaccharides) 등으로 이루어진 복잡한 구조를 형성한다. ECM은 크게 두 가지 주요 구조로 구분된다. 첫 번째는 콜라겐 I 기반의 Interlobular septa로, 이는 지방 조직 내에서 개방형 3D 네트워크를 형성하며, 수 밀리미터 길이의 구조로 지방세포 간 지지대를 형성한다. 개별 콜라겐 섬유의 직경은 10 nm 수준이며, 섬유들이 모여 최대 30 ㎛ 크기의 결합 구조를 이룬다. 두 번째는 콜라겐 IV 기반의 세포막(membrane)으로, 이는 각 지방세포를 감싸는 메시(mesh) 형태의 구조를 이루며, 조직을 보다 안정적인 폐쇄형 셀 폼(closed-cell foam)으로 유지하는 역할을 한다.

대체지방을 효과적으로 설계하기 위해서는 (1) 지방세포의 형태와 크기 조절, (2) ECM과 유사한 지지 구조 형성, (3) 온도 변화에 따른 지방의 물성 변화를 고려해야 한다. 특히, 육류 지방 조직의 특징을 모사하기 위해 콜라겐 네트워크와 지방세포 간의 기계적 상호작용을 정밀하게 재현하는 것이 핵심이다.

(1) 소 지방 조직의 특성

소의 지방 조직(beef adipose tissue)은 크고 다면체(polyhedral) 형태의 지방세포로 이루어져 있으며, 각 지방세포는 단백질이 풍부한 얇은 층(protein-rich lamellar layers)으로 감싸져 있다. 이러한 구조적 특징은 지방 조직의 물성을 결정하는 중요한 요소로 작용한다.

소 지방 조직의 주요 구성 성분을 살펴보면, 약 90%가 지방, 1%가 단백질, 6%가 수분으로 이루어져 있으며, 지방세포의 크기는 평균 100 ㎛ 정도이다. 물리적 특성으로는 불투명한 흰색의 부드러운 고체 형태를 가지며, 이는 세포 내부의 지방 결정과 액체 오일이 콜라겐 기반 단백질 네트워크(protein matrix)와 결합하여 조직의 안정성을 유지하기 때문이다.

소 지방은 부위별로 지방 함량과 조직 특성이 다르게 나타나며, 이는 육류의 식감과 용융 특성에도 영향을 미친다. 등심(loin)과 갈비(rib) 부위는 상대적으로 부드러운 조직을 가지며, 지방 함량이 높고 불포화지방산 비율이 높아 낮은 온도에서도 비교적 부드러운 질감을 유지한다. 반면, 우둔(round)이나 설도(sirloin) 부위는 상대적으로 지방 함량이 낮고, 결합조직(connective tissue)이 발달하여 조직이 단단한 특성을 보인다. 또한, 내장지방(visceral fat)과 등지방(subcutaneous fat)은 포화지방산 함량이 높아 용융점이 상대적으로 높으며, 더 단단한 조직감을 형성한다. 이러한 부위별 특성은 소 지방을 대체하는 연구에서 특정 조직을 모사할 때 반드시 고려해야 하는 요소이다. 특히, 용융점과 조직감을 적절히 조절하여 특정 부위의 소 지방과 유사한 물성을 갖는 대체지방을 개발하는 것이 중요하다.

표 3-6 소 지방 영양성분

영양성분	함량 비율(%)
수분	6.0 ± 0.8
조단백	1.3 ± 0.2
조지방	90.3 ± 0.8
트렌스 지방	5.3 ± 2.1
포화지방	47.8 ± 0.4
시스형 단쇄지방	41.7 ± 2.1
시스형 장쇄지방	3.3 ± 0.4

소 지방 조직의 열적 특성을 분석하면, 특정 온도에서 지방의 물성이 점진적으로 변화하는 것을 확인할 수 있다. 35℃에서는 지방세포 내부의 일부 지방이 녹기 시작하며, 45~50℃에서는 일부 고체 지방이 유지되지만 점차 액화된다. 그러나 50℃ 이상에서는 지방이 완전히 액화되면서 세포 구조가 약화되지만, 세포 네트워크는 어느 정도 유지되는 경향을 보인다. 이러한 특성은 소 지방 조직이 일반적인 벌크 지방(bulk fat)과 달리 열처리 후에도 조직 구조가 완전히 붕괴되지 않고, 내부 네트워크가 지방 방출을 조절하는 역할을 한다는 것을 의미한다. 냉각 과정에서는 조직 외부로 방출된 지방이 먼저

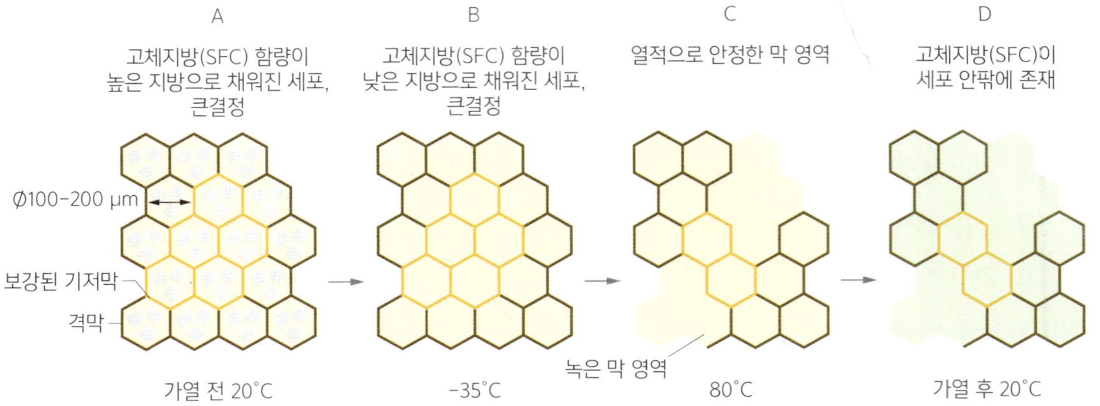

그림 3-13 **소 지방 조직의 열적 특성 메커니즘**

결정화(crystallization)된 후, 세포 내부의 지방이 응고되는 과정을 거친다. 이때, 내부와 외부의 지방 결정화 속도와 형태는 큰 차이를 보이지 않으며, 세포 네트워크가 일정 부분 유지되는 특성이 나타난다.

이러한 소 지방 조직의 물리적 및 열적 특성을 고려할 때, 대체지방을 설계할 때 몇 가지 필수적인 요소를 반영해야 한다. 먼저, 열적 안정성을 확보하기 위해 특정 온도에서도 구조를 유지할 수 있는 고체-액체 복합 시스템이 필요하다. 이는 소 지방 조직이 높은 온도에서도 세포 네트워크를 유지하는 특성과 유사한 구조적 안정성을 확보하기 위한 것이다. 또한, 세포 네트워크(cellular network) 모사를 위해 지방-단백질 상호작용을 고려한 네트워크를 구축해야 한다. 이를 위해 식물성 단백질 및 다당류 기반의 구조적 지지체를 활용하여 지방 방출을 조절하고 조직 안정성을 높일 필요가 있다. 마지막으로, 콜라겐 유사 구조를 포함하여 세포 내부의 지방이 쉽게 유출되지 않도록 설계해야 한다. 이러한 요소들을 반영함으로써, 소 지방 조직의 구조적, 열적 특성을 효과적으로 모사하는 대체지방을 개발할 수 있을 것이다.

(2) 돼지 지방 조직의 특성

돼지 지방 조직(pork adipose tissue)은 부위에 따라 지방 함량과 지방산 조성에서 차이를 보이며, 일반적으로 지방세포와 결합조직으로 구성된다. 돼지 지방은 소 지방과 비교했을 때 불포화 지방산 함량이 높은 특성상 더 낮은 온도에서 용융된다. 또한, 지방

세포는 소엽(lobules) 형태로 배열되며, 전체 지방 조직의 약 95%를 차지하고 나머지 5%는 비지방 세포(non-fat cells)와 결합조직으로 구성된다. 돼지 지방 조직 내 지방 함량은 부위에 따라 차이가 있으며, 삼겹살(pork belly)이 가장 높은 지방 함량을 가지는 반면, 안심(tenderloin)은 지방 함량이 상대적으로 낮다. 이러한 부위별 차이는 지방 조직의 질감과 용융 특성에 영향을 미치며, 이를 모사한 대체지방을 설계할 때 중요한 기준이 된다.

돼지 지방의 열적 특성을 분석하면, 온도 변화에 따라 물성이 크게 변하는 특징을 보인다. 25~50℃ 사이에서 지방 조직이 점진적으로 용융되며, 불포화 지방산 함량이 높을수록 용융점이 낮아지고, 포화 지방산 함량이 높을수록 조직이 단단한 특성을 나타낸다. 특히, 불포화 지방산이 높은 삼겹살과 같은 부위는 상대적으로 낮은 온도에서도 부드러운 조직감을 유지하며, 이는 돼지 지방 조직의 유화성(emulsification property) 및 가공 적합성에 영향을 미친다. 반면, 등지방(back fat)과 같은 부위는 포화 지방산 비율이 높아 용융점이 상대적으로 높고, 보다 단단한 조직감을 형성한다. 이러한 특징은 대체지방 연구에서 지방산 조성을 조절하여 물성 변화를 최적화할 필요가 있음을 시사한다.

대체지방을 설계할 때는 돼지 지방과 유사한 물성을 구현하기 위해 여러 요소를 고려해야 한다. 첫째, 온도에 따른 물성 변화를 조절해야 하며, 이를 위해 지방산 조성과 결합조직 네트워크를 균형 있게 설계하는 것이 필수적이다. 둘째, 부드러운 조직감을 구현하기 위해 불포화 지방산을 활용하면서도, 구조적 안정성을 유지할 수 있도록 지지체를 적절히 조합해야 한다. 마지막으로, 결합조직 네트워크를 모사하는 전략이 필요하며, 이를 위해 다당류 기반의 구조적 지지체(scaffold)를 활용하여 지방의 분포와 결합조직의 특성을 재현하는 접근이 효과적일 수 있다.

이러한 돼지 지방의 특성은 소 지방과 비교했을 때 몇 가지 중요한 차이를 보인다. 소 지방은 콜라겐 네트워크가 발달하여 열적 안정성이 높은 반면, 돼지 지방은 불포화 지방산 함량이 높아 보다 부드럽고 용융점이 낮은 특성을 가진다. 따라서, 대체지방을 개발할 때 이 두 지방의 특성을 적절히 결합하여 특정 식품에 적합한 물성과 기능을 조절하는 것이 핵심 전략이 될 것이다.

(3) 지방 조직의 온도 의존적 구조-기능 관계

지방 조직의 구조와 기능은 온도 변화에 따라 크게 달라지며, 이는 ECM과 지방세포 간의 상호작용에 의해 조절된다. 지방 조직은 상온에서는 탄성 고체(elastic solid)처럼 거동하지만, 특정 온도 이상에서는 점성 흐름(viscous flow)으로 전환되며 조직 안정성이 변한다. 특히, 지방세포는 실온에서 조직의 기계적 특성을 결정하는 주요 요소이며, 크기, 공간적 분포, 상 연속성(phase continuity)에 따라 조직의 질감과 유동성이 조절된다.

온도가 상승하면 지방 조직의 구조적 변화가 단계적으로 발생한다. 35~50℃ 범위에서는 지방세포 내부 지방이 부분적으로 용융되며, ECM의 구조적 지지력이 일부 유지된다. 그러나 50℃ 이상에서는 지방세포의 구조적 무결성이 약화되면서 조직이 점진적으로 유동성을 띠고, 80℃ 이상에서는 ECM이 조직 강성을 유지하는 주요 역할을 하게 된다. 냉각 시 지방이 재결정화되며, 내부와 외부 지방의 응고 속도 차이에 따라 미세 구조가 달라진다.

ECM은 지방 조직의 변형 거동을 조절하는 핵심 요소로 작용하며, 온도 상승 시 지방세포와 ECM 간 결합이 약화되지만, ECM의 네트워크는 고온에서도 부분적으로 유지된다. 특히, 지방세포가 클러스터(cluster) 형태로 존재하는 경우 조직의 응집성이 증가하여 변형에 대한 저항성이 높아진다. 이러한 특성은 대체지방 설계 시, 온도 변화에 따른 구조적 안정성을 확보하기 위해 다당류 기반 네트워크를 활용하는 전략이 필요함을 시사한다.

결론적으로, 동물 대체지방을 모사하기 위해서는 육류 지방 조직의 온도에 따른 구조 변화를 명확히 이해하는 것이 중요하다. 동물 지방 구조의 온도 의존적 구조-기능 관계는 ECM과 지방세포의 상호작용에 의해 결정되며, 온도 변화에 따라 조직의 강성과 응집성이 달라진다. 따라서, 이를 반영하여 대체지방을 설계할 때는 실온에서 적절한 기계적 거동을 유지하면서도, 가열 시 안정적인 유동성을 확보할 수 있도록 네트워크 구조를 조절하는 전략이 필요하다. 이러한 전략을 통해 동물 지방의 조직적 특징을 효과적으로 모사할 수 있다.

2) 식물성 오일 구조화를 통한 대체지방 개발

식물성 오일을 구조화하여 포화지방산 함량을 낮추면서도 단일불포화지방산과 다중불포화지방산의 영양적 이점을 유지하고, 동시에 동물성 지방과 유사한 반고체(semi-solid) 특성을 구현하는 것이 대체지방 개발의 핵심이다. 이러한 구조화된 오일(structured oil) 시스템은 가공육과 같은 고지방 식품에서 동물성 지방을 대체할 수 있는 혁신적인 기술로 주목받고 있다.

비전통적인 오일 구조화 기술에는 유기겔화(organogelation), 오일 벌킹 시스템(oil bulking system), 구조화 유화(structured emulsion) 등이 포함된다.

① 유기겔화(Organogelation)는 저분자 겔화제(gelling agents)를 이용해 식물성 오일을 겔 형태로 전환하는 방식으로, 점성과 유지력을 높이는 데 유리하다.

② 오일 벌킹 시스템(Oil Bulking System)은 유화제나 안정제를 사용하지 않고, 하이드로겔(hydrogel) 내에 오일 방울을 캡슐화하여 지방 대체 효과를 구현하는 방식이다.

③ 구조화 유화(Structured Emulsion)는 유기겔과 하이드로겔을 결합하여 오일 방울을 안정적으로 유지하는 방법으로, 가공육뿐만 아니라 다양한 식품에서 활용될 수 있다.

이러한 기술들은 각각의 방식으로 동물 지방의 기능을 모사하며, 물성 조절과 장기적 안정성을 확보하는 것이 대체지방 개발의 중요한 과제로 남아 있다. 특히, 대체지방이 단순한 고체 지방 대체 역할뿐만 아니라 유화 안정성, 풍미 유지, 조직감 개선 등의 기능을 수행해야 하므로, 최적화된 구조화 기술의 적용이 필수적이다.

따라서, 식물성 오일 구조화를 활용한 대체지방 개발에서는 물성과 영양적 특성을 조절하는 동시에, 가열 및 가공 과정에서도 안정적인 기능을 유지할 수 있는 기술적 전략이 필요하다. 이를 통해 가공육뿐만 아니라 베이커리 제품, 유제품 대체식품 등 다양한 식품 분야에서도 동물 지방을 효과적으로 대체할 수 있을 것이다.

(1) 하이드로겔

식물성 지방 대체제는 오일 포함 여부에 따라 두 가지 방식으로 나뉘며, 하이드로겔 방식은 오일 없이도 지방의 물성을 모사할 수 있도록 설계된다. 하이드로겔은 삼차원 네트워크(3D network) 구조를 형성하며, 수분을 포함한 삼차원 구조 내에서 탄성(elasticity)과 점성(viscosity)을 조절할 수 있다. 이러한 네트워크는 지방 방울과 유사한 구조적 지지력을 제공하며, 온도 변화에 따라 물성이 조절될 수 있도록 설계된다. 또한, 하이드로겔의 네트워크 밀도(network density)는 점도, 탄성, 응집성 등에 직접적인 영향을 미치며, 이 요소들은 다당류의 분자량과 가교 결합 정도에 따라 조절될 수 있다.

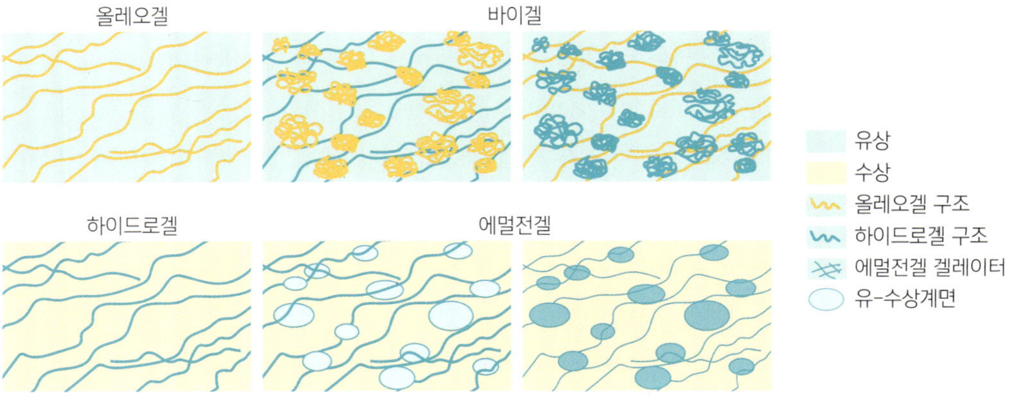

그림 3-14 **지방 구조화 시스템(올레오겔, 바이겔, 하이드로겔, 에멀전 겔)의 모식도**

하이드로겔은 육류 대체식품뿐만 아니라, 베이커리 제품(예: 저지방 크림), 유제품 대체품(예: 식물성 요구르트), 스프레드 및 드레싱과 같은 다양한 식품에서 활용 가능하다. 그러나 비극성(non-polar) 향미 성분의 용해 및 방출 기능이 부족하고, 기계적 강도가 낮아 일부 식품에서는 한계를 가질 수 있다. 향미 전달력을 개선하기 위해 지질 기반 미셀(lipid-based micelle) 시스템 또는 복합 에멀전(double emulsion) 기법이 연구되고 있으며, 이를 통해 비극성 향미 성분의 유지와 방출 속도를 조절할 수 있다. 그 외에도, 하이드로겔은 온도에 따라 점탄성이 변하며, 특정 가열 온도(예: 50~70℃)에서는 네트워크가 느슨해져 점성이 낮아지고, 냉각 시 재형성될 수 있다. 이를 조절하기 위해 열가소성 겔(thermoplastic gel)이나 온도 감응성 폴리머(thermo-responsive polymer)가 연구되고 있다.

① 대체지방 개발을 위한 다당류 및 단백질의 상호작용

대체지방 설계를 위해서는 다당류와 단백질 간의 상호작용을 이해하고 조절하는 것이 필수적이다. 다당류와 단백질 간 공유 결합은 마이야르 반응(Maillard reaction) 및 카보디이미드 매개 결합 반응(carbodiimide-mediated coupling reaction)을 통해 형성될 수 있으며, 이러한 화학적 결합은 식품의 조직감과 안정성에 직접적인 영향을 미친다.

특히, 다당류와 단백질의 결합은 수소 결합, 정전기적 상호작용, 소수성 상호작용 등을 통해 네트워크를 형성하며, 이를 활용하여 유화 안정성(emulsion stability), 점도(viscosity), 질감(texture)을 조절할 수 있다. 이러한 네트워크는 육류 대체식품(저지방 소시지, 저지방 패티)뿐만 아니라, 베이커리 제품(저지방 크림, 식물성 마가린), 유제품 대체식품(식물성 요거트, 치즈)에서도 응용될 수 있다.

다당류-단백질 네트워크의 형성과 안정성은 pH, 이온 농도, 가열 온도 등에 의해 조절될 수 있으며, 이러한 요인을 최적화함으로써 대체지방의 기능적 특성을 극대화할 수 있다. 예를 들어, 정전기적 상호작용이 중요한 경우, 특정 pH 범위에서 최적의 유화 안정성을 유지하도록 설계할 수 있으며, 염 첨가를 통해 응집도를 조절하여 점도와 조직감을 조정할 수 있다. 또한, 다당류-단백질 네트워크의 최적화는 단백질의 등전점(isoelectric point, pI)과 관련이 있으며, 예를 들어 pH 4~5 범위에서는 단백질 응집이 증가하여 유화 안정성이 저하될 수 있다. 이를 방지하기 위해 CMC(카복시메틸셀룰로스) 또는 알긴산과 같은 음이온성 다당류를 활용하여 단백질의 안정성을 강화할 수 있다.

마지막으로, 다당류-단백질 결합의 가공 안정성도 중요한 고려 요소이다. 마이야르 반응을 통한 결합은 고온에서 촉진되지만, 과도한 가열 시 갈변 반응이 발생할 수 있어 가공 특성을 고려한 조절이 필요하다. 이를 통해, 온도 변화에 따른 지방 대체제의 안정성을 유지하면서도 전지방(full-fat) 식품과 유사한 품질 특성을 구현할 수 있다.

(2) 에멀전 겔

에멀전 겔은 겔과 같은 네트워크 구조를 가지면서도 고체와 유사한 질감을 제공하는 에멀전 시스템으로 정의된다. 일반적으로 O/W(oil-in-water), W/O(water-in-oil), W/O/W(water-in-oil-in-water), O/W/O(oil-in-water-in-oil) 등 다양한 형태의 다중 에멀전 구조를 가질 수 있다. 에멀전 겔은 지방구가 매트릭스 내에서 작용하는 방식에 따라 크게 지방구(droplet)가 채워진 젤(drop-filled gel)과 응집된 젤(aggregated gel)로 구분된다. 특히, 에멀전 충전 겔(emulsion-filled gel)은 에멀전 지방구가 포함된 겔 매트릭스를 가지며, 그 유동학적 특성은 주로 연속 매트릭스의 조성에 의해 결정된다.

에멀전 겔 내에서 지방구는 겔 네트워크에 영향을 미치는 정도에 따라 활성 필러(active filler) 또는 비활성 필러(inactive filler)로 분류될 수 있다. 활성 필러는 겔 네트워크와 결합하여 전체 구조의 강도를 증가시키는 역할을 하는 반면, 비활성 필러는 겔 매트릭스와의 상호작용이 거의 없거나 제한적이어서 강도 증가에 기여하지 않는다. 대체지방 연구에서 에멀전 겔은 동물성 지방의 크리미한 질감을 모사하면서도, 열적 안정성을 확보할 수 있는 방식으로 설계된다. 특히, 지방구의 활성 필러 또는 비활성 필러로서의 역할에 따라 최종 제품의 조직감이 달라질 수 있다. 예를 들어, 활성 필러 역할을 하는 지방구는 단단한 식감(hardness)과 탄성을 증가시키며, 비활성 필러가 많을 경우 보다 부드럽고 퍼지는 질감이 구현될 수 있다.

① 에멀전 겔의 안정성과 유화제의 역할

에멀전 겔의 안정성을 유지하기 위해 단백질, 친수성 다당류(hydrophilic polysaccharides), 단백질-다당류 복합체(protein-polysaccharide complexes), 저분자 계면활성제(low molecular weight surfactants)와 같은 다양한 유화제가 사용된다. 이들은 분산상의 표면에 보호 계면층(protective interfacial layer)을 형성하여 중력 분리(gravitational separation), 합체(coalescence), 크리밍(creaming), 오스트발트 숙성(Ostwald ripening) 등의 불안정화 메커니즘으로부터 에멀전 지방구를 보호하는 역할을 한다.

또한, 겔화제 또는 증점제를 에멀전에 첨가하면 더욱 견고한 에멀전 겔이 형성될 수 있다. 이러한 유화제로서 단백질과 다당류는 점도를 증가시키고, 지방구 간 접촉률을 감소시키며, 에멀전의 안정성을 유지하는 기능을 수행한다.

또한, 에멀전 겔의 점탄성은 오일 함량, 유화제의 농도, 겔화제의 네트워크 형성 능력에 따라 조절될 수 있다. 예를 들어, 높은 오일 함량을 가진 에멀전 겔은 탄성이 증가하는 반면, 유화제 농도가 너무 높으면 항복응력이 감소할 수 있다. 그 외에도, 에멀전 겔은 특정 온도(예: 50~80℃)에서 네트워크 강도가 변할 수 있으며, 고온에서는 물방울의 응집이 증가하여 조직감이 약화될 수 있다. 이를 방지하기 위해 온도 감응성 폴리머 또는 열안정성 단백질이 사용될 수 있다. 대체지방으로서의 에멀전 겔은 가열 과정에서 구조를 유지해야 하며, 이를 위해 단백질-다당류 네트워크의 가교 결합 강화가 필요하다. 예를 들어, 열안정성 단백질 또는 다당류 기반의 강화제를 첨가하여 겔 강도를 높일 수 있다.

② 단백질과 다당류의 역할 및 상호작용

대체지방 연구에서 단백질-다당류 복합체는 동물성 지방의 크리미한 질감을 모사하는 데 중요한 역할을 한다. 단백질 응집체는 점탄성 향상에 기여하고, 다당류의 겔화 특성은 지방 유동성 조절에 관여한다. 이러한 상호작용을 최적화하면 고체 지방과 유사한 물성을 구현할 수 있다.

단백질은 친수성 및 소수성 잔류물과 표면 활성을 활용하여 오일-물 계면에서 계면 장력을 감소시켜 에멀전의 안정성을 유지하는 역할을 한다. 특히, 입체 장애(steric hindrance)와 정전기적 상호작용이 에멀전의 안정성에 큰 영향을 미친다. 단백질 응집체는 에멀전 겔의 점탄성 특성을 향상시키는 역할을 하며, 작고 응집되지 않은 단백질 응집체보다 더 두껍고 밀도가 높은 단백질 가닥이 겔 네트워크 구조 형성에 더 크게 기여하는 것으로 알려져 있다.

일반적으로 다당류는 구조화제, 안정제 또는 증점제로 작용하여 안정적인 에멀전 겔을 형성하는 데 중요한 역할을 한다. 친수성 다당류는 유화제로 작용하여 물-오일 계면에 흡착할 수 있는 성질을 가진다. 반면, 비친수성 다당류는 연속상의 점도를 증가시키고, 내부 지방구의 합체를 방지하는 증점제 역할을 한다. 단백질 기반 에멀전 겔과 비교하면, 다당류 기반 에멀전 겔(특히 알긴산 기반, alginate-based emulsion gels)은 위액(gastric fluid)에서 소화 및 분해되기가 어렵고, 장 소화(intestinal digestion) 과정에서 더욱 쉽게 파괴될 수 있다. 이러한 특성으로 인해 α-토코페롤(α-tocopherol), β-카로틴(β-carotene), 커큐민과 같은 취약한 화합물의 이상적인 캡슐화 재료로 사용될 수 있으며, 장에서 방출될 때까지 혹독한 위 환경으로부터 보호하는 역할을 한다.

단백질과 다당류는 함께 사용될 때 식품 콜로이드 시스템의 질감, 안정성 및 품질을 개선할 수 있다. 두 생체고분자는 일반적으로 공유 결합 상호작용(covalent bonding, 예: 효소 가교 및 마이야르 반응) 또는 비공유 결합 상호작용(non-covalent bonding, 예: 수소 결합, 입체 배제, 정전기 및 소수성 상호작용)을 통해 결합하여 안정한 에멀전 겔 구조를 형성한다.

③ 에멀전 겔 제조 과정

O/W 에멀전 겔의 제조 과정은 오일을 물과 혼합하는 것에서 시작되며, 각 성분은 연속상(continuous phase) 또는 분산상(dispersed phase)으로 작용한다. 이러한 유연성 덕분에, 시스템이 물 기반인지 오일 기반인지에 따라 oil-in-water(O/W), water-in-oil(W/O), 이중 에멀전(double emulsion) 등 다양한 형태의 에멀전 유형이 형성될 수 있다. 이후 유화제 및 겔화제를 첨가한 혼합물은 고속 또는 고압 균질화(high-speed or high-pressure homogenization) 과정을 거쳐 유화되며, 이어서 열, 냉각, 산, 효소, 염 등의 처리를 통해 최종적으로 에멀전 겔이 형성된다. 이러한 과정을 조절함으로써 식품의 질감과 지방 대체 특성을 최적화할 수 있다.

(3) 올레오겔

올레오겔(oleogel)은 액체 상태의 식물성 오일을 유기겔화제(oleogelator)를 활용하여 반고체(semi-solid) 형태로 구조화하는 지방 대체 기술이다. 올레오겔은 기존 동물성 지방(예: 버터, 쇼트닝, 라드 등)의 기능을 모사하면서도 포화지방과 트랜스지방을 줄일 수 있는 장점이 있어 대체지방 연구에서 중요한 역할을 한다.

올레오겔은 탄성(elasticity)보다는 가소성(plasticity)이 크며, 크리미한 질감(creamy texture)과 퍼짐성(spreadability)이 뛰어나 마가린, 스프레드, 쇼트닝, 육류 가공품, 초콜릿 및 베이커리 제품에서 기존 고형 지방을 대체하는 핵심 기술로 사용된다.

올레오겔은 수분이 포함되지 않는 순수한 지방 구조로, 오일이 겔화제에 의해 삼차원 네트워크로 고정되며, 이로 인해 유동성이 낮고 지방 결정(crystal) 형성 없이도 고형 지방과 유사한 질감을 제공할 수 있다. 반면, 에멀전 겔은 지방구(droplet)가 수분이 포함된 겔 매트릭스 내에서 분산되는 방식으로 탄성이 강조된다. 이러한 차이로 인해 올레오겔은 특히 가소성과 퍼짐성이 중요한 라드(lard), 텔로(tello), 버터 등과 같은 대체지방에 적합하다.

① 올레오겔 분류

올레오겔은 사용되는 겔화제의 화학적 특성과 네트워크 형성 방식에 따라 고분자 겔화제(Polymeric Gelators) 기반 올레오겔과 단량체 겔화제(Monomeric Gelators) 기반 올레오겔로 나뉜다. 이러한 분류는 올레오겔의 구조적 특성, 점탄성 조절, 가소성 및 응용 가능성을 결정하는 중요한 요소로 작용한다.

표 3-7 고분자 및 단량체 겔화제 기반 올레오겔 특성

구분	고분자 겔화제 기반 올레오겔	단량체 겔화제 기반 올레오겔
구조 형성 방식	고분자가 오일과 상호작용하여 네트워크 형성	단량체가 결정화 및 수소결합을 통해 오일을 고형화
점탄성 조절	점탄성이 높아 조직을 유연하게 유지	결정화로 인하 더 단단한 조직 형성 가능
가소성	높은 가소성 및 연신성	비교적 낮은 가소성
적용 식품	육류 대체식품, 아이스크림, 크림 치즈 등	마가린, 초콜릿, 쇼트닝 등

고분자 겔화제 기반 올레오겔

고분자 겔화제 기반 올레오겔(polymeric gelators)은 고분자(폴리머)와 오일 간의 상호작용을 통해 삼차원 네트워크(3D network)를 형성하는 방식으로, 점탄성을 증가시키고 오일이 지속적으로 유지될 수 있도록 돕는다. 특히, 유동성이 적고 높은 가소성(plasticity)을 가지며, 강한 오일 결합 능력을 갖는 것이 특징이다. 이러한 특성 덕분에 고온에서도 안정성을 유지할 수 있으며, 다양한 식품 응용에서 동물성 지방을 대체하는 데 중요한 역할을 한다.

고분자 겔화제 중 대표적인 물질로는 에틸셀룰로스(ethyl cellulose)가 있으며, 이는 식물성 오일과 결합하여 유체 유지 능력을 높이고, 높은 가열 안정성을 제공한다. 고분자 겔화제 기반 올레오겔은 다양한 식품에서 동물성 지방을 대체하는 핵심 기술로 적용될 수 있다. 육류 대체식품(예: 식물성 햄버거 패티, 소시지)에서는 점탄성을 조절하여 동물성 지방의 조직감을 모사하는 역할을 한다. 크림 치즈 및 유제품 대체식품에서 구조적 점성을 유지하면서 지방 함량을 줄이는 역할로도 사용될 수 있다. 또한, 아이스크림 및 냉동 디저트에서는 크리미한 질감을 제공하며, 지방 대체 기능을 수행할 수 있다. 이처럼 고분자 겔화제 기반 올레오겔은 동물성 지방을 대체하면서도 기존 지방이 제공하는

조직감과 물성을 유지할 수 있는 효과적인 기술로, 식품 산업 전반에서 점점 더 널리 활용되고 있다.

단량체 겔화제 기반 올레오겔

단량체 겔화제 기반 올레오겔(monomeric gelators)은 단량체 형태의 유기겔화제가 오일과 상호작용하여 네트워크를 형성하는 방식이다. 이 방식은 결정화(crystallization), 수소결합(hydrogen bonding), 소수성 상호작용(hydrophobic interactions) 등의 메커니즘을 이용하여 오일을 고형화하며, 특정 온도에서 구조를 유지할 수 있도록 설계된다. 이러한 특성 덕분에 동물성 지방과 유사한 조직감을 제공할 수 있으며, 대체지방 연구에서 중요한 역할을 한다. 단량체 겔화제 기반 올레오겔은 지질 기반(lipid-based) 단량체 겔화제와 비지질 기반(non-lipid) 단량체 겔화제로 구분된다.

a. 지질 기반(lipid-based) 단량체 겔화제

- 지질 기반 단량체 겔화제는 지질(lipid)과의 상호작용을 통해 오일을 네트워크로 고정하는 방식으로, 지방산 및 포스포리피드(phospholipid)와 결합하여 안정적인 지방 구조를 형성할 수 있다. 이러한 방식은 특히 육류 가공품, 베이커리 제품, 초콜릿 등의 식품에서 동물성 지방을 대체하는 데 적합하며, 기존 지방이 제공하는 물성을 유지하면서도 건강한 대체재로 활용될 수 있다.
- 대표적인 지질 기반 단량체 겔화제로는 지방산(fatty acids), 포스포리피드(phospholipids), 세라마이드(ceramides), 모노아실글리세롤(monoglycerides, MAGs) 등이 있으며, 각각의 특성과 기능이 다르다. stearic acid, palmitic acid 등의 포화 지방산은 올레오겔의 경도를 높이고 점도를 조절하는 역할을 수행하며, oleic acid 등의 불포화 지방산은 부드러운 질감과 크리미한 텍스처를 제공하는 데 기여한다. 포스포리피드와 세라마이드는 오일과의 높은 친화성을 가지며, 수분 결합력이 뛰어나 안정적인 지방 네트워크를 형성할 수 있도록 돕는다. 이들은 유화 안정성을 증가시키고, 식품의 조직감을 개선하는 역할도 수행한다. 한편, 모노아실글리세롤은 지방 결정과 유화 특성을 동시에 제공하여 크림 제품 및 육류 대체식품에서 활용 가능하다.

b. 비지질 기반(non-lipid) 단량체 겔화제

- 비지질 기반 단량체 겔화제는 지질과 직접적인 화학적 상호작용을 하지 않고, 오일

의 구조를 조절하는 역할을 한다. 이러한 방식은 왁스 및 다당류를 활용하여 오일을 고형화하며, 다양한 식품 응용이 가능하다. 특히, 동물성 지방을 대체하는 데 있어 지방 결정 형성 및 점탄성 조절이 중요한 식품에 효과적으로 적용될 수 있다.

- 대표적인 비지질 기반 단량체 겔화제에는 피토스테롤(phytosterol), γ-오리자놀(γ-oryzanol), 천연 왁스(waxes), 소르비톨(sorbitol) 등이 있다. 피토스테롤과 γ-오리자놀은 식물성 스테롤을 활용하여 오일을 구조화하고, 산화 안정성을 증가시키는 역할을 한다. 이는 특히 건강한 지방 대체 기술로 주목받고 있으며, 다양한 기능성 식품에 활용될 수 있다.
- 천연 왁스는 밀랍(beeswax), 쌀겨 왁스(rice bran wax), 카나우바 왁스(carnauba wax) 등으로 구성되며, 결정성 네트워크를 형성하여 고형 지방을 대체하는 역할을 한다. 이러한 왁스 기반 겔화제는 구조적 안정성을 부여하며, 지방의 물성을 유지하는 데 중요한 역할을 한다. 한편, 소르비톨은 설탕 알코올(sugar alcohol) 계열의 물질로, 오일의 점도를 조절하고 점탄성을 부여하는 기능을 수행한다. 이를 통해 특정 식품에서 지방의 질감을 조절하고, 식품의 가공 적합성을 향상시킬 수 있다.

그림 3-15 **식용 올레오겔 분류도**

이처럼 지질 및 비지질 기반 단량체 겔화제를 활용한 올레오겔은 단순히 동물성 지방을 대체하는 것뿐만 아니라, 다양한 식품에서 물성을 조절하고 품질을 개선하는 데 중요한 역할을 수행할 수 있다. 이를 통해 기존 지방이 제공하는 기능을 유지하면서도, 보다 건강한 지방 대체 기술로 자리 잡을 수 있을 것이다.

② 올레오겔 제조공정

올레오겔 제조는 유기겔화제(oleogelator)를 이용하여 액체 오일을 고체 상태로 구조화하는 과정으로, 사용되는 겔화제의 종류와 제조 방식에 따라 최종 올레오겔의 물성이 달라진다. 최근 연구에서는 고체 지방을 대체할 수 있는 최적의 올레오겔을 제조하기 위해 다양한 제조공정이 개발되고 있으며, 이를 통해 지방 결정 형성 방식, 유변학적 특성, 열적 안정성, 유화성 등을 조절할 수 있다. 올레오겔 제조공정은 크게 결정 입자 네트워크(crystal particle network), 자가 조립(self-assembly), 고분자 네트워크(polymeric network), 간접 주형(indirect template) 시스템의 네 가지 주요 방식으로 분류할 수 있다.

결정 입자 네트워크 기반 올레오겔 제조(crystal particle network)

결정 입자 네트워크 방식은 지방산, 지방 알코올, 피토스테롤, 왁스 등의 결정화(crystallization) 메커니즘을 활용하여 오일을 네트워크 내에 가두는 방식이다. 이 과정에서 결정체가 성장하면서 삼차원 네트워크를 형성하고, 오일의 흐름을 제한하여 고형화된 구조를 형성하게 된다. 이를 통해 올레오겔은 고형 지방과 유사한 조직감을 제공하며, 지방 분리를 방지하고 점탄성을 조절할 수 있는 장점을 갖는다.

올레오겔의 결정 입자 네트워크 방식 제조는 다음과 같은 단계로 진행된다. 먼저, 오일을 60~120℃로 가열하여 겔화제가 용해될 수 있도록 준비한다. 이는 겔화제가 오일 내에서 균일하게 분산될 수 있도록 하는 중요한 과정이다. 이후, 특정 비율의 겔화제(예: 피토스테롤, 왁스 등)를 오일에 첨가하여 용해하며, 이때 고속 교반을 적용하여 균일한 혼합이 이루어지도록 한다. 혼합된 용액이 준비되면, 천천히 냉각하여 지방 결정이 형성될 수 있도록 유도한다. 이때 결정화 속도를 조절함으로써 올레오겔의 점탄성과 유화 안정성을 최적화할 수 있다. 빠른 냉각은 미세한 결정화를 촉진하여 단단한 겔을 형성할 수 있으며, 느린 냉각은 보다 부드럽고 크리미한 질감을 제공할 수 있다.

결정 입자 네트워크 방식은 마가린, 쇼트닝, 초콜릿 충전물, 육류 가공품 등에서 고형 지방을 대체하는 데 적합하며, 특히 가공성이 우수하고 물성을 조절할 수 있다는 점에서 식품 산업에서 광범위하게 활용될 수 있다.

자가 조립 기반 올레오겔 제조

자가 조립(self-assembly) 기반 올레오겔 제조는 유기겔화제(예: 12-하이드록시 스테아르산, 소르비탄 모노스테아레이트 등)가 오일 내에서 자발적으로 섬유상(fibrous) 네트워크를 형성하여 오일을 고형화하는 방식이다. 이 방식은 겔화제가 오일과 특정한 비율로 혼합될 때, 수소결합과 소수성 상호작용 등을 통해 자연적으로 네트워크가 형성되는 것이 특징이다. 자가 조립형 올레오겔은 결정화 기반 올레오겔과 달리, 외부에서 특정한 냉각 과정 없이도 분자 간 상호작용을 통해 고체화가 이루어질 스 있다.

올레오겔의 자가 조립 방식 제조는 다음과 같은 단계로 진행된다. 먼저, 자가 조립 특성을 가지는 겔화제를 오일에 첨가하고, 특정 온도(예: 70~100℃)에서 용해한다. 이때, 겔화제가 균일하게 분산될 수 있도록 적절한 교반이 필요할 수 있다. 이후, 용액을 냉각하면서 네트워크 형성이 가능하도록 구조적 변화를 유도한다. 이 과정에서 겔화제 분자가 수소 결합을 형성하거나, 소수성 상호작용을 통해 정렬하면서 섬유상 네트워크가 형성된다. 네트워크 형성이 완료된 후에는 겔화 안정화 과정을 거쳐, 일정 시간 동안 유지하여 구조가 완전히 자리 잡도록 한다. 안정화 과정에서는 겔의 강도 및 점탄성을 최적화하기 위해 냉각 속도나 보관 온도를 조절할 수 있으며, 이를 통해 원하는 질감과 물성을 구현할 수 있다.

고분자 네트워크(polymeric network) 기반 올레오겔 제조

고분자 기반 올레오겔 제조 방식은 고분자(예: 에틸셀룰로스, 하이드록시프로필메틸셀룰로스)가 오일과 상호작용하여 점탄성을 조절하며 삼차원 네트워크를 형성하는 방식이다. 이 방식은 고분자가 오일을 흡수하고 물리적으로 얽혀서 네트워크를 구성함으로써, 오일이 외부로 유출되지 않고 유지될 수 있도록 한다. 이러한 특성 덕분에 기존 동물성 지방을 대체하면서도 정밀 물성 제어가 가능하다.

고분자 네트워크 기반 올레오겔 제조는 다음과 같은 단계로 진행된다. 먼저, 점탄성이 높은 고분자 겔화제를 선택하여 오일과 혼합한다. 일반적으로 에틸셀룰로스나 하이드록시프로필메틸셀룰로스(HPMC)와 같은 물질이 사용되며, 이들은 오일과 혼합 시 점탄성을 증가시키는 역할을 한다. 이후, 100~150℃의 고온에서 고분자를 용해하고 균질하게 분산하는 단계가 진행된다. 이 과정에서 고분자가 열에 의해 풀리면서 오일과 결합하고, 균일한 네트워크를 형성할 수 있도록 고속 혼합 또는 균질화 과정을 적용할 수 있다. 마지막으로, 혼합된 용액을 냉각하면서 고분자 사슬이 서로 얽히고 네트워크가 형성되도록 유도한다. 이 과정에서 냉각 속도를 조절하면 점탄성과 가소성을 조절할 수 있으며, 특정 온도에서 최적의 물성을 확보할 수 있다.

간접 주형(indirect template) 시스템을 이용한 올레오겔 제조

간접 주형 방식은 에멀전(emulsion), 솔벤트 교환(solvent exchange), 폼 템플릿(foam template) 등의 기술을 활용하여 올레오겔을 제조하는 방식으로, 기존의 직접 겔화 방법과 달리 외부 구조를 이용하여 오일을 고형화하는 것이 특징이다. 이 방식은 다공성 네트워크를 형성할 수 있어 기능성 식품 및 건강식품에서 활용될 가능성이 크며, 특정 영양소의 전달 효율을 높이는 데 유리하다.

a. 이중 에멀전법

- 이중 에멀전법(biphasic emulsion method)은 수용성 성분이 포함된 식품(예: 유제품 대체식품)에서 활용되는 방식으로, 단계적으로 에멀전을 형성하여 올레오겔을 제조하는 방법이다. 특히, 수분이 포함된 시스템에서도 올레오겔 구조를 형성할 수 있도록 설계할 수 있어, 크리미한 질감이 필요한 식품에 적합하다. 이는 기존의 올레오겔 제조 방식과 차별화되는 특징으로, 지질 기반 성분과 수용성 성분을 동시에 포함하는 식품에서 안정적인 겔 구조를 형성할 수 있다는 장점을 가진다.
- 이중 에멀전법의 제조 과정은 크게 세 단계로 이루어진다. 먼저, 유화제와 오일을 혼합하여 1차 에멀전(oil-in-water, O/W)을 형성한다. 이후, 추가적인 안정화 과정을 거쳐 이중 에멀전(water-in-oil-in-water, W/O/W) 구조를 형성하며, 이를 통해 오일과 수분이 균형을 이루는 복합 네트워크가 구축된다. 마지막으로, 건조 또는 냉각 과정을 거쳐 겔 네트워크를 안정화하여 최종 올레오겔을 얻는다. 이 과정에서 냉각 속도 및 수분 함량 조절을 통해 최종 올레오겔의 점탄성과 유동성을 조절할 수 있다.

b. 솔벤트 교환법

- 솔벤트 교환법(solvent exchange method)은 유기용매(예: 에탄올, 아세톤 등)를 활용하여 올레오겔을 제조하는 방식으로, 특정한 물리적 특성을 조절할 수 있으며, 다공성 네트워크를 형성하는 데 효과적인 방법이다. 이 방식은 올레오겔의 미세구조를

조절하여 특정 기능성을 부여할 수 있지만, 식품 적용 시 용매 제거 과정이 필수적이므로 추가적인 가공 과정이 필요할 수 있다.

- 솔벤트 교환법의 제조 과정은 다음과 같이 진행된다. 먼저, 겔화제를 유기용매(예: 에탄올, 아세톤 등)에 용해하여 네트워크를 형성한다. 이 과정에서 겔화제는 유기용매 내에서 균일하게 분산되며, 특정한 구조적 특성을 형성하도록 조절될 수 있다. 이후, 용매를 제거한 후 오일과 결합하여 최종적으로 올레오겔 구조를 형성한다. 용매 제거 과정은 휘발성 용매를 증발시키거나 세척 단계를 거치는 방식으로 수행되며, 최종적으로 잔여 용매가 남지 않도록 철저한 제거 과정이 요구된다.
- 솔벤트 교환법은 기능성 지질 전달 시스템(예: 오메가-3 캡슐화)에서 활용될 수 있으며, 영양소의 안정성을 높이고 방출 속도를 조절하는 데 효과적이다. 또한, 의약 및 화장품 산업에서도 지질 기반 활성 성분의 전달 시스템으로 응용 가능하며, 특정한 지용성 성분(예: 지용성 비타민, 항산화제)의 안정성을 유지하는 데 중요한 역할을 수행할 수 있다. 이러한 특성을 바탕으로, 솔벤트 교환법은 기능성 성분 전달 및 맞춤형 올레오겔 개발에 있어 중요한 제조 방식으로 자리 잡고 있다.

올레오겔 제조 방식은 사용 목적과 최종 식품의 요구 물성에 따라 적절한 공정을 선택하는 것이 중요하다. 결정 입자 네트워크 방식(crystal particle network)은 고형 지방의 조직감을 유지하는 데 강점이 있어, 마가린, 쇼트닝 및 육류 가공품과 같은 단단한 질감이 필요한 식품에 적합하다. 반면, 자가 조립(self-assembly) 방식은 수소 결합을 통해 보다 부드러운 질감을 구현할 수 있어, 크리미한 텍스처가 요구되는 베이커리 제품 및 기능성 지질 전달 시스템에서 활용될 수 있다. 또한, 고분자 네트워크(polymeric network) 방식은 가소성이 뛰어나고 점탄성을 조절할 수 있어 육류 대체식품(예: 식물성 햄버거 패티, 소시지)과 유제품 대체식품(예: 크림 치즈, 아이스크림)에서 높은 활용도를 가진다. 마지막으로, 간접 주형(indirect template) 시스템은 기능성 성분을 포함하거나 맞춤형 올레오겔을 설계하는 데 적합하여, 기능성물질 캡슐화 및 기능성 보충제 제조와 같은 특정 목적의 식품 응용에 최적화될 수 있다. 이러한 제조 방식별 차이를 활용하여 각 식품 시스템에서 최적의 올레오겔 조합을 선택하면, 기존 동물성 지방을 대체하면서도 우수한 물성을 제공하는 기능성 식품 개발이 가능하다. 따라서, 향후 연구에서는 올레오겔 제조 방식 간의 상호 보완적 접근을 탐색하고, 다중 겔화제 시스템을 활용하여 특정 응용 분야에 맞는 최적의 물성을 구현하는 전략이 필요할 것이다.

4. 대체육 향, 맛, 색상

1) 대체육의 향

대체육의 향미는 소비자의 만족도를 결정하는 핵심 요소 중 하나로, 동물성 육류의 특유한 풍미를 효과적으로 모방하면서도 식물성 단백질에서 발생하는 이취를 중화하는 것이 중요하다. 실제로, 대체육의 낮은 재구매율의 주요 원인 중 하나가 향미 문제라는 점에서, 향미 조절 기술의 개발은 대체육 산업에서 필수적인 과제이다. 이를 해결하기 위해 천연 향신료, 마이야르 반응 전구체, 효모 추출물 등의 기술이 적용되며, 각 방법은 특정한 향미 개선 메커니즘을 기반으로 대체육의 품질을 향상시킨다. 천연 향신료는 식물성 단백질의 이취를 마스킹하는 역할을 하지만, 마이야르 반응 전구체는 가열 과정에서 육류 향을 생성하는 방식으로 작용한다. 반면, 효모 추출물은 감칠맛을 부여하여 육류 특유의 풍미를 보완하는 역할을 한다.

그러나 대체육 향미 조절에는 여러 가지 도전 과제가 존재한다. 첫째, 완두콩 단백질에서 발생하는 풀 냄새, 대두 단백질의 콩 비린내 등과 같은 이취를 효과적으로 억제해야 한다. 둘째, 육류 특유의 감칠맛과 지방 향을 구현해야 하며, 특히 식물성 지방을 혼합할 때 육류 지방에서 느껴지는 향미를 재현하는 것이 어려운 문제로 남아 있다. 셋째, 소비자 건강 인식이 높아짐에 따라 클린 라벨(clean label) 전략이 요구되며, 합성 향료 사용이 제한될 가능성이 증가하고 있다.

이러한 소비자 요구를 충족하기 위해, 대체육 제품의 향미 개선을 위한 다양한 기술과 조합 전략이 연구되고 있으며, 천연 성분을 기반으로 한 자연적인 향미 조절 방식이 점점 더 중요해지고 있다. 또한, 비욘드 미트(Beyond Meat)와 임파서블 푸드(Impossible Foods)와 같은 대체육 선두 기업들은 발효 공정과 헴 단백질을 활용한 육류 향미 구현 기술을 개발하고 있으며, 이는 향후 대체육 시장의 향미 개선 방향성을 제시하고 있다.

(1) 천연 향신료

천연 향신료는 식물성 단백질에서 발생하는 이취를 마스킹하고, 육류에서 자연적으로 발생하는 향을 모방하는 역할을 한다. 식물성 단백질 기반 대체육 제품은 완두콩 단백질에서 발생하는 풀 냄새, 대두 단백질의 콩 비린내 등과 같은 이취 문제를 해결해야 하며, 이를 위해 마늘, 양파, 후추, 회향, 바질, 타임 등의 향신료와 허브가 광범위하게 활용된다. 이러한 향신료는 육류의 향미 성분과 유사한 방향족 화합물을 포함하고 있어, 대체육의 감각적 품질을 향상시키는 데 중요한 역할을 한다.

또한, 천연 향신료는 항산화 효과를 가지고 있어 지질 산화를 방지하는 기능도 수행할 수 있다. 대체육 제품에는 식물성 지방이 포함되어 있는 경우가 많아, 산화로 인해 발생하는 이취(off-flavor)가 문제가 될 수 있으며, 이는 제품의 저장 안정성에도 영향을 미친다. 따라서 천연 향신료를 활용하면 이취 억제와 함께 항산화 기능을 부여하여 향미 지속성을 유지할 수 있다.

천연 향신료는 대체육의 향미 개선을 위한 필수적인 요소이지만, 휘발성과 향 강도를 고려한 최적의 배합이 중요하다. 이를 위해 여러 향신료를 조합하여 균형 잡힌 향을 구현하는 연구가 지속적으로 이루어지고 있다.

(2) 마이야르 반응 전구체

마이야르 반응(Maillard reaction)은 육류 조리 과정에서 발생하는 대표적인 향미 형성 반응으로, 환원당(reducing sugars)과 아미노산(amino acids)이 가열 시 반응하여 다양한 휘발성 향미 화합물을 생성하는 과정이다. 이 반응은 대체육의 육류 풍미를 강화하는 데 필수적이며, 고온 처리 과정(예: 고수분 압출 공정)에서 활발하게 진행될 수 있다.

대체육 제품에서는 마이야르 반응을 유도하기 위해 특정 향미 전구체(flavor precursors)를 첨가하여, 조리 시 육류와 유사한 풍미를 형성하도록 설계된다. 일반적으로 사용되는 마이야르 반응 전구체에는 환원당(자일로스, 리보스, 포도당), 아미노산(메티오닌, 시스테인, 세린, 트레오닌, 글리신, 알라닌), 향미 뉴클레오타이드(5′-구아노신 일인산, 5′-이노신 일인산), 티아민(thiamine) 등이 포함된다.

마이야르 반응이 대체육의 향미 형성에 중요한 이유는 육류의 구운 향(roasted aroma)과 감칠맛(umami taste)의 핵심 기작이 되기 때문이다. 특히, 리보스(ribose)와 시스테인(cysteine)이 가열될 때 육류에 특징적인 풍미를 제공하는 다양한 고리형 휘발성 화합물이 생성되며, 시스테인에서 파생된 황화수소(hydrogen sulfide)는 이 반응을 촉진하는 주요 촉매 역할을 한다.

① 마이야르 반응의 주요 향미 화합물 및 향미 기여도

마이야르 반응에서 형성되는 주요 화합물은 육류의 향미를 구성하는 핵심 요소로 작용하며, 대체육의 풍미 품질을 결정하는 중요한 역할을 한다. 마이야르 반응을 최적화하기 위해서는 특정 전구체의 조합과 반응 조건(온도, 습도, pH 등)을 조절하는 것이 중요하다.

표 3-8 마이야르 반응의 주요 향미 화합물 및 특성

화합물 종류	주요 향미 특성	예시
황화 화합물 (sulfur compounds)	육류의 감칠맛, 구운 향, 복합적인 향미	디메틸설파이드(dimethyl sulfide), 메틸메르캅탄(methyl mercaptan)
퓨란(furan) 유도체	고소한 향, 캐러멜 향	2-메틸퓨란(2-methylfuran), 2-푸르알데하이드(furfural)
피라진(pyrazines) 화합물	견과류 향, 구운 향	2,5-디메틸피라진(2,5-dimethylpyrazine), 2-에틸-3,5-디메틸피라진(2-ethyl-3,5-dimethylpyrazine)
알데하이드(aldehydes)	신선한 향, 풋내 제거	헥사날(hexanal), 비닐글리옥살(vinylglyoxal)
케톤(ketones)	크리미한 향, 유제품 향	2-노난온(2-nonanone), 2-헵타논(2-heptanone)
향미 뉴클레오타이드 (flavor nucleotides)	감칠맛 증진, 복합적인 풍미	5′-구아노신 일인산(GMP), 5′-이노신 일인산(IMP)

② 대체육 제품에서 마이야르 반응 최적화 전략

마이야르 반응을 활용한 대체육의 향미 개선은 단순히 향미 전구체를 첨가하는 것만으로 해결되지 않으며, 반응이 최적화될 수 있는 환경을 조성하는 것이 필수적이다. 이를 위해서는 온도 및 조리 조건, 단백질-당 반응 조합, 식물성 지방과의 조합, 그리고 가공 기술과의 연계를 종합적으로 고려해야 한다. 최적의 마이야르 반응 환경을 구현하는 것은 육류의 깊은 풍미를 재현하는 핵심 기술 중 하나이며, 향미 손실을 방지하고 휘발성 화합물의 지속성을 유지하는 데 중요한 요소로 작용한다.

먼저, 온도 및 조리 조건의 최적화가 중요하다. 마이야르 반응은 121~177℃에서 활발

하게 발생하며, 조리 온도가 높을수록 향미 화합물 형성이 증가할 수 있지만, 동시에 휘발성 성분의 손실 가능성도 높아질 수 있다. 따라서 대체육의 조리 방식에 따라 최적의 반응 온도를 설정하고, 향미 손실을 최소화하는 것이 중요하다. 반응 온도가 너무 낮으면 충분한 향미 화합물이 생성되지 않으며, 육류 특유의 복합적인 풍미를 형성하는 휘발성 화합물의 농도가 부족해질 수 있다. 반대로 온도가 너무 높으면, 휘발성 향미 성분이 손실되거나 불완전한 반응이 발생하여 비효율적인 향미 형성이 이루어질 수 있다. 고온 압출성형 공정(high moisture extrusion, HME) 중에도 마이야르 반응이 발생할 수 있으며, 이 과정에서 적절한 수분 함량과 온도 조절이 이루어져야 최적의 향미 성분을 얻을 수 있다. 따라서, 대체육 가공 시 향미 전구체가 최적의 온도(140~160℃)에서 반응하도록 조정하고, 고온 가공 시 휘발성 향미 성분 손실을 최소화하기 위해 가열 시간과 밀폐형 반응 시스템을 조정하는 것이 중요하다.

두 번째로, 단백질과 환원당의 조합 최적화가 필요하다. 단백질과 환원당의 조합은 마이야르 반응에서 형성되는 주요 향미 화합물(피라진, 퓨란, 황화 화합물 등)의 생성에 결정적인 역할을 한다. 따라서, 특정 아미노산과 환원당을 적절한 비율로 조합하여 원하는 향미 성분을 생성하는 것이 필수적이다. 예를 들어, 글루탐산(glutamic acid)은 감칠맛을 증진하는 역할을 하며, 이는 향미 뉴클레오타이드(예: 5′-구아노신 일인산, 5′-이노신 일인산)와 함께 작용하여 더욱 풍부한 맛을 구현할 수 있다. 시스테인(cysteine)과 리보스(ribose)의 반응은 황화 화합물(sulfur compounds)을 생성하여 육류의 복합적인 풍미를 형성한다. 또한, 피라진(pyrazine)과 퓨란(furan) 유도체는 구운 향과 캐러멜 향을 제공하며, 육류 조리 시 발생하는 향미와 유사한 특성을 구현할 수 있다. 따라서, 마이야르 반응 전구체의 비율 조절(예: 시스테인:리보스 = 1:1.5)하여 특정 향미 화합물의 생성을 극대화하고, 단백질-당 반응을 강화하기 위해 향미 뉴클레오타이드를 첨가하여 감칠맛을 증진시키는 전략이 필요하다. 또한, 가열 조건(온도, pH, 반응 시간)을 조정하여 특정 향미 성분이 효과적으로 형성될 수 있도록 제어하는 방법도 중요하다.

세 번째로, 식물성 지방과의 조합을 고려해야 한다. 육류의 풍미는 지방의 산화 및 가열 과정에서 생성되는 다양한 휘발성 화합물과 마이야르 반응에서 형성된 향미 화합물이 결합하여 더욱 복합적인 향을 형성하는 데 기인한다. 지방산(lipids)과 마이야르 반응 전구체가 함께 존재하면, 지방산 산화 반응(lipid oxidation)과 결합하여 더욱 복합적인 향미가 형성된다. 특히, 올레산(oleic acid), 리놀렌산(linolenic acid) 등의 특정 지방산 조성은 향미 형성에 중요한 역할을 할 수 있으며, 육류의 지방 향을 모방하는 데 기여할 수 있다. 마이야르 반응에서 생성된 휘발성 화합물(예: 피라진)은 지방산 산화 반응에서 형성된 알데하이드 화합물(예: 헥사날)과 결합하여 더욱 복합적인 육류 향을 형성할 수 있다. 따라서, 대체육의 지방 조성과 마이야르 반응 전구체를 최적으로 조합하는 것이 향미 개선의 중요한 전략이 된다. 구체적으로, 식물성 지방의 조성 최적화(예: 올레산 40%, 리놀렌산 10% 등)하여 육류 향미에 적합한 조합 설계하거나 마이야르 반응 전구체와 함께 특정 지방산을 배합하여 향미 화합물의 상호작용을 증진시킬 수 있다. 또한, 지방산 산화를 억제하기 위해 항산화제(예: 토코페롤, 로즈마리 추출물)와 함께 사용하여 향미 지속성을 향상시킬 수도 있다.

마지막으로, 대체육의 생산 과정에서 마이야르 반응 전구체를 적절히 활용하더라도, 휘발성 향미 성분이 손실될 가능성이 크므로 가공 기술과의 연계가 필수적이다. 예를 들어, 고온 압출성형 공정(HME) 중에 마이야르 반응 전구체를 첨가하면, 수분 증발과 함께 일부 휘발성 향미 성분이 손실될 가능성이 높아진다. 이를 방지하기 위해, 반응이 최적으로 발생하는 온도를 유지하면서도 특정 향미 전구체를 보존할 수 있도록 가공 방식을 조정하는 것이 필요하다. 즉, 미세캡슐화 기술을 통해 마이야르 반응에서 생성된 휘발성 향미 화합물을 보호할 수 있으며, 이는 저온 저장 및 장기 보관 시 향미 유지에 효과적이다. 또한, 진공 반응 조절을 통해 가열 과정 중 휘발성 향미 성분의 손실을 줄이고, 일정한 압력 하에서 반응 시간을 연장하여 향미 형성을 극대화할 수 있다.

결론적으로, 대체육에서 마이야르 반응을 최적화하기 위해서는 온도, 원료 조성, 지방과의 상호작용, 가공 기술이 유기적으로 연계되어야 한다. 이러한 요소를 조절함으로써 보다 풍부하고 복합적인 육류 풍미를 구현할 수 있으며, 소비자의 만족도를 높일 수 있는 고품질 대체육 개발이 가능해질 것이다.

(3) 효모 추출물

효모 추출물(YE)은 식품 등급 효모에서 생산되는 천연 향료이다. 그것은 티오펜과 피라진의 존재로 달콤한 향이 난다. 또한 글루탐산, 5′-뉴클레오티드 및 기타 성분으로 인해 감칠맛과 같은 풍미를 제공할 수 있다. 또한 YE는 아미노산, 펩타이드 및 티아민과 같은 비휘발성 풍미 전구체를 제공하는 향미 증진제로 간주된다.

조리하기 전 식재료 상태의 패티에서는 냄새가 거의 나지 않는다. 하지만 요리를 하면 재료 속 성분들이 화학반응을 일으켜 수백가지 휘발성 화합물을 방출하면서 저마다 독특한 냄새를 내게 된다. 식물성 단백질의 강한 냄새 중화하는 게 관건인데, 이는 무엇보다도 식물성 단백질 자체가 강한 냄새를 내기 때문이다. 예컨대 비욘드버거의 주성분인 완두콩 단백질에선 풀을 깎을 때 맡을 수 있는 냄새가 난다는 것이다. 따라서 육류에 가까운 풍미를 내려면 이 냄새를 덮어버릴 방법을 찾아야 한다. 두 번째 문제는 육류의 지방 냄새와 비슷하게 낼 수 있는 식물성 지방 혼합비율을 찾기가 어렵다는 것이다.

2) 대체육의 맛

대체육이 소비자들에게 널리 받아들여지기 위해서는 육류 특유의 감칠맛(umami), 풍미(flavor), 육즙(juiciness), 조직감(texture)을 얼마나 효과적으로 재현할 수 있는지가 핵심이다. 기존 육류는 지방, 단백질, 헴(heme) 철분 성분이 조화를 이루어 독특한 맛과 향을 형성하는 반면, 식물성 단백질을 기반으로 한 대체육은 이러한 요소가 부족하여 육류 고유의 맛을 구현하는 데 한계가 있다. 따라서, 대체육 제조업체들은 발효 기술, 감칠맛 증진 소재, 조직감 개선 기술, 조미 및 향미 복합체를 활용하여 육류와 유사한 맛을 구현하는 연구를 지속적으로 진행하고 있다.

대체육의 감칠맛을 강화하는 주요 접근 방식은 우마미 성분을 활용한 기술, 헴 단백질을 이용한 육류 풍미 재현, 발효를 통한 향미 개선 등으로 나뉜다. 예를 들어, CJ 제일제당의 '테이스트엔리치(TasteNrich)'는 사탕수수 기반 식물성 원료를 발효시켜 감칠맛을 생성하는 기술을 활용하며, 이를 통해 인위적인 첨가물 없이 자연스럽고 깊은 풍미를 제공한다. 또한, 에이치엔노바텍의 해조류 유래 아미노산 복합체(ACOM-S)는 다시마, 미역 등의 해조류에서 추출한 헴 분자를 이용하여 육류의 감칠맛과 향을 재현하는 기술을 개발하였다. 임파서블 푸드는 레그헤모글로빈(leghemoglobin)을 활용하여 육류의 금속성 풍미를 구현하는 전략을 사용하며, 최근에는 미생물 변이체를 활용하여 유전자 변형(GMO) 없이 헴(heme) 성분을 생산하는 기술도 개발되고 있다. 독일 호엔하임대 연구팀은 양파, 부추, 차이브 등의 발효물을 활용해 육류의 풍미를 재현하는 연구를 진행하였으며, 이 과정에서 생성된 비스 이황화물(bis-disulfide) 화합물이 소시지와 유사한 육류 향을 형성하는 것을 확인하였다.

이처럼, 대체육의 감칠맛을 강화하기 위해 다양한 식물성 원료 발효 기술, 미생물 발효, 해조류 기반 맛 증진 소재가 활용되고 있으며, 이는 향후 대체육 맛의 정교화와 소비자 수용도를 높이는 핵심 전략이 될 것이다.

3) 대체육의 색상

대체육이 소비자의 기대에 부합하기 위해서는 색상과 육즙 표현이 중요한 요소이다. 소비자는 육류의 생육류 상태에서의 선명한 붉은색뿐만 아니라, 조리 후 갈색으로 변하는 자연스러운 색상 변화까지 기대한다. 그러나 식물성 단백질에는 육류의 색을 결정하는 미오글로빈(myoglobin)과 같은 색소 단백질이 존재하지 않기 때문에, 대체육에서는 다양한 색소 및 기술이 활용되어 육류의 색을 재현하고 있다.

(1) 비트즙

비트즙은 대체육에서 가장 널리 사용되는 천연 색소 중 하나로, 생육류의 붉은색을 재현하는 데 중요한 역할을 한다. 비트의 강렬한 붉은색은 베타레인(betalain) 색소에서 비롯되며, 특히 베타시아닌(betacyanin)이 대체육에서 육류와 유사한 붉은색을 형성하는 핵심 요소이다.

비트즙은 대체육 제품에 생육류와 유사한 붉은색을 부여할 뿐만 아니라, 조리 후에도 자연스럽게 갈색으로 변하는 특성을 가지고 있다. 이는 실제 육류가 조리 과정에서 색이 변하는 것과 유사한 시각적 효과를 제공하여 소비자들에게 더욱 현실적인 경험을 선사한다. 또한, 비트 색소는 pH 4~5에서 가장 안정적인 상태를 유지하며, 조리 과정에서 열에 의해 색이 변화할 수 있어 실제 육류와 같은 색상 변화를 유도할 수 있다.

이 외에도, 비트즙은 단순한 색소 역할을 넘어 철분, 비타민 C 등의 영양소를 함유하고 있어 대체육의 영양적 가치를 높이는 데 기여할 수 있다. 이러한 특성 덕분에, 비트즙은 단순히 육류를 모방하는 것뿐만 아니라 건강한 대체육 제품을 개발하는 데도 유용한 성분으로 활용되고 있다.

비욘드 미트(Beyond Meat)와 같은 브랜드는 이러한 비트즙의 특성을 적극적으로 활용하여 패티가 덜 익었을 때는 붉은색을 띠고, 익었을 때 자연스럽게 갈색으로 변하도록 설계하였다. 이를 통해 소비자들은 조리 과정에서 실제 육류와 유사한 색상 변화를 경험할 수 있으며, 이는 대체육의 현실감을 높이는 중요한 요소로 작용하고 있다.

(2) 헴 기반 색소

헴(heme)은 육류 특유의 붉은색을 형성하는 핵심 분자로, 산소와 결합하여 선홍빛을 띠며 조리 과정에서 갈색으로 변화하는 특징을 가지고 있다. 이는 육류가 조리될 때 색이 변하는 자연스러운 과정을 모방하는 데 중요한 역할을 한다.

임파서블 푸드(Impossible Foods)는 이러한 헴의 특성을 활용하여 레그헤모글로빈(leghemoglobin)을 이용한 대체육 색상 구현 기술을 개발하였다. 레그헤모글로빈은 콩과식물 뿌리혹박테리아에서 자연적으로 생성되는 단백질로, 이를 유전자 변형 효모를 이용해 대량 생산하여 대체육 제품에 적용한다. 이 성분은 단순한 색소 역할을 넘어, 육류의 철분 맛과 육즙을 형성하는 데 기여하기 때문에 색상과 맛을 동시에 구현하는 핵심 요소로 작용한다.

헴은 대체육에서 생육류의 붉은색을 제공할 뿐만 아니라, 구울 때 자연스럽게 갈색으로 변하는 특성을 가지고 있어 육류의 시각적 특징을 효과적으로 모방할 수 있다. 특히, 조리 중 발생하는 미오글로빈 산화 반응을 재현하여, 대체육이 실제 육류와 유사한 색 변화를 보일 수 있도록 설계되었다. 이러한 기술은 대체육이 단순히 육류의 대체재가 아니라, 감각적 경험까지도 유사하게 제공할 수 있도록 하는 중요한 발전 중 하나로 평가받고 있다.

(3) 토마토 추출물

토마토는 리코펜(lycopene)이라는 강력한 카로티노이드 색소를 함유하고 있으며, 이는 대체육에서 소고기나 돼지고기의 선명한 붉은색을 모방하는 데 효과적이다. 리코펜은 토마토를 비롯한 다양한 붉은색 과일과 채소에서 발견되며, 특히 대체육 제품에서 소고기의 붉은 육색을 형성하는 데 중요한 역할을 한다.

리코펜은 조리 후에도 색상이 안정적으로 유지되는 특징이 있어, 조리 과정에서 변색이 심하지 않고 자연스럽게 붉은색이 지속될 수 있도록 한다. 또한, 강력한 항산화 효과를 가지며, 대체육의 산화 방지 및 보존성 향상에도 기여한다. 이는 대체육의 유통기한을 연장하고, 산패를 방지하는 데 도움을 줄 수 있다.

토마토 추출물은 주로 소고기와 유사한 붉은색을 구현하는 데 활용되며, 비욘드 미트(Beyond Meat)와 같은 브랜드에서 이를 적극적으로 사용하고 있다. 토마토 색소는 천연 성분이라는 점에서 소비자들에게 신뢰를 줄 수 있으며, 건강에 대한 긍정적인 이미지까지 제공할 수 있는 요소로 작용하고 있다.

(4) 파프리카 색소

파프리카 색소는 카로티노이드(carotenoids) 색소 계열에 속하며, 특히 캔탁산틴(canthaxanthin)과 캡소루빈(capsorubin)이 붉은색을 형성하는 역할을 한다. 이는 대체육에서 소고기나 돼지고기의 깊은 붉은색을 구현하는 데 매우 효과적이다.

파프리카 색소는 열과 pH 변화에 강한 안정적인 색소로, 조리 후에도 색상이 변하지 않고 유지될 가능성이 높다. 이는 대체육이 조리 후에도 육류와 유사한 시각적 효과를 유지할 수 있도록 도와준다. 또한, 파프리카 색소에는 비타민 A 및 항산화 성분이 포함되어 있어, 대체육의 보존성과 건강 기능성을 향상시키는 역할을 한다.

파프리카 색소는 단독으로 사용되기도 하지만, 토마토 추출물, 비트즙과 함께 조합하여 더욱 자연스러운 육류 색을 형성하는 데 활용될 수 있다. 이는 대체육이 지나치게 인위적인 색을 띠지 않도록 조절하는 중요한 전략 중 하나이다.

(5) 당근 추출물

당근은 베타카로틴(β-carotene)을 다량 함유하고 있으며, 대체육에서 닭고기나 돼지고기와 같은 밝은 색상의 육류를 모방하는 데 유용한 색소이다.

당근 색소는 화학적으로 합성된 색소가 아닌 천연 유래 성분이기 때문에 소비자들에게 더욱 신뢰를 줄 수 있다. 또한, 베타카로틴은 체내에서 비타민 A로 전환되며, 강력한 항산화 효과를 발휘하여 대체육 제품의 건강 이미지를 강화하는 역할을 한다.

베타카로틴은 주황빛을 띠며, 닭고기나 돼지고기의 색감을 자연스럽게 표현하는 데 적합하다. 대체육 제품에서는 당근 색소를 활용하여, 밝은 색 계열의 육류를 모방하는 제품(예: 닭고기 대체육, 돼지고기 대체육)에서 자연스러운 색을 구현하는 데 사용된다.

당근 추출물은 주로 비트즙, 파프리카 색소와 함께 조합하여 육류의 색을 보다 자연스럽게 만들고, 조리 후 색 변화가 지나치게 인위적이지 않도록 하는 역할을 한다. 또한, 천연 색소로서 건강한 식품이라는 이미지를 소비자들에게 전달할 수 있어, 천연 원료를 선호하는 현대 소비자들에게 더욱 긍정적인 반응을 이끌어낼 수 있다.

4) 조리 후 색 변화 재현 기술

육류는 조리 과정에서 마이야르 반응(Maillard reaction)과 미오글로빈 산화로 인해 붉은색에서 갈색으로 변하는 특성을 가진다. 이러한 색 변화는 육류를 조리할 때 발생하는 대표적인 화학 반응으로, 육류의 표면이 갈색으로 변하면서 특유의 풍미가 형성된다. 대체육에서는 이러한 조리 후 색 변화를 재현하기 위해 다양한 천연 색소와 착색 기술이 적용된다.

(1) 식용 카라멜

식용 카라멜은 대체육의 조리 후 색 변화를 재현하는 대표적인 착색 기술 중 하나로, 조리된 육류의 표면이 갈색으로 변하는 특성을 모방하기 위해 대체육 제품에 적용된다. 일반적으로 육류는 조리 과정에서 마이야르 반응을 거치며 자연스럽게 갈색으로 변하는데, 대체육은 이러한 반응이 일어나지 않기 때문에 시각적 유사성을 높이기 위해 식용 카라멜을 활용한다.

식용 카라멜을 대체육의 표면에 도포하면, 육류를 조리했을 때 나타나는 자연스러운 갈색 변화를 효과적으로 모방할 수 있다. 이를 통해 소비자들은 대체육이 실제 육류처럼 익었다는 시각적 신호를 받을 수 있다.

식용 카라멜은 열과 pH 변화에 강한 특성을 가지고 있어 조리 과정에서도 색상이 쉽게 변하지 않고 유지될 가능성이 높다. 이는 대체육이 다양한 조리 환경에서도 일관된 색을 유지할 수 있도록 도와준다.

비욘드 미트(Beyond Meat)와 같은 브랜드에서는 식용 카라멜을 활용하여 대체육의 외관을 더욱 육류와 유사하게 표현하는 데 적용하고 있다. 이를 통해 소비자들이 대체육을 조리했을 때 더욱 실제 육류와 같은 경험을 할 수 있도록 설계되었으며, 이는 대체육의 소비자 수용도를 높이는 데 중요한 요소로 작용하고 있다.

(2) 천연 색소 기반 색소 조합

최근 연구에서는 비트즙이 열에 의해 붉은색을 잃는 특성을 활용하여, 조리 전후의 색 변화를 더욱 자연스럽게 모방하는 색소 조합이 연구되고 있다. 연구에 따르면, 비트즙(betalain) 기반 색소는 조리 전 붉은색을 형성하지만, 조리 후 색이 약해지거나 갈색으로 변할 수 있는 특성을 가진다. 이를 보완하기 위해, 쑥(mugwort)과 단호박(sweet pumpkin) 색소가 함께 사용되었다. 이러한 색소 조합은 조리 전후 색 변화를 자연스럽게 유도하는 데 효과적이었다.

비트즙은 조리 전 붉은 육색을 형성하지만, 열에 의해 색이 빠르게 소실되면서 자연스럽게 갈색 변화를 유도할 수 있고, 쑥 색소(chlorophyll)는 녹색 색소로, 조리 중 안정성이 낮아 갈변 반응을 촉진하며, 최종적으로 갈색을 형성하는 데 기여할 수 있다. 그리고 치자 색소(carotenoid)는 노란색 색소로, 조리 후 색상이 유지되면서 갈변된 육색을 표현하는 역할을 할 수 있다.

이러한 조합을 통해, 조리 전후 색 변화를 가장 자연스럽게 구현할 수 있고, 이는 단일 색소 기반 대체육보다 더욱 현실적인 색 변화를 제공하여, 소비자들이 시각적으로 더욱 실제 육류와 유사하다고 느낄 수 있도록 할 수 있다.

그 외에도 대체육의 색상을 더욱 자연스럽게 구현하기 위해 여러 색소를 혼합하여 사용하는 방식이 널리 활용되고 있다. 단일 색소로는 육류의 자연스러운 색조를 재현하기 어려워, 색소 간 조합 전략이 활용된다.

① 비트즙 + 토마토 추출물: 이 조합은 소고기와 같은 깊은 붉은색을 구현하는 데 효과적이다. 비트즙은 육류의 선명한 붉은색을 재현하고, 토마토 추출물의 리코펜은 색 안정성을 높여 조리 후에도 붉은색이 유지되도록 한다.

② 당근 추출물 + 파프리카 색소: 이 조합은 돼지고기나 닭고기와 같은 연한 붉은색을 표현하는 데 적합하다. 당근 추출물의 베타카로틴은 돼지고기나 닭고기의 밝은 색상을 모방하며, 파프리카 색소는 색의 깊이를 더하는 역할을 한다.

③ 헴(heme) + 식용 카라멜: 이 조합은 생육류 상태의 붉은색과 조리 후 갈색 변화를 자연스럽게 연출하는 데 효과적이다. 헴은 생육류의 붉은색을 구현하는 데 핵심적

인 역할을 하며, 조리 과정에서 산화 반응을 통해 갈색으로 변화하는 특성을 가진다. 여기에 식용 카라멜을 추가하면 더욱 자연스러운 색 변화가 가능해진다.

(3) 향후 발전 방향

대체육이 조리 후 자연스럽게 갈색으로 변하도록 하는 것은 소비자가 대체육을 실제 육류와 유사하게 받아들이는 데 매우 중요한 요소이다. 기존에는 비트즙, 토마토 색소, 헴을 활용하여 붉은색을 구현하는 방식이 주로 사용되었으나, 최근 연구에서는 비트즙의 열에 의한 색 변화 특성을 활용하여 쑥과 치자 색소를 조합하는 방식이 개발되고 있다. 이러한 연구는 대체육의 시각적 자연스러움을 높이는 것뿐만 아니라, 건강 기능성까지 고려한 천연 색소 활용 가능성을 확장할 수 있는 중요한 방향성을 제시한다. 향후 대체육 색소 연구는 조리 중 자연스러운 색 변화, 색 안정성 강화, 건강 기능성 증대 방향으로 발전할 것이며, 이를 통해 보다 정교한 대체육 색상 구현이 가능해질 것으로 예상된다. 이처럼, 대체육의 색상 재현 기술은 단순한 착색을 넘어, 소비자의 시각적 기대를 충족시키면서도 천연 원료를 활용한 건강한 이미지 구축을 목표로 지속적으로 발전해 나가고 있다.

5. 전 세계 대체육 산업 현황

1) 대체육 시장 규모 및 성장률

(1) 전 세계 대체육 시장

전 세계 대체육 시장은 최근 몇 년 동안 급격한 성장을 보였다. 2022년 전 세계 식물성 대체육 시장의 매출은 약 61억 달러에 달했으며, 이는 전년 대비 8% 증가한 수치이고 2023년에도 대폭 증가할 것으로 예상된다. 신선육 내 식물성 대체육(plant-based meat anlaogs, PBMA) 시장 점유율은 크게 증가하였으며, 식물성 대체육 소비 비중은 2025년 10%에서 2040년 25%로 재편될 전망이다.

대체육 시장은 매년 꾸준한 성장세를 보이며, 향후에도 지속적인 성장이 예상된다. 컨설팅 회사들은 향후 몇 년 동안 식물성 대체육의 전 세계 연간 성장률을 육류 시장 예상 성장률보다 높은 약 20%로 예측하였다. 또한, 2016년부터 연평균성장률 6.3%를 기록해 2020년 60억 6,000만 달러를 기록했으며 최근에는 시장의 성장률이 가속화되어 2025년 시장규모가 110억 3,000만 달러를 기록할 것으로 전망했다. 이러한 성장은 전통적인 육류 생산 방식이 환경에 미치는 부정적 영향을 줄이기 위한 대안으로 대체육에 대한 수요가 증가하고 있기 때문이다.

대체육의 주요 원료로 사용되는 대두 단백질, 완두콩 단백질, 밀 글루텐 등의 수요도 급격히 증가하고 있다. 대체육 제품은 주로 햄버거 패티, 소시지, 너겟, 미트볼 등 다양한 형태로 제공되며, 이러한 제품들은 글로벌 시장에서 큰 인기를 끌고 있다.

(2) 지역별 시장 현황

지역별 시장 현황을 살펴보면, 북미, 유럽, 아시아 지역을 중심으로 대체육 시장이 성장하고 있다. 북미는 대체육 시장에서 가장 큰 점유율을 차지하고 있으며, 전 세계 대체육 시장의 성장을 주도하고 있다. 2023년 기준으로 북미 지역의 식물성 대체육 시장 수익 점유율은 38%에 달했다. 이와 같은 높은 점유율은 여러 요인에 기인한다. 먼저, 소비자들의 건강에 대한 관심이 증가하면서, 포화지방과 콜레스테롤이 적은 식물성 대체육에 대한 선호도가 높아지고 있다. 특히, 비욘드 미트(Beyond Meat)와 임파서블 푸드(Impossible Foods)와 같은 선도 기업들이 혁신적인 제품을 지속적으로 출시하면서 소비자들에게 다양한 선택지를 제공하고 있다. 또한, 환경 보호에 대한 관심이 높아지면서, 대체육은 전통적 육류 생산의 환경 부담을 줄일 수 있는 대안으로 주목받고 있다. 대체육은 전통적인 육류 생산에 비해 온실가스 배출량, 토지 사용량, 물 소비를 크게 줄일 수 있어, 지속 가능한 식품 선택으로 각광받고 있다. 이러한 환경적 이점은 특히 젊은 세대와 환경 보호를 중시하는 소비자들 사이에서 대체육에 대한 수요를 더욱 증가시키고 있다. 이러한 미국의 대체육 시장 성장은 정부와 민간 부문의 적극적인 지원에 힘입고 있다. 미국 농무부(USDA)와 식품의약국(FDA)은 배양육 및 식물성 대체육 제품에 대한 규제 및 안전성을 검토하고 있으며, 이는 대체육 제품의 신뢰성을 높이고 시장 성장을 촉진하는 데 기여하고 있다. 더불어, 북미 지역의 주요 유통망인 슈퍼마켓과 식품점들은 대체육 제품을 적극적으로 취급하고 있어 소비자 접근성을 높이고 있다. 이와 같은 요인들로 인해 북미 지역은 대체육 시장에서 가장 큰 점유율을 차지하고 있으며, 전 세계적으로 대체육 시장의 성장을 이끌고 있다.

유럽은 엄격한 동물 복지 규제와 비건 및 채식 인구의 증가에 힘입어 대체육 시장에서 가장 빠르게 성장하는 지역 중 하나다. 특히 영국, 독일, 프랑스, 이탈리아, 네덜란드가 큰 시장을 형성하고 있으며, 유럽 연합(EU)은 배양육 연구 프로젝트에 700만 유로를 지원하는 등 배양육 시장에 대한 관심을 보이고 있다. 2022년 유럽의 식물성 대체육 매출은 약 20억 유로를 기록했으며, 이는 전년 대비 대폭 증가한 수치다.

아시아는 대체육 시장에서 큰 잠재력을 가지고 있다. 중국, 일본, 인도 등 주요 국가들이 건강한 식습관과 환경 보호를 중시하며 대체육 제품에 대한 수요가 증가하고 있다. 이 지역의 대체육 시장은 연평균 성장률 19.7%를 기록하며 빠르게 성장하고 있다. 배양육 시장에서 주목할 만한 나라는 싱가포르로, 2020년에 세계 최초로 배양육 기업의 식품 시판을 승인했다. 특히, 싱가포르는 식량 수급의 불안정을 해소하기 위한 전략으로 농지가 필요 없는 대체육 시장을 적극 지원하고 있으며, 2030년까지 자국 식량 생산 비율을 30%까지 끌어올리겠다는 목표를 세우고 있다.

(3) 대한민국의 상황

대한민국은 대체육 시장의 육성이 매우 필요한 상황이다. 싱가포르와 마찬가지로 대한민국은 농업을 위한 충분한 영토가 부족하며, 대부분의 식량을 수입에 의존하고 있다. 이러한 상황에서 대한민국 기업이 대체육 시장을 선점하는 것이 매우 중요하다. 2023년 기준으로 국가별 대체육 시장 규모를 비교했을 때, 미국이 약 10억 달러 규모로 가장 큰 시장을 형성하고 있으며, 영국, 중국, 독일, 일본 등이 그 뒤를 잇고 있다. 반면, 대한민국은 0.2억 달러 규모로 38번째에 위치해 있다. 따라서, 국내의 많은 스타트업 및 대기업은 규모가 작은 국내 시장을 탈피하여 적극적으로 미국 및 유럽 시장에 진출하며 성장을 이어가고 있다.

배양육 시장에서도 대한민국은 아직 큰 움직임을 보이지 않고 있지만, 기술력 면에서는 후발주자로 보기 어렵다. 대한민국은 다른 나라보다 배양육의 안정성을 조금 더 주의 깊게 검토하고 있어 시간이 걸리고 있지만, 규제가 구체화되면 빠르게 제품 개발을 할 수 있을 것으로 본다.배양육 기술이 가장 앞서 있는 미국과 비교하면, 우리나라의 기술력은 여전히 일정한 격차가 존재한다. 그러나 보다 본질적인 문제는 기술이 아니라 자본 격차에 있으며, 국내 대체육 스타트업은 생산 공정 구축에 필요한 초기 자본의 진입

장벽이 매우 높은 상황이다. 해외 기업의 경우, 국내 기업보다 약 10배 정도 큰 규모의 투자를 받는다고 알려져 있다. 즉, 국내 기업이 100억 규모 투자를 유치할 때 같은 단계의 해외 기업들은 1,000억 단위까지 투자를 받는다. 이러한 자본 격차는 궁극적인 배양육 시장의 주도하는 기업의 성장 차이를 낼 수밖에 없는 실정이다.

대한민국의 대체육 산업이 성장하려면 산, 학, 관의 협력이 필수적이다. 정부는 대체육 연구개발 지원을 위해 2025년까지 5개년 투자계획을 수립했으며, 지난해에는 총 212억 원 규모의 9개 신규 연구개발 과제를 선정해 진행 중이다. 대체육 시장을 선점하지 못하면 미래 식량 안보에 큰 위협이 될 수 있는 만큼, 대한민국 기업의 적극적인 투자가 필요하다. 국내 기업들은 소비자의 입맛에 맞춘 제품 개발과 가격 경쟁력을 갖추기 위해 지속적인 연구와 개발을 이어가야 한다. 결론적으로 전 세계 대체육 시장은 건강, 환경, 윤리적 이유로 인해 빠르게 성장하고 있으며, 대한민국도 이에 발맞추어 대체육 시장을 적극적으로 육성해야 할 필요가 있다. 이는 식량 안보와 지속 가능한 식품 시스템 구축을 위해 중요한 과제가 될 것이다.

2) 대체육 주요 기업 및 브랜드

세계의 많은 스타트업은 대체육 시장을 주도하며, 새로운 기술을 활용한 제품을 선보이면서 소비자의 요구를 충족시키고 있다. 대체육 산업의 성장과 발전은 전 세계적으로 지속될 것으로 예상되며, 이는 우리의 식생활을 계속적으로 변화시킬 것이다. 다음은 대표적인 대체육 기업들을 국가별로 소개한다.

표 3-9 국가별 대표적인 대체육 기업 및 제품명

주요 국가	기업 및 브랜드명	제품명
북미	비욘드 미트(Beyond Meat)	비욘드 버거, 비욘드 소시지, 비욘드 민스, 비욘드 미트볼 등
	임파서블 푸드(Impossible Foods)	임파서블 버거
	Eat JUST	비욘드 에그, JUST Mayc 등
	메이플 리프 푸드(Maple Leaf Foods)	비건 델리 미트, 핫도그, 버거, 베이컨, 식물성 홀리데이 로스트, 페퍼로니, 델리 슬라이스, 비건 치즈 등
유럽	마를로우 푸즈(Marlow Foods Ltd.)	다진 육류, 치킨 조각, 소시지, 레디밀, 냉장 버거 등
	스왑 푸드(Swap Food)	스테이크나 치킨 등
	레보푸드(Revo Foods)	연어를 모방한 'The Filet'과 문어 촉수를 모방한 'The kreken' 등
	유니레버(Unilever PLC)	식물성 대체육을 활용한 버거, 소시지, 너겟, 케밥 등
싱가포르	시옥미츠(Shiok Meats)	배양 새우와 게 등
	카라나(Karana)	딤섬용 섬유질 구조 제품 등
이스라엘	리디파인 미트(Redefine Meat Ltd.)	원육 대체육, 갈비, 다진 육류, 풀드 미트 등
대한민국	지구인컴퍼니의 언리미트(Unlimeat)	구워 먹을 수 있는 불육류, 만두, 폴드포크 등
	인테이크의 이노센트(innocent)	식물성 단백질, 식물성 우유, 단백질 바, 스낵 등 다양한 비건 제품
	롯데제과의 제로미트	제로미트 너겟, 제로미트 가스, 제로미트 베지 함박 오리지널과 제로미트 베지 함박 매쉬드 포테이토 등

(1) 북미

비욘드 미트(Beyond Meat)는 식물성 대체육을 제공하는 선도적인 푸드테크 기업이다. 2009년에 설립된 이 회사는 육류와 유사한 맛과 질감을 구현한 제품들로 유명하다. 비욘드 미트의 제품군에는 비욘드 버거(Beyond Burger), 비욘드 소시지(Beyond Sausage), 비욘드 민스(Beyond Mince), 비욘드 미트볼(Beyond Meatballs) 등이 있는데, 이 제품들은 글루텐, 콜레스테롤이 없으며, 환경 친화적인 대안으로 주목받고 있다. 비욘드 미트의 제품은 기존의 육류 제품을 대체하고자 개발되었으며, 주로 대두, 완두콩, 감자, 쌀 단백질을 사용하여 제조된다. 이들은 식물성 단백질을 사용하여 육류와 유사한 질감과 맛을 낼 수 있도록 고안된 특허 받은 공정을 통해 생산된다. 최근 몇 년간 비욘드 미트는 글로벌 시장에서의 입지를 확대하고 있는데, 특히 2022년에는 영국의 모리슨

(Morrisons)과 파트너십을 통해 비욘드 미트의 냉동 제품군을 미국 전역으로 출시했으며, 중국에서는 새로운 제조 시설을 개설하여 현지화된 생산과 혁신을 가속화하고 있다. 그러나 비욘드 미트는 최근 몇 년간 매출 감소와 손실 증가라는 도전에 직면해 있다. 2023년 4분기 실적에 따르면, 매출은 전년 대비 7.8% 감소한 7,370만 달러를 기록했으며, 영업 손실은 1억 6,080만 달러에 달했는데, 이는 재고 과잉 및 특정 제품 라인의 종료와 같은 문제점 때문으로 파악된다. 그러나 이러한 문제에도 불구하고, 비욘드 미트는 제품 라인의 다각화와 글로벌 시장 확장에 집중하고 있으며, 지속적인 혁신을 통해 회복력을 강화하고 있다고 보고했다.

임파서블 푸드(Impossible Foods)는 2011년 스탠포드 대학교 생화학 교수였던 패트릭 브라운(Patrick O. Brown)이 설립하였는데, 그는 육류와 유사한 맛과 질감을 구현하는 식물성 육류를 개발하는 데 주력하고 있다. 임파서블 푸드의 대표 제품인 '임파서블 버거'는 육류와 유사한 맛과 질감을 구현하는 데 성공했으며, 출시 이후 육류 소비를 줄이고자 하는 소비자들 사이에서 큰 인기를 끌며, 현재 수천 개의 레스토랑과 소매점에서 판매되고 있다. 또한, 2019년 버거킹의 임파서블 와퍼 출시로 대중적 인지도를 크게 높였으며, 이후 화이트 캐슬과 레드 로빈 등의 체인 레스토랑에서도 판매를 시작했다. 임파서블 푸드는 주로 대두와 감자를 기반으로 한 제품을 제조하며, 특히 식물에서 추출한 '헴(heme)' 성분이 포함된 소고기 맛을 재현한다. 헴은 식물에서 유래한 풍미 성분으로, 육류 고유의 맛을 구현해 소비자에게 실제 육류와 유사한 경험을 제공한다. 2020년에는 팬데믹 상황에서도 매출이 급증하며, 소매점과 온라인 직판 사이트를 통해 판매를 확대했으며, 주로 미국과 해외 시장에서 큰 입지를 확보하였다. 임파서블 푸드는 2022년에 기록적인 매출을 올리며, 전년 대비 50% 이상의 매출 성장을 기록했다. 2023년에는 4억 6천만 달러의 매출을 달성했으며, 현재 약 80,000개의 소매점과 40,000개의 레스토랑에서 제품을 판매하고 있다.

① Beyond Meat: 전세계 1위 식물성 대체육 기업, Non-GMO 완두콩 기반 단백질로 소고기, 돼지고기, 닭고기와 같은 형태와 맛을 구현, 주요 제품에는 Beyond Burger, Beyond Sausage 등이 있다.

② Impossible Foods: 전세계 2위 대체육 기업, 대두 단백질을 기반으로 한 소고기 패티, 소시지, 너겟 등을 제조하여 판매, 핵심성분은 헴(heme)으로 콩 뿌리에서 추

출한 레그헤모글로빈 유전자를 활용, 발효 기술로 생산한 헴을 통해 우수한 맛과 식감을 구현한다.

표 3-10 식물성 대체육 대표 기업 비교

구분	비욘드 미트	임파서블 푸드
설립연도	2009년	2011년
주력 제품	버거패티, 소시지, 다짐육	버거패티, 소시지, 미트볼
제품 성분	완두콩, 쌀, 카놀라유, 코코넛 오일	대두, 감자, 해바라기 등
특징	Non-GMO	동물 혈액의 헴 성분을 발효한 콩에서 추출해 육류의 맛을 재현
진출 국가	미국, 캐나다, 영국, 호주, 독일, 대한민국, 대만, 칠레 등	미국, 호주, 캐나다, 홍콩, 마카오, 뉴질랜드, 싱가폴, UAE, 영국 등
주요 패스트푸드 레스토랑 파트너	KFC, 칼스주니어, 서브웨이, 던킨도너츠, 우노 피제리나, 스타벅스, Denny's	버거킹, 우마미 버거, 화이트캐슬, Applebee's, 치즈케이크 팩토리
주요 리테일, 마트 파트너	홀푸즈마켓, 타겟, Safeway, Kroger	Gelson's Market, Kroger

Eat JUST는 2011년에 조슈아 테트릭(Josh Tetrick)과 조쉬 발크(Josh Balk)에 의해 설립된 식품 기술 회사로, 미국 캘리포니아에 본사를 두고 있다. 이 회사는 주로 식물성 기반 달걀 대체 제품인 JUST Egg로 잘 알려져 있으며, 최근에는 배양육 분야로 확장하고 있다. Eat JUST는 원래 햄프턴 크릭(Hampton Creek)이라는 이름으로 시작되었으며, 2013년에 첫 제품인 비욘드 에그(Beyond Eggs)를 출시했는데, 이 제품은 베이킹용 달걀 대체품으로 개발되었으며, 이후 JUST Mayo와 같은 식물성 마요네즈 제품을 선보였다. JUST Egg는 2019년에 출시된 이후, 식물성 재료만으로 실제 달걀과 유사한 맛과 식감을 제공하여 소비자들로부터 빠르게 인기를 끌며 회사의 주력 제품이 되었다. Eat JUST는 2021년과 2023년에 각각 2억 달러와 1,600만 달러의 자금을 유치하며 빠르게 성장했다. 현재 약 48,000개의 소매점과 3,300개의 레스토랑에서 판매되고 있으며, 싱가포르와 미국에서 배양육 제품도 출시하면서 성공적인 모습을 보이고 있다. 특히, 싱가포르에서는 닭고기 배양육을 세계 최초로 상용화하였으며, 미국에서도 배양육 제품을 도입할 계획이다.

메이플 리프 푸드(Maple Leaf Foods)는 캐나다의 주요 식품 회사로, 1927년에 설립되었으며, 캐나다와 미국을 중심으로 식품 시장에서 강력한 입지를 구축해 왔다. 2017년에는 Greenleaf Foods SPC를 설립하고 라이트라이프(Lightlife)와 필드 로스트(Field Roast)를 인수하여 식물성 단백질 시장에 본격적으로 진출했다. 이 회사는 지속 가능한 식품 생산과 식물성 단백질 제품의 개발에 주력하고 있고 다양한 식물성 제품을 제공하고 있다. 특히, 라이트라이프에서는 비건 델리 미트, 핫도그, 버거, 베이컨 등 다양한 제품을 제공하며, 특히 템페(tempeh) 제품으로 유명하다. 라이트라이프는 최근 식물성 아침 소시지와 패티를 출시하여 아침 식사 시장을 공략하고 있다. 필드 로스트는 식물성 홀리데이 로스트, 페퍼로니, 델리 슬라이스, 비건 치즈 등 다양한 제품을 생산하며, 전통적인 식품 제조 방식을 활용하여 대체 가공식품의 품질을 높이고 있다. 2024년 2월, 메이플 리프 푸드는 자사의 육류 및 식물성 단백질 사업 부문을 통합하여 미국 및 캐나다에서의 사업 확장과 성장을 가속화하기로 결정했다. 이러한 통합은 기업 운영의 효율성을 높이고, 비용을 절감함으로써 회사의 전반적인 경쟁력이 강화될 것이라 예상된다. 더 나아가, 메이플 리프는 동물 복지와 환경 보호에 대한 소비자들의 증가하는 관심을 반영하여 지속 가능한 단백질 소싱 전략의 일환으로 배양육 시장으로의 진출을 계획하고 있다.

(2) 유럽

마를로우 푸즈(Marlow Foods Ltd.)는 영국에 본사를 둔 회사로, 1985년에 설립되어 퀀(Quorn) 브랜드를 통해 마이코프로틴으로 만든 다양한 대체육 제품을 제공한다. 마이코프로틴은 자연 발생 곰팡이인 *Fusarium venenatum*에서 추출된 단백질로, 탄수화물을 단백질로 전환하는 과정에서 생산되며, 고단백 및 고섬유질을 함유하고 있지만 포화 지방이 적고 콜레스테롤이 없는 것이 특징이다. 마이코프로틴은 기존 소고기 제품 대비 90% 적은 토지와 물을 사용하고, 98% 적은 탄소 배출을 하는 친환경 소재일뿐만 아니라 모든 필수 아미노산을 포함한 완전 단백질이며, 비타민과 무기질이 풍부하다는 특징을 가진다. 또한, 마이코프로틴은 장내 유익한 세균을 증가시키고 장내 유독 물질을 줄여 대장암 위험을 감소시킬 가능성을 가진다고 알려져 있다. 퀀의 제품군에는 다진 육류, 치킨 조각, 소시지, 코팅 제품, 레디밀, 냉장 버거 등이 포함되며, 전 세계적으로 판매되고 있다. 특히 퀀은 KFC, 그레그스, 퀵 레스토랑과 같은 유럽의 주요 QSR

(퀵 서비스 레스토랑) 파트너들과 협력하고 있다. 최근 마를로우 푸즈는 새로운 마를로우 인그리디언츠(Marlow Ingredients) 부서를 설립하여, 자체 개발한 마이코프로틴을 다른 식품 제조업체에 제공하고 있으며, 이를 통해 마이코프로틴의 건강 및 지속 가능성에 대한 마케팅을 이어가고 있다. 마를로우 푸즈는 육류 대체품뿐만 아니라 유제품 대체품 등 다양한 용도로 마이코프로틴의 사용을 확대하고 있다. 회사는 2030년까지 전 세계에 마이코프로틴을 제공하여 지속 가능한 식단의 변화를 장려하고자 한다. 현재 마를로우 푸즈는 템티 푸즈(Tempty Foods)와의 협업을 시작으로 다양한 파트너와 협력하고 있는 유럽의 대표적인 대체육 기업이다.

스왑 푸드(Swap Food)는 이전에 우미아미(Umiami)라는 이름으로 알려졌던 프랑스 스타트업으로, 식물성 단백질 기반의 대체육을 개발한다. 이 회사에서 특별히 개발한 '우미제이션(Umization)' 기술을 통해 식물성 재료로 만든 제품이 실제 육류와 유사한 질감과 맛을 낼 수 있도록 한다. 이 기술은 식물성 단백질을 특별한 공정을 통해 조직화하며, 이 과정에서 육류의 섬유질 구조를 모방한다. 스왑푸드는 이 기술로 스테이크나 치킨 등 다양한 유형의 식물성 육류 제품을 제조하여 실제 동물성 육류와 비교했을 때 경쟁력을 가진다. 최근 스왑푸드는 유럽 시장에서의 성공을 바탕으로 미국 시장으로의 진출을 목표로 하고 있으며, 이를 위해 프랑스 알자스 지역에 새로운 생산 시설을 건설할 계획이다. 이 시설을 통해 연간 수천 톤의 식물성 대체육을 생산될 수 있을 것으로 보인다.

레보푸드(Revo Foods)는 3D 프린팅 기술을 사용하여 식물성 해산물 대체품을 제조하는 오스트리아의 스타트업이다. 이 회사는 특히 연어를 모방한 마이코프로틴 제품 'The Filet'과 문어 촉수를 모방한 'The kreken'을 개발했다. 이 제품들은 유럽 전역에서 판매되고 있으며, 식물성 해산물의 질감과 영양적 특성을 재현하기 위해 개발된 것이다. 레보푸드는 비엔나에 위치한 'Taste Factory'라는 시설에서 제품들을 생산하고 있으며, 이 공장은 월 최대 60톤의 식물성 제품을 생산할 수 있다. 회사의 3D 구조화 기술은 단백질과 지방을 정밀하게 배열하여 근육의 섬유질 질감을 모방하는데, 이 과정은 영양소의 손실을 최소화하면서 이루어진다. 레보 푸드는 지속 가능한 식품 생산을 통해 해양 생물의 다양성을 보호하고 과잉 어획으로부터 해양을 보호하는 것이 목표이다.

유니레버(Unilever PLC)는 영국에 본사를 둔 다국적 소비재 기업으로, 다양한 식품, 음료, 생활용품, 화장품 브랜드를 보유하고 있는 전통적인 글로벌 기업이다. 유니레버는 2018년에 네덜란드의 대체육 브랜드인 베지테리언 부처(The Vegetarian Butcher)를 인수하며, 식물성 대체육 시장에 본격적으로 진출했다. 베지테리언 부처는 2007년에 전통적인 가축 농부였던 얍 코르트베그(Jaap Korteweg)가 설립한 브랜드로, 육류와 유사한 맛과 질감을 구현한 식물성 대체육을 제공했으며, 버거, 소시지, 너겟, 케밥 등을 포함한 다양한 제품을 생산하여, 현재 55개국 이상의 40,000개 소매점에서 판매되고 있다. 베지테리언 부처는 최근 몇 년간 빠르게 성장하며, 버거킹(Burger King)의 주요 공급업체로 자리 잡았으며 특히 플랜트-베이스드 와퍼(Plant-Based Whopper)와 플랜트-베이스드 너겟(Plant-Based Nuggets)은 유럽, 중동, 라틴 아메리카 및 아시아의 7,000개 이상의 레스토랑에서 판매되고 있다. 또한, 식물성 제품 포트폴리오 확장을 위해 다양한 파트너십을 맺었는데, 2024년에는 고성능 식재료 회사인 The EVERY Company와 협력하여 비건 달걀 제품을 출시했다. 또한, 연구개발에 대한 투자도 활발히 하고 있는데, 특히 네덜란드 와게닝겐 대학교에 식품 혁신 센터인 'The Hive'에 8,500만 유로를 투자하여 식물성 소재와 대체육 등에 대한 연구를 지원하고 있다.

그 외에도 유럽에는 식물성 대체육 사업에 뛰어든 네슬레(Nestlé), 독자적인 구조화 및 발효 기술을 이용하는 플랜티드(Planted), 식물성 베이컨과 햄을 제조하는 라 비에(La v ie) 등의 굵직한 대체육 기업들이 성장 중에 있다.

(3) 싱가포르

시옥미츠(Shiok Meats)는 싱가포르에 본사를 둔 스타트업으로, 세계 최초로 배양 새우와 게를 개발한 회사이다. 이 회사는 2018년에 Sandhya Sriram 박사와 Ka Yi Ling 박사에 의해 설립되었으며, 지속 가능하고 윤리적인 방법으로 해산물을 생산함으로써 전통적인 수산업에 대한 의존을 줄이고자 한다. Shiok Meats의 기술은 진짜 해산물의 맛과 질감을 재현하고 생물학적 폐기물 감소, 환경 파괴 감소 및 동물 복지 증진을 목표로 한다. 2020년에는 시리즈 A 펀딩을 통해 1,260만 달러를 조달했으며, 이 자금은 생산 시설 확장과 제품 개발 가속화에 사용되었다. Shiok Meats는 싱가포르의 식품 기술 분야에서 혁신을 주도하고 있으며, 전 세계적으로 환경적, 윤리적 식품 소비의 대안을 제공하려는 비전을 가지고 있다.

카라나(Karana)는 싱가포르의 식물성 대체육 기업으로, 잭프루트(jackfruit)를 활용해 육류의 질감과 맛을 재현하는 제품을 개발하고 있다. 2018년 Dan Riegler와 Blair Crichton이 설립한 카라나는 지속 가능하고 윤리적인 식품을 제공하여 기존 축산업 의존도를 줄이려고 한다. 특히 잭프루트의 섬유질 구조를 활용해 풀드포크(pulled pork)와 같은 돼지고기의 식감을 재현하는 데 주력하고 있다. 이 회사는 2020년 시드 펀딩 라운드에서 170만 달러(약 22억 원)의 초기 자금을 유치했으며, 투자자로는 Monde Nissin Corp, Big Idea Ventures, Germi8 등이 참여했다. 이 자금을 바탕으로 연구 개발을 확대하고, 제품 라인을 확장하며, 아시아 시장을 중심으로 글로벌 시장 진출을 추진하고 있다. 카라나의 첫 제품들은 딤섬과 같은 아시아 요리에 적합한 형태로 개발되었으며, 현재 여러 유명 레스토랑에서 사용되고 있다. 향후에는 소비자들이 가정에서 쉽게 조리할 수 있도록 가정용 제품도 출시할 계획이다. 카라나는 최소한의 가공 원칙을 유지하면서도 건강한 대체육을 만드는 데 중점을 두고 있으며, 인공 보존제와 색소를 사용하지 않고, 대두 성분도 배제하고 있다. 이를 통해 건강한 식단을 원하는 소비자들에게 신뢰할 수 있는 식물성 단백질 공급원이 되고자 한다. 또한 아시아뿐만 아니라 글로벌 시장으로 확장을 준비하며, 다양한 식물성 대체육 제품을 선보일 계획이다.

(4) 이스라엘

리디파인 미트(Redefine Meat Ltd.)는 2018년에 설립된 이스라엘의 대체육 스타트업이다. 리디파인 미트는 3D 프린팅 기술을 사용하여 구운 육류와 유사한 질감, 맛, 외관을 재현하는 식물성 대체육을 생산한다. 이 회사는 2019년에 시드 펀딩을 통해 600만 달러를 유치하여 대체육 3D 프린터를 개발했으며, 이 기술은 기존 육류에 비해 환경에 미치는 영향을 95%까지 줄일 수 있다. 또한, Alt-Muscle, Alt-Fat, Alt-Blood와 같은 독자적인 식물성 성분을 사용하여 최초로 3D로 인쇄된 Alt-Steak 제품을 통해 육류의 복잡한 구조를 재현했다. 이러한 기술을 바탕으로 스테이크와 같은 원육 대체육을 제공하고 있으며, 그 외 갈비, 다진 육류, 풀드 미트 등의 제품 라인업을 전 세계 여러 레스토랑과 소매점에서 판매하고 있다. 특히 2024년에는 유럽의 주요 소매업체들과 협력하여 Redefine Flank Steak을 출시하였고 이 제품은 유럽 전역에서 큰 인기를 끌고 있다. 리디파인 미트는 이러한 기술력을 바탕으로 설립 이후 빠르게 성장하며 다수의 투자 유치를 성공적으로 마쳤는데, 2021년에는 시리즈 A 펀딩에서 2,900만 달러를 모금했으며, 2022년에는 1억 3,500만 달러의 시리즈 B 펀딩을 통해 글로벌 시장으로의 확장을 가속화했다. 현재, 리디파인 미트는 현재 영국, 독일, 네덜란드 등 여러 국가에서 고급 레스토랑과 협력하여 대체육을 판매하고 있다. 또한, 최근에는 영국과 스위스의 주요 소매업체들과 협력하여 B2C 판매도 진행하고 있다. 리디파인 미트의 비전은 'New-Meat'를 통해 전 세계 사람들이 더 건강하고 지속 가능한 식단을 선택하도록 하는 것으로 "육류를 포기하지 말고, 재정의하라"는 메시지를 통해 더 많은 사람들이 동물 육류를 대체하는 새로운 육류를 받아들이도록 독려하고 있다.

(5) 대한민국

대한민국은 지구인컴퍼니, 인테이크 등의 스타트업이 대체육 사업을 시작하면서 후발주자로 롯데, CJ제일제당, 풀무원, 신세계푸드 등과 같은 대기업 식품업체들이 적극적으로 대체육 시장에 진출하여, 다양한 제품을 시장에 선보이고 있다.

지구인컴퍼니는 2017년에 설립된 대한민국의 대체육 스타트업으로, 국내 최초의 대체육 브랜드 '언리미트(Unlimeat)'를 출시했다. 지구인컴퍼니는 현미, 귀리, 견과류 등 다양한 곡물을 이용한 식물성 대체육을 개발하여 시장에 선보이고 있다. '언리미트' 제품군에는 구워 먹을 수 있는 구이용 식물성제품, 만두, 폴드포크 등 다양한 가공식품이 포함되어 있다. 2021년에 280억 원 규모의 자금을 유치했고 현재까지 누적 투자액만 400억 원이 넘으며, 국내외 시장에서의 확장을 위해 미국, 홍콩, 중국, 베트남, 호주 등 다양한 국가로 대체육 제품을 수출하고 있다.

인테이크(Intake)는 2013년에 설립된 대한민국의 식품 기술 스타트업으로, 다양한 식물성 식품 제품을 개발하고 있다. 이 회사는 혁신적인 기술과 데이터 분석을 통해 식물성 재료를 활용한 대체식품을 제공하며, 건강과 환경 보호를 목표로 하고 있다. 주요 브랜드로는 식물성대체식품 브랜드인 이노센트(Innocent)가 있으며, 식물성 단백질, 식물성 우유, 단백질 바, 스낵 등 다양한 비건 제품을 제공하고 있다. 인테이크는 특히 R&D에 투자를 많이 하고 있는데, 농림축산식품부의 고부가가치식품개발사업 및 해양수산부의 해조류를 이용한 대체 참치·연어 원육 개발사업 등을 수주하였다. 또한, 현재까지 시리즈B 단계의 투자를 받았으며, 약 150억 원의 투자금을 확보하여 대체식품 시장을 선도하고 있다.

롯데제과의 '제로미트'는 국내 최초로 선보인 식물성 대체육 브랜드이다. 이 브랜드는 밀 단백질을 주원료로 사용하며, 육류의 근섬유 구조와 비슷한 식감을 재현하기 위해 특별한 기술을 적용했다. '제로미트 너겟'과 '제로미트 까스'가 첫 제품으로, 통밀에서 추출한 식물성 단백질을 활용하여 닭고기의 쫄깃한 식감을 구현했다. 또한, '제로미트 베지 함박 오리지널'과 '제로미트 베지 함박 매쉬드 포테이토' 같은 후속 제품들은 대두 단백질을 이용해 함박스테이크 특유의 식감과 풍미를 살렸다. 롯데푸드는 제로미트 브랜드가 육류 소비로 인한 자원 소모를 줄이고, 식물성 원료로 만든 제품으로 다양한 영양소를 제공한다고 밝혔다.

3) 코로나19 시기 이후의 식물성 대체육 시장 현황

2019년, 비욘드 미트는 10년 만에 가장 성공적인 IPO를 성사시키며 주목받았고, 곧이어 버거킹은 모든 메뉴에 임파서블 와퍼를 출시했다. 그러나 팬데믹 이후 미국 전역에서 식료품 사재기가 급증하며, 기존 육류 매출은 전년 대비 약 40% 증가했고 이러한 추세는 수개월간 지속되었다. 동시에, 식물성 육류에 대한 관심도 급증하며 주요 브랜드는 높은 성장세를 보였다. 이러한 흐름이 나타난 주된 배경은 2020년 봄, 팬데믹 기간 중 미국 내 도축장의 운영이 일시 중단되거나 심각한 차질을 빚은 데 있었다. 많은 도축장이 확진자 발생으로 폐쇄되었고, 노동력 부족과 물류 문제로 인해 가축 처분 및 대체 유통이 불가피해졌다. 이 같은 혼란이 공론화되며 소비자들은 육류 공급의 구조적 문제에 주목하게 되었고, 그 결과 식물성 대체육에 대한 관심이 확대되었다. 실제로 비욘드 미트는 2020년 1분기에 약 141%의 성장률을 기록했으며, Prime Roots의 CEO Kimberlie Le는 "팬데믹은 소비자들이 기존 육류 시스템의 취약성을 인식하고, 새로운 식물성 제품을 시도할 기회를 제공했다"고 평가했다.

그러나 2년이 지난 후 팬데믹이 잠잠해지고, 소비자들의 신호가 엇갈리고 있는 추세이다. 식물성 육류 매출은 2021년 전년 대비 소폭 감소한 0.8%의 성장률을 기록했으나, 2019년에 비해서는 30% 이상 증가하였다. 식물성 대체육 기업들은 이러한 하락세를 극복하기 위해 참신한 제품을 시장에 출시하고 있다. 2022년 첫 2주 동안 KFC는

Beyond Meat에서 만든 육류 없는 닭고기 제품을 출시했고, Chipotle은 자체 완두콩 기반 초리조를 선보였으며, 맥도날드는 Beyond Meat와 협력하여 McPlant 버거를 출시했다.

또한 Bloomberg Intelligence의 분석가인 Jennifer Bartashus는 식물성 식품 산업은 신생사업이기 때문에 여전히 변동성이 크긴 하나 장기적으로는 사람들이 건강에 대해 생각하는 방식에 근본적인 변화가 있고 이로 인해 지속적인 성장이 예상된다는 의견을 전했다.

4장

배양육의 세계

1. 배양육의 정의
2. 배양육 기술
3. 배양육 관련 규제
4. 전 세계 배양육 산업 현황

1. 배양육의 정의

1) 배양육이란?

배양육(세포배양식품, cultivated meat)[1]은 살아있는 동물에서 채취한 근육 줄기세포(myosatellite cells) 또는 줄기세포를 체외에서 배양하여 생산하는 대체 육류이다. 기존의 가축 사육 및 도축 과정을 거치지 않고, 세포 배양 기술과 조직 공학 기술을 활용하여 실제 육류와 유사한 영양성분과 조직을 형성하는 혁신적인 식품 기술로 주목받고 있다.

배양육의 가장 큰 특징은 기존 육류와 달리 세포 수준에서 성장하고 조직화되는 과정을 거친다는 점이다. 이를 통해 환경적 지속 가능성을 높이고, 동물 복지 문제를 해결할 수 있다. 기존 축산업은 온실가스 배출, 토지·수자원 과다 사용, 전염병 위험 등의 환경적 문제를 야기하는 반면, 배양육은 이러한 문제를 최소화하면서도 동물성 단백질을 공급할 수 있는 대안으로 떠오르고 있다. 배양육은 생물학적, 환경적, 산업적 관점에서 다양한 용어로 불리며, 특정한 의미를 강조하는 방식에 따라 용어가 달라질 수 있다. 배양육의 개념과 용어는 지속적인 연구와 기술 발전에 따라 정교해질 것이며, 상업적 생산이 본격화되면 국제적인 식품 규격과 표준화 논의가 더욱 활발히 이루어질 것으로 예상된다.

(1) 세포 배양육(cultured meat)

세포 배양육은 가장 기술적인 용어로, 이는 과학 및 연구 분야에서 많이 사용되며 배양육이 단순한 식품이 아니라 세포 생물학과 조직 공학 기술이 접목된 최첨단 식품 기술이라는 점을 강조하는 용어이다.

(2) 클린 미트(clean meat)

클린 미트는 기존 육류 생산 방식보다 위생적이고 환경 친화적인 방식으로 생산되었다는 점을 강조하는 용어이다. 전통 축산업과 비교했을 때 배양육은 온실가스 배출량이 낮고, 항생제나 호르몬을 사용할 필요가 없으며, 사육 과정에서 발생하는 질병 전파

---

1) 대한민국 식품의약품안전처(MFDS)는 '배양육'을 공식적으로 '세포배양식품'으로 분류하고 있다. 이에 따라 본 자료에서 사용하는 '배양육'은 MFDS가 공식적으로 명명한 '세포배양식품'을 의미한다.

가능성이 없다는 점에서 '깨끗한 육류(clean meat)'라는 표현이 사용되었다. 다만, 이 용어는 소비자에게 긍정적인 인식을 줄 수 있지만, 축산업계에서는 전통 육류가 '좋지않다'는 인상을 줄 수 있어 일부 반발이 존재한다.

(3) 실험실 육류(lab-grown meat)

실험실 육류라는 용어는 배양육이 실험실에서 배양된 육류라는 점을 강조하는 표현이다. 이는 기술적인 생산 방식을 설명하는 용어로, 과학적 연구 및 실험적 맥락에서 자주 사용된다. 그러나 '실험실'이라는 단어가 소비자들에게 인공적이고 비자연적인 느낌을 줄 수 있어 상업적 용어로는 다소 부정적인 이미지가 있을 수 있다. 이에 따라, 상업적으로는 잘 사용되지 않으며, 일부 배양육 기업들은 이 용어 사용을 지양하는 경향이 있다.

(4) 배양육(synthetic meat, cell-based meat, cultivated meat)

배양육을 설명하는 또 다른 용어로는 'synthetic meat(합성 육류)', 'cell-based meat(세포 기반 육류)', 'cultivated meat(재배된 육류)'가 있다. 'synthetic meat(합성 육류)'는 초기 배양육 기술 소개 단계에서 간혹 사용된 바 있으나, 소비자들이 유전자 변형(GMO)이나 화학적 합성을 연상하여 부정적 인식을 가질 수 있어 최근에는 거의 사용되지 않는다. 'cell-based meat(세포 기반 육류)'는 배양육이 동물 세포에서 직접 유래했음을 강조하는 기술적 용어로 연구 분야에서 주로 사용되었으나, 소비자들에게 다소 기술적이고 기계적인 느낌을 준다는 점에서 산업적 용어로서 선호도가 낮아졌다. 현재 국제적으로 가장 널리 사용되고 있는 용어는 'cultivated meat(재배된 육류)'로, 글로벌 배양육협회(GFI)와 미국 식품의약국(FDA), 농무부(USDA) 등 규제기관 및 주요 기업들이 공식적으로 채택하여 사용하고 있다. 이 용어는 소비자에게 중립적이고 친숙한 이미지를 전달할 수 있어 산업적으로 선호되고 있다.

(5) 국내에서 '배양육'이라는 용어 사용 배경

'배양육'이라는 용어는 세포 배양(culture)과 육류(meat)의 결합어로, 실험실에서 동물 세포를 배양하여 생산하는 육류를 지칭하는 한국어 표현이다. 국내에서는 '배양육'

이라는 용어가 가장 널리 사용되며, 이는 '세포 배양'을 통해 생산된다는 점에서 기술적 정확성과 소비자 친화성을 동시에 충족하는 표현이다. 특히, 대한민국 식품의약품안전처(MFDS)에서는 배양육을 공식적으로 '세포배양식품'이라는 용어로 분류하고 있으며, 농림축산식품부는 이를 '대체식품'의 한 유형으로 간주하여 정책과 규제를 마련하고 있다. 대한민국 정부는 세포배양식품(배양육)을 신기술 기반 식품으로 분류하고, 「식품위생법」 및 「축산물 위생관리법」 개정을 통해 배양육의 안전성 및 유통 기준을 마련하는 작업을 진행 중이다. 일반적으로 사용되는 '배양육'이라는 용어는 대한민국 소비자들에게 기존 식물성 대체육과 차별화된 기술적 배경을 강조하는 역할을 하며, 국내외 배양육 기업들도 대한민국 시장을 겨냥한 홍보 전략에서 '배양육'이라는 용어를 적극적으로 사용하고 있다.

(6) 글로벌 배양육 기업들의 용어 사용 경향

배양육 산업이 발전하면서, 글로벌 기업들은 소비자 인식과 시장성을 고려하여 다양한 용어를 사용하고 있다. 현재 미국, 유럽, 싱가포르 등 여러 국가에서는 'cultivated meat'라는 용어가 가장 널리 사용되고 있으며, 이는 '재배된 육류'라는 의미로, 소비자들에게 친숙하면서도 기술적 배경을 설명할 수 있는 용어로 자리 잡고 있다. 특히, 미국 식품의약국(FDA)과 농무부(USDA)에서도 공식적으로 'cultivated meat'를 표기 용어로 채택하여 사용하고 있다. 이처럼 배양육 산업에서 사용되는 용어는 각국의 법규와 소비자 인식에 따라 차이가 있으며, 대한민국에서는 '세포배양식품'이라는 용어가 정부 및 산업 전반에서 공식적인 용어로 자리 잡고 있다.

표 4-1 글로벌 배양육 기업들이 사용하는 명칭

기업	사용하는 명칭
Upside Foods(미국)	'Cultivated Meat' 사용
Good Meat(미국, Eat Just 자회사)	'Cultured Meat'와 'Cell-Based Meat' 병행 사용
Mosa Meat(네덜란드)	'Cultured Meat' 사용
Aleph Farms(이스라엘)	'Cultivated Meat' 사용

2) 배양육과 식물성 대체육의 비교

배양육과 식물성 대체육은 모두 전통적인 축산업을 대체할 수 있는 혁신적인 식품 기술로 개발되고 있지만, 근본적인 기술적 접근 방식과 시장 진입 속도에서 큰 차이가 있다. 두 기술은 궁극적으로 기존 육류와 유사한 조직감과 풍미를 구현하는 것을 목표로 하지만, 생산 방식, 분자적 접근, 기술적 난이도, 소비자 수용성 등의 측면에서 차별화된다.

(1) 기술적 차이: 세포 기반 vs. 식품가공 기반

배양육과 식물성 대체육은 육류의 구조를 모방하는 방식에서 근본적인 차이를 보인다. 배양육은 동물에서 얻은 살아있는 세포를 배양하여 실제 근육 조직을 만들어 내는 방식으로, 세포 생물학(cell biology)과 조직 공학(tissue engineering)을 기반으로 한다. 즉, 실제 동물 근육 세포가 증식하고 서로 연결되어 근섬유(myofiber)라는 구조를 형성하게 된다. 배양육의 핵심 기술적 과제는 이 근섬유가 제대로 성장하고 세포 간의 상호작용이 이루어지도록 세포 배양 배지, 지지체(scaffold), 생물반응기(bioreactor), 조직화 공정 등을 최적화하는 것이다.

반면, 식물성 대체육(plant-based meat analogs)은 식물에서 추출한 단백질과 지방, 그리고 탄수화물 등의 원료를 이용하여 실제 육류의 질감을 흉내내는 방식이다. 이는 식품 콜로이드 시스템(food colloidal system)과 유변학(rheology) 같은 식품 공학의 원리를 활용하며, 압출 성형(extrusion)과 같은 물리적인 가공 과정을 거쳐 실제 고기와 유사한 섬유질 구조를 만든다. 따라서, 배양육이 생명공학과 조직공학의 전문적인 기술을 활용한다면, 식물성 대체육은 식품가공학, 식품화학, 식품생물공학 등과 같은 전통적이고 익숙한 기술 영역을 기반으로 한다고 볼 수 있다.

(2) 배양육의 핵심 기술 요소

배양육을 생산하기 위해서는 다음과 같은 세포 기반 생명공학 기술이 필수적으로 사용된다.

① 세포 배양 및 조직공학

- 배양육은 살아있는 동물의 세포(주로 근육 위성세포(myosatellite cells) 또는 줄기

세포)를 채취하여, 배양액 내에서 증식 및 분화시키는 과정으로 생산된다.

• 이 과정에서 줄기세포 생물학, 성장인자 활용, 3D 조직공학 등의 생명과학 기술이 적용되며, 이는 일반적인 식품가공 기술과 본질적으로 다르다.

② 바이오리액터 활용 및 생물공정: 대량의 세포를 배양하기 위해 바이오리액터를 사용하며, 영양소 공급, pH 조절, 산소 농도 조절 등을 최적화하는 과정은 생물공정학의 핵심 기술이다.

③ 유전자 조작 및 배양 배지 최적화: 배양육 생산을 위한 세포 배양 배지는 기존의 세포 배양학에서 사용되는 배지를 기반으로 하지만, 식품으로 적합하도록 조성해야 한다. 이를 위해 식물성 성분을 포함한 배지 개발, 성장인자 최적화, 무혈청 배지 개발 등이 연구되고 있다.

(3) 식물성 대체육의 핵심 기술 요소

식물성 대체육은 세포 배양이 아니라 기계적, 물리적, 화학적 방법을 활용한 식품 가공 기술을 기반으로 한다.

① 물리·화학적 가공 기술 적용: 식물성 단백질(대두, 밀, 완두콩 등)을 추출하여 압출성형(extrusion), 전단 유변학 기술(shear-cell technology) 등을 이용해 근육 조직과 유사한 식감을 형성한다. 이는 전통적인 식품가공 기술의 연장선이며, 생명공학적 세포 배양 과정이 포함되지 않는다.

② 발효 공정을 통한 성분 변형: 일부 식물성 대체육은 미생물 발효 기술(fermentation technology)을 활용하여 감칠맛(umami)이나 육즙(juiciness)을 강화하는데, 이는 식품발효학(Food Fermentation)의 영역에 속한다.

(4) 시장 진출 속도 및 기술적 난이도 차이

배양육과 식물성 대체육은 기술적 난이도와 시장 진출 속도에서 뚜렷한 차이를 보인다. 배양육은 생명공학과 조직 공학 기술을 기반으로 세포 배양을 통해 생산되는 반면, 식물성 대체육은 식품 가공 기술을 활용하여 육류의 물성과 풍미를 모사한다. 이러한 차이는 생산 공정, 비용, 소비자 수용성, 규제 승인 절차 등에서 명확한 차이를 만든다.

배양육은 기술적 난이도가 높아 연구개발 단계에서 해결해야 할 과제가 많으며, 대량 생산을 위한 공정 최적화가 진행 중이다. 세포 배양을 위한 생물반응기, 혈청 대체 배지, 조직화 기술 등의 기술이 필요하며, 이에 대한 연구가 활발히 이루어지고 있다. 그러나 생산 비용이 높고, 대량 생산 공정이 확립되지 않은 문제가 있다. 또한, 배양육은 높은 규제 장벽을 극복해야 한다. 각국의 식품 안전 규제가 아직 미비한 상태이며, 장기적인 안전성 검증이 필요하므로 승인 절차가 복잡하다. 배양육은 기존 식품과는 전혀 다른 제조 방식으로 생산되기 때문에, 각국의 식품 규제 기관(FDA, EFSA, SFA 등)이 새로운 평가 기준을 마련하고 있으며, 이에 따른 규제 기준 정립이 필수적인 과제로 남아 있다. 현재 싱가포르와 미국에서 일부 배양육 제품이 승인되어 판매되고 있지만, 대량 생산을 통한 본격적인 상용화는 아직 초기 단계에 머물러 있다.

반면, 식물성 대체육은 배양육보다 훨씬 빠르게 시장에 진출하고 있다. 이미 상용화된 제품이 많으며, 글로벌 대체육 시장에서 널리 소비되고 있다. 특히, 기존의 식품 가공 시설을 활용할 수 있어 대규모 생산이 용이하며, 이에 따라 단가 절감과 유통망 확장이 빠르게 이루어지고 있다. 규제 장벽 또한 상대적으로 낮다. 식물성 대체육은 기존 식물성 식품과 유사한 원료를 사용하기 때문에, 일반 식픔과 동일한 수준의 식품 규제가 적용된다. 별도의 추가적인 인증 없이도 시장 출시가 가능하며, 이는 식물성 대체육이 빠르게 시장 점유율을 확대할 수 있는 중요한 요인 중 하나이다.

결과적으로, 배양육은 기술적 난이도가 높고 규제 장벽이 크며, 생산 비용이 높은 점 때문에 시장 진입이 더디다. 반면, 식물성 대체육은 기존 식품 가공 기술을 활용하여 대량 생산이 가능하고, 규제 장벽이 낮아 빠르게 상용화가 진행되고 있다. 향후 배양육이 본격적으로 상업화되기 위해서는 생산 비용 절감, 대량 생산 공정 확립, 규제 승인 확보가 필수적인 과제가 될 것이다. 반면, 식물성 대체육은 맛과 텍스처 개선을 통한 소비자 수용성이 주요 과제로 남아 있다.

따라서, 대체육 시장은 배양육과 식물성 대체육이 경쟁하기보다는 보완적인 관계를 형성할 가능성이 높다. 향후에는 하이브리드 제품(배양육+식물성 단백질 혼합 제품)을 통해 시장을 확대하고, 지속 가능한 식품 산업을 구축하는 방향으로 발전할 것으로 전망된다.

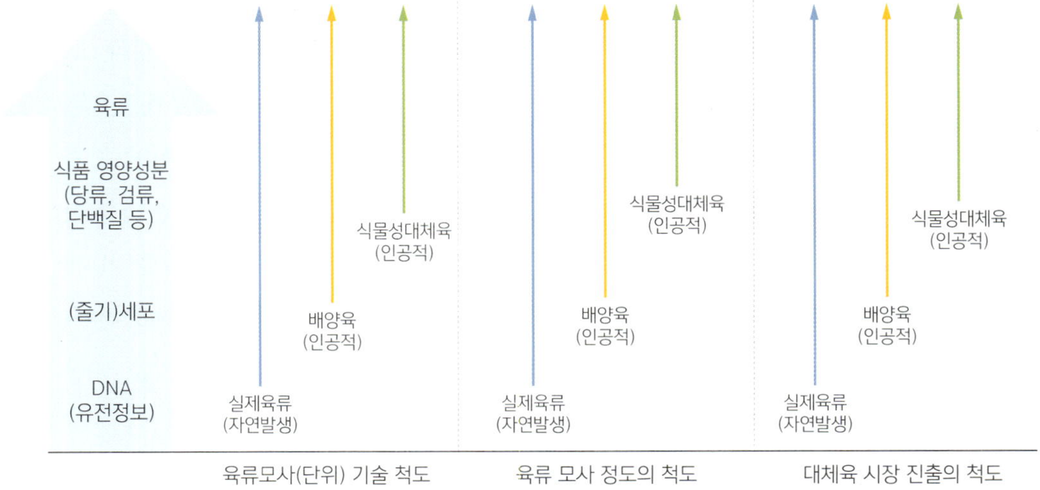

그림 4-1 **배양육과 식물성 대체육의 육류 모사 척도 비교**

2. 배양육 기술

1) 배양육 생산 기술

배양육은 동물에서 채취한 세포(근육 위성세포 또는 줄기세포)를 실험실 환경에서 배양한 후, 조직 공학적 구조 형성 과정을 거쳐 생산되는 인공 육류로, 기존 축산업과는 근본적으로 다른 생명공학적 접근 방식을 필요로 한다. 배양육의 생산 과정은 ① 세포주 확립(cell line establishment), ② 세포 배양 및 증식(cell culture and proliferation), ③ 조직 공학적 구조 형성(tissue engineering), ④ 생물반응기에서의 배양 및 조직 성숙(bioreactor culture and tissue maturation)의 네 가지 핵심 단계로 이루어지며, 이를 통해 전통적인 육류와 유사한 물리적·화학적 특성을 갖춘 제품이 완성된다. 본 장에서는 배양육의 핵심 생산 공정과 최신 기술을 중심으로 살펴본다.

(1) 배양육의 기술적 정의

배양육은 동물 세포를 체외(in vitro)에서 배양하여 생산된 조직성 단백질로, 전통적인 축산업을 거치지 않고 생명공학 기술을 활용하여 인공적으로 제조된 동물성 식품으로 정의할 수 있다. 이는 기존의 식물성 대체육과는 근본적으로 다른 개념으로, 동물 세포를 직접 배양하여 실제 육류와 유사한 근섬유와 조직을 형성하는 것이 특징이다.

기술적으로 배양육 생산 과정은 다음과 같은 네 가지 핵심 기술 분야가 융합된 복합적인 공정이다.

① 세포 생물학(Cell Biology): 동물의 근육, 지방, 결합 조직에서 유래한 세포를 체외에서 증식하고 유지하는 과정이다.

② 조직공학(Tissue Engineering): 배양된 세포가 실제 육류와 유사한 3D 조직 구조를 형성하도록 유도하는 기술이다.

③ 생물공정(Bioprocess Engineering): 배양액 조성 최적화, 생물반응기 설계, 영양소 공급 및 폐기물 제거 등 대량 배양을 위한 공정이다.

④ 식품공학(Food Engineering): 배양된 조직을 가공하여 소비자 기호에 맞는 맛, 질감, 색, 영양 성분을 구현하는 기술이다.

배양육의 정의는 기술 발전과 연구 성과에 따라 점차 정교해질 것이며, 상업적 생산이 본격화됨에 따라 국제적인 식품 규격 및 표준화 작업이 필수적으로 요구될 것으로

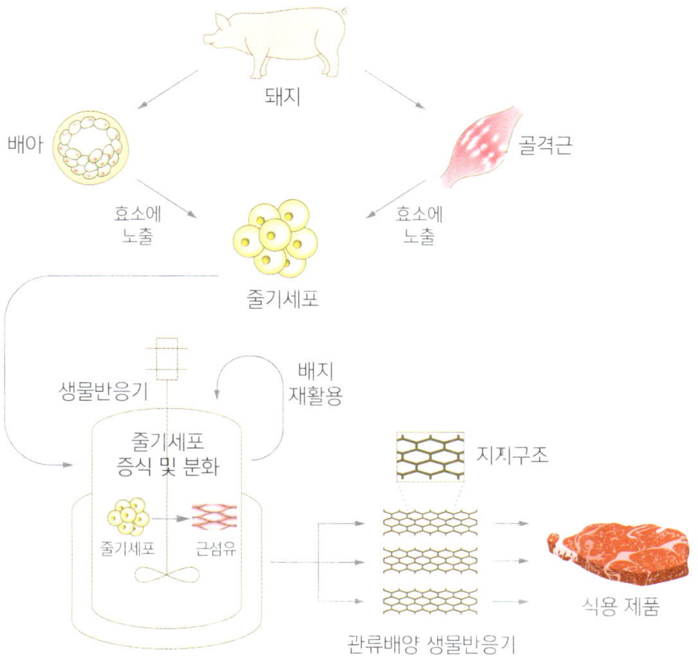

그림 4-2 **배양육 생산공정 예시**

예상된다. 현재 미국, 유럽연합(EU), 싱가포르 등 주요 국가들은 배양육을 신식품(Novel Food)으로 분류하고 있으며, 식품 안전성과 영양적 기준을 충족하기 위한 다양한 연구가 진행 중이다.

(2) 세포 채취 및 세포주 확립

① 세포 채취 과정

배양육 생산의 첫 단계는 동물의 세포를 채취하고 이를 장기적으로 안정적으로 배양할 수 있도록 세포를 채취하고 세포주(cell line)를 확립하는 것이다. 세포 채취 과정은 다음과 같다.

a. 조직 선택

배양육을 생산하기 위해 먼저 적절한 동물 조직을 선택하여 세포를 확보한다. 일반적으로 근육 조직이 주요 공급원으로 활용되는데, 근육 내에는 근육 형성에 기여하는 줄기세포인 위성세포(satellite cell) 등이 존재한다. 이러한 근육 유래 세포들은 배양육의 근육 섬유를 형성하는 핵심 요소이다. 한편, 배양육의 풍미와 육즙을 개선하기 위해 지방 조직에서 세포를 채취하는 경우도 많다. 지방 조직에는 지방 전구세포(preadipocyte)나 지방유래 성체줄기세포(ADSCs)가 포함되어 있으며, 이를 분리하여 배양하면 근섬유 사이에 지방 세포를 함유한 조직을 만들 수 있다. 근육 세포와 지방 세포를 함께 배양함으로써 근섬유 사이에 마블링(marbling)을 형성하여 육즙과 풍미를 높일 수 있는데, 이러한 근내지방은 육류의 풍미와 다즙성을 결정하는 중요한 요소이다. 이론적으로는 여기에 더해 혈관 내피 조직 등의 세포를 함께 포함시켜 배양하면 실제 고기 조직과 더욱 유사한 구조를 구현할 수 있다. 실제로 골격근 조직은 약 90%의 근섬유와 10%의 지방, 결합, 신경, 혈관 세포로 이루어지므로, 배양육에서도 혈관 내피세포나 결합조직 세포 등을 보조적으로 활용하면 3차원 조직 환경을 개선할 수 있을 것으로 기대된다.

b. 채취 방법

세포 채취 시에는 동물 복지를 고려하여 최소 침습적으로 조직을 얻는 것이 중요하다. 이를 위해 살아있는 동물로부터 소량의 조직 생검(biopsy)을 실시하는 방법이 많이 활용된다. 예를 들어 근육 위성세포를 확보하기 위해 국소 마취 하에 근육 조직을 채취할 수 있으며, 이렇게 하면 동물을 희생시키지 않으면서도 필요한 세포를 얻을 수 있어 윤리적이다. 채취한 조직은 가능한 한 무균적 조작 하에 즉시 세포 분리 및 배양 과정으로 넘어가며, 채취 원본 동물의 건강 상태와 조직의 신선도에 대한 철저한 관리가 뒤따른다. 한편, 일부 경우에는 도축된 동물로부터 나온 신선 조직을 사용할 수도 있다. 예컨대, 종교적 요구조건(할랄 등)이나 실용적 이유로 도축 후 즉시 근육 조직을 확보하여 세포를 분리하기도 하는데, 이때에도 조직이 살아있는 상태와 유사한 세포 생존도를 보여줄 수 있다. 그러나 일반적으로는 살아있는 동물로부터의 생검 채취가 선호되며, 얻어진 세포는 품질 관리와 추적성을 위해 출처와 채취 과정을 정확히 기록한다.

c. 세포 분리 기법

조직에서 개별 세포를 분리하기 위해서는 효소 처리와 물리적 방법을 조합하여 활용한다. 먼저 채취한 조직을 미세 조각화한다. 멸균 가위나 분쇄기를 사용해 조직을 잘게 자른 후, 조직 내 세포들을 둘러싸고 있는 세포외기질(ECM)을 분해하기 위해 프로테아제를 처리한다. 흔히 사용되는 효소로는 콜라겐분해효소(콜라겐나제), 트립신(trypsin), 프로나제(pronase), 디스페이스(dispase) 등이 있으며, 각각 분해하는 ECM 구성요소가 다르기 때문에 목표 세포에 따라 효소를 선택하거나 혼합 사용한다. 연구에 따르면 단일 효소로 처리하는 경우도 있지만, 두 가지 이상 효소를 순차적으로 또는 동시에 처리하여 분리 효율을 높일 수 있음이 보고되었다. 효소 처리 단계에서는 온도와 시간, 교반 조건을 최적화하여 최대한 많은 세포를 손상 없이 유리하는 것이 중요하다. 효소로 조직을 분해한 후에는 발생한 세포 현탁액을 여과 및 원심분리 단계를 통해 정제한다. 직경 40~100 μm 정도의 세포 여과망(cell strainer)을 사용하여 큰 조직 파편을 걸러냄으로써 세포만 통과시키고, 필요에 따라 차등 원심분리로 세포와 남은 작은 찌꺼기를 분리한다. 이러한 일련의 기계적 분리 과정을 통해 최종적으로 단일 세포 현탁액을 얻으며, 분리된 세포는 곧바로 배양 배지에 재부유시켜 초기 배양 단계로 넘어가게 된다.

② 세포주 확립 과정

a. 초기 배양

조직으로부터 분리된 세포들은 세포주 확립을 위해 적절한 조건에서 배양된다. 초기 배양 단계에서는 세포 생존율을 높이고 안정적인 증식을 유도하기 위한 환경 조성이 중요하다. 일반적으로 포유류 세포는 37°C, 5% CO_2의 습식 인큐베이터에서 배양되며, 세포에는 영양분이 풍부한 배양 배지가 제공된다. 배양 배지는 아미노산, 포도당, 비타민, 무기염류 등 기본 영양소와 혈청 또는 성장인자 등이 포함된 용액으로, 초기에는 세포의 부착과 증식을 돕기 위해 비교적 고농도의 영양소와 혈청인자를 공급한다. 분리 직후의 1차 세포들은 스트레스를 받은 상태이므로, 초기에 배양 배지를 자주 교환하여 대사 노폐물을 제거하고 신선한 영양분을 공급해 준다. 이 단계에서는 세포 밀도가 너무 낮지 않도록 적절한 접종 밀도를 유지하며, 세포들이 배양 용기 표면에 잘 부착할 수 있도록 배지를 조정하거나 코팅된 배양 플레이트(예: 콜라겐 또는 라미닌 코팅)를 사용하기도 한다. 이러한 초기 배양 과정을 거치면서 세포들은 안정적인 증식상에 돌입하게 되고, 점차 세포주 확립의 기반을 마련한다.

b. 세포 증식

초기 배양에서 살아남은 세포들은 지속적인 증식을 통해 세포 수를 확장하게 된다. 세포주 확립을 위해서는 대상 세포가 연속 배양에 견디고 충분한 증식 능력을 갖추는 것이 필수적이다. 배양 과정에서 세포들이 증식하여 배양 용기의 바닥을 대부분 덮게 되면(confluency 도달), 적절한 시점에 세포를 계대배양(passage)하여 새로운 배양 용기로 옮겨주어야 한다. 이렇게 함으로써 세포에 공간과 영양을 다시 제공하여 지속적인 증식을 유도할 수 있다. 연구자들은 세포 증식 속도를 관찰하며 배양 조건을 조절하는데, 예를 들어 분화가 유도되지 않도록 저밀도를 유지하거나, 반대로 세포 수 확대가 필요할 때는 영양소와 성장인자 농도를 높이기도 한다. 산업적인 배양육 생산을 염두에 둘 경우 증식 단계에서 증식 속도가 빠르고 안정적인 세포주를 선발하는 것이 중요하다. 실제로 일부 기업에서는 증식이 빠르고 지속적으로 균일한 품질의 세포를 선별하여 배양육 생산에 활용하고 있으며, 증식 속도(세대 시간)와 고밀도 배양 적응성 등이 배양 비용과 효율에 큰 영향을 주는 것으로 알려져 있다.

c. 세포 특성 평가

세포를 일정 기간 증식시키면서 세포주로서의 특성을 면밀히 평가한다. 세포주의 증식 능력과 분화 잠재력을 정량적으로 확인하기 위해 배가 시간(doubling time)이나 콜로니 형성 능력 등을 측정한다. 또한 장기간 계대배양 후에도 유전적 안정성이 유지되는지 확인하기 위해 핵형 분석(karyotyping)이나 전장유전체 염기서열 분석 등을 실시하여 염색체 이상이나 돌연변이 유발 여부를 점검한다. 세포 형태와 표지자 발현을 관찰하여 배양 중 표현형의 변화가 없는지도 중요한 평가 항목이다. 아울러, 배양 과정에서 미생물 오염이 발생하지 않았는지 주기적으로 검사한다. 특히 마이코플라스마와 같은 세포 배양 오염은 육안으로 확인되지 않으므로 PCR 등의 방법으로 검출하여 음성임을 확인하고, 세포주가 무균 상태임을 보증해야 한다. 이러한 특성 평가를 통과한 세포는 배양육 생산에 적합한 확립 세포주로 간주되며, 이후 대량 생산 단계에 투입되거나 장기 보관을 위해 냉동 보존된다.

d. 마스터 셀뱅크 구축

확립된 세포주는 향후 안정적인 생산을 위해 마스터 셀뱅크(master cell bank)로 구축된다. 마스터 셀뱅크란 대량의 세포를 동일한 조건에서 배양·확보한 후 이를 장기 보존하는 세포 저장고를 의미한다. 구체적으로, 특성이 확인된 세포주를 크게 증식시켜 다수의 바이알(vial)에 나누어 액체 질소 등 초저온에서 동결 보존함으로써 하나의 세포 뱅크를 만든다. 이렇게 확보된 마스터 셀뱅크는 이후 필요한 때에 일부를 해동하여 워킹 셀뱅크(working cell bank)나 생산 배양에 활용할 시드(seed) 세포로 사용된다. 세포를 뱅크 형태로 보관하면, 한 번 확립된 세포주의 초기 특성을 유지하면서 오랜 기간 활용할 수 있다는 장점이 있다. 실제 상업적 배양육 생산 기업들도 표준화된 생산을 위해 마스터 셀뱅크를 구축하여 운영하고 있으며, 예를 들어 Good Meat사는 상업적으로 확보된 닭 세포주로 마스터 셀뱅크를 형성한 뒤 이를 이용해 제품을 생산하고 있다. 마스터 셀뱅크를 잘 관리하면 세포주의 로트 간 변이를 최소화하고, 동일한 세포 특성을 지닌 생산용 세포를 반복적으로 얻을 수 있어 생산 공정의 재현성과 효율을 높일 수 있다.

③ 세포 유형과 배양육 생산에서의 역할

a. 근육 형성 세포

배양육의 근육 조직을 형성하는 데에는 근육 위성세포와 근육 전구세포가 중심적인 역할을 한다. 위성세포는 성체 골격근 섬유에 붙어 존재하는 근육 줄기세포로서, 근육이 손상되었을 때 활성화되어 근육 재생을 돕는 세포이다. 배양환경에서 위성세포를 분리·배양하면 증식을 통해 근육 전구세포(myoblast)를 형성하고, 이러한 전구세포는 서로 융합하여 다핵의 근관(myotube)을 거쳐 성숙한 근육 섬유(myofiber)로 분화한다. 이 과정에서는 미오제닌 등의 근육 형성 인자들이 관여하며, 적절한 성장인자와 환경 조건이 갖춰지면 시험관 내에서도 근육 섬유 조직을 형성할 수 있다. 위성세포 유래의 근육 세포들은 배양육에서 골격근 조직을 직접적으로 재현할 수 있는 가장 효율적인 세포로 여겨지며, 현재 많은 배양육 연구와 기업들이 이러한 골격근 전구세포 계열의 세포주를 활용하고 있다. 다만 위성세포 자체는 체내 니쉬(niche)를 벗어나 배양하면 증식 한계나 분화경로 이탈 등의 어려움이 있을 수 있어, 이를 극복하기 위한 배양 조건 최적화 연구가 지속되고 있다.

b. 지방 세포 및 풍미

지방조직 유래 세포는 배양육의 맛과 영양적 측면을 향상시키는 데 중요하다. 지방유래 성체줄기세포(ADSCs)는 동물의 피하지방이나 골수 지방 등에서 유래하는 줄기세포로, 골격근 세포와 마찬가지로 중간엽 계열에 속하며 지방, 근육 등 여러 계통으로 분화 잠재력을 지닌다. 배양육 생산에서는 ADSC를 활용하여 지방세포(adipocyte)로 분화시킴으로써 근육 조직 내에 지방 조직을 형성하는 전략을 사용한다. 근육 세포와 지방 세포를 공동 배양(co-culture)하면 근섬유 사이에 지방세포가 자리잡으면서 실제 고기의 마블링과 유사한 구조가 만들어지는데, 이러한 근내 지방은 고기의 풍미와 다즙성에 큰 기여를 한다. 예를 들어 소고기의 등급 판정에서도 지방 마블링이 중요한 기준이며, 배양육에서도 근섬유 사이에 적절한 지방 함량을 재현함으로써 기존 육류에 가까운 맛을 내고자 한다. 최근 연구에서는 근육-지방 세포 간의 상호 작용(cross-talk)도 관심을 받고 있는데, 한 세포 유형이 다른 세포의 분화와 기능에 영향을 미칠 수 있음이 보고되었다. 향후 배양육 제품의 식미 향상을 위해서는 지방세포의 분화 조절, 지방산 축적 및 방출 기작 등을 세밀하게 제어하여 풍미를 최적화하는 연구가 필요하다.

c. 배아줄기세포(ESC)와 유도만능줄기세포(iPSC)

최근 배양육 연구에서는 만능 분화능을 가진 줄기세포들의 활용 가능성에도 주목하고 있다. 배아줄기세포(ESC)는 초기 배아(블라스토시스트)의 내부 세포괴에서 유래한 줄기세포로, 이론적으로 모든 세포 유형으로 분화 가능하며 무한에 가까운 자기 복제 능력을 갖는다. 이러한 ESC를 배양육에 활용하면 근육 세포와 지방 세포를 모두 생성할 수 있는 만능 세포 공급원을 확보할 수 있을 것으로 기대된다. 그러나 ESC를 농업 동물 종에서 확립하는 일은 매우 어렵고 도전적인 것으로 알려져 있다. 예를 들어 소의 ESC 세포주는 2018년에 이르러서야 처음으로 안정적으로 확립되었으며, 종마다 ESC를 배양하기 위한 특수 배양조건(예: 종별로 다른 성장인자와 저해제 조합)이 필요하다.

유도만능줄기세포(iPSC)는 성체 체세포에 리프로그래밍 인자를 도입하여 ESC와 유사한 다분화능 상태로 되돌린 세포를 말한다. iPSC 기술을 활용하면 배아를 사용하지 않고도 ESC에 준하는 만능 세포를 얻을 수 있어 윤리적 제약을 피하면서도 무한 증식과 분화능을 지닌 세포주를 확보할 수 있다. ESC와 iPSC와 같은 만능줄기세포는 배양육 생산에 필요한 세포를 이론적으로 무제한 공급할 수 있다는 장점이 있다. 실제로 이러한 세포들은 분열 속도가 매우 빠르고 사실상 불멸화된 세포주를 형성할 수 있어 대량 생산에 유리한 특성을 지닌다. 그러나 동시에 모든 세포로 분화 가능한 특성 때문에 원하는 방향으로 분화 유도를 정교하게 제어해야 하는 과제가 따른다. 예를 들어 ESC나 iPSC로부터 순수한 근육 세포나 지방 세포만 얻고 미분화 세포가 남지 않도록 하기 위해서는 특정 분화 경로로 세포를 유도 및 선별하는 추가 공정이 필요하다. 이러한 기술적 어려움과 잠재적 위험성(예: 미분화 세포의 잔류 가능성) 때문에 현재 상업화 단계에서 ESC나 iPSC를 직접 활용하는 사례는 드물지만, 장기적으로 세포 공급원의 지속 가능성을 높이는 대안으로 연구가 진행되고 있다.

(3) 세포 배양 및 증식

배양육 생산에서 세포 배양 및 증식 과정은 근육 조직을 형성하는 기초 단계로, 배양된 세포가 일정량 이상 증식하여 조직화될 수 있도록 최적의 환경을 제공하는 것이 핵심이다. 이를 위해 적절한 배양액 구성, 성장 인자 첨가, 배양 환경 조절이 필수적으로 요구된다.

① 배양액 및 배양 환경 조성

세포 배양 과정에서 배양액(media)은 세포가 성장하고 분화하는 데 필요한 영양소를 공급하며, 최적의 세포 증식을 위해 조성이 세밀하게 설계된다. 배양액은 일반적으로 기본 영양소, 성장 인자, 호르몬, pH 완충제, 항생제 등을 포함하며, 혈청 기반 배양액(serum-based media)과 무혈청 배양액(serum-free media)으로 나뉜다.

a. 배양액의 주요 성분과 역할

배양액은 세포의 생존과 증식에 필요한 다양한 성분으로 구성되며, 주요 성분과 그 역할을 다음 표에 정리하였다.

표 4-2 배양액의 구성 요소와 그 역할 및 기능

구성 요소	역할 및 기능
탄소원(포도당 등)	세포 호흡을 통한 에너지원 제공
아미노산	단백질 합성 및 세포 성장에 필수적
지방산 및 지질	세포막 형성 및 일부 호르몬의 전구체 역할
비타민 및 무기염류	효소 반응 촉진 및 삼투압 조절
혈청(FBS 등)	성장 인자 공급 및 세포 부착 촉진
성장 인자	세포 증식 및 분화 조절(예: IGF-1, FGF-2, TGF-β)
호르몬(인슐린 등)	대사 조절 및 영양소 흡수 조절
항생제(선택적 사용)	미생물 오염 방지
pH 완충제(중탄산염 등)	배양액의 pH 유지(약 7.2~7.4)

b. 혈청 기반 배양액과 무혈청 배양액

전통적으로 혈청 기반 배양액(serum-based media)이 사용되며, 특히 소 태아 혈청(fetal bovine serum, FBS)이 가장 일반적이다. FBS는 세포 성장과 증식을 촉진하는 다양한 성장 인자와 단백질을 포함하지만, 높은 비용과 윤리적 문제로 인해 무혈청 배양액(serum-free media)의 개발이 진행되고 있다. 무혈청 배양액은 FBS 없이도 세포 증식을 유도할 수 있도록 조성된 배양액으로, 식물성 단백질, 미생물 발효 유래 성장인자 등을 포함한다.

c. 배양 환경 조절

배양 환경은 세포 증식 속도와 효율성을 극대화하기 위해 최적의 조건으로 유지되어야 한다.

- 온도: 대부분의 동물 세포는 37℃에서 최적의 증식 속도를 보인다.
- pH: 세포 생존에 적합한 7.2~7.4 범위로 조절하며, 일반적으로 5% CO_2 공급을 통해 pH를 유지한다.
- 산소 농도: 배양 조건에 따라 대기 중 산소(20%) 또는 저산소 환경(예: 5%)을 조성할 수 있다.
- 삼투압 조절: 배양액 내 이온 균형이 유지되어야 하며, 이를 위해 Na^+, K^+, Ca^{2+} 등의 이온이 조절된다.
- 배양액 교체: 세포 대사산물 축적을 방지하기 위해 주기적으로 배양액을 교환한다.

② 성장 인자 및 세포 증식 조절

성장 인자는 세포의 증식과 조직화를 촉진하는 핵심 요소로, 배양 환경에서 적절한 성장 인자의 조합과 농도를 조절하는 것이 필수적이다. 성장 인자는 세포막의 수용체(receptor)에 결합하여 신호 전달 경로(signal transduction pathway)를 활성화하며, 이를 통해 단백질 합성, 증식, 분화 과정이 조절된다.

a. 주요 성장 인자의 기능과 역할

배양육에서 활용되는 성장 인자는 주로 세포 증식 촉진, 근육 및 지방 조직 형성 유도, 세포 간 신호 전달 조절의 역할을 수행한다.

표 4-3 배양육에서 사용되는 주요 성장 인자와 그 기능 및 역할

성장 인자	기능 및 역할
IGF-1 (Insulin-Like Growth Factor-1)	근육 세포 증식 및 단백질 합성 촉진, 근육 위성세포 활성화
FGF (Fibroblast Growth Factor)	근육 및 혈관 내피세포 증식 촉진, 조직 내 혈관망 형성
TGF-β (Transforming Growth Factor Beta)	근육 및 지방 세포 분화 조절, 조직 특이성 조절
PDGF (Platelet-Derived Growth Factor)	결합 조직 성장 촉진, 근육 세포 및 혈관 형성 유도

b. 성장 인자의 최적 농도 및 배양 환경 조절

배양육 생산 과정에서 성장 인자의 농도를 적절하게 조절하는 것은 세포 증식과 조직 형성을 최적화하는 핵심적인 과정이다. 성장 인자가 과도하게 사용되면 세포 증식을 저해하거나 비정상적인 분화를 유발할 수 있으며, 반대로 성장 인자가 부족하면 조직 형성이 원활하게 이루어지지 않을 수 있다. 따라서, 배양 단계별로 최적의 성장 인자 농도를 유지하고, 배양 환경을 세밀하게 조정하는 것이 필수적이다.

세포 증식 단계에서는 IGF-1과 FGF를 고농도로 사용하여 근육 세포의 증식을 촉진한다. 조직 형성 단계에서는 TGF-β 농도를 조절하여 근육 및 지방 세포의 분화를 유도한다. 그리고 최종 조직화 단계에서는 성장 인자 농도를 줄이고, 전기적 자극 또는 기계적 스트레칭을 활용하여 조직 성숙을 유도한다.

결론적으로, 성장 인자의 농도를 배양 단계별로 최적화함으로써 배양육의 세포 증식과 조직 형성을 효과적으로 조절할 수 있다. 또한, 세포 밀도가 높아질수록 영양소 및 성장 인자의 분포가 균등하게 이루어지도록 교반 속도 및 산소 공급을 최적화하는 것이 필수적이다. 이러한 배양 환경 조절을 통해 최적의 조직감을 가진 배양육을 생산할 수 있으며, 이를 바탕으로 배양육의 상용화 가능성을 높일 수 있을 것으로 기대된다.

c. 성장 인자의 지속적인 연구 방향

배양육의 상업화를 위해서는 생산 비용을 절감하고 대량 생산이 가능하도록 기술을 발전시키는 것이 필수적이다. 특히, 배양육 생산 과정에서 핵심적인 역할을 하는 성장 인자는 높은 비용을 초래하는 주요 요소 중 하나로, 이를 대체할 수 있는 저비용 성장 인자 대체제 개발이 중요한 연구 과제로 떠오르고 있다. 기존의 성장 인자는 주로 동물 유래 혈청에서 추출되었으나, 비용 부담과 윤리적 문제로 인해 이를 대체할 수 있는 새로운 성장 인자 공급원이 필요하다. 이에 따라 식물성 유래 성장 인자, 미생물 발효 기반 성장 인자, 유전자 재조합 성장 인자 등이 연구되고 있으며, 이를 통해 배양 비용 절감과 생산 효율성 향상을 동시에 달성하는 것이 주요 목표이다.

첫째, 미생물 발효 기반 성장 인자는 식물이나 미생물을 이용하여 성장 인자를 대량 생산하는 방식으로, 기존 동물 유래 성장 인자 대비 생산 비용이 낮고 지속 가능성이 높다는 장점이 있다. 예를 들어, 대장균(*Escherichia coli*) 또는 효모(*Saccharomyces cerevisiae*)를 이용한 성장 인자 발효 공정이 개발되고 있으며, 이는 기존 성장 인자의 기능을 유지하면서도 생산 단가를 절감할 수 있는 방법으로 주목받고 있다.

둘째, 유전자 재조합 성장 인자 기술을 활용하면, 특정 성장 인자를 대체할 수 있는 단백질을 인공적으로 생산할 수 있다. 예를 들어, 유전자 편집 기술(CRISPR-Cas9)을 활용하여 미생물이나 식물 세포에서 IGF-1, FGF 등의 성장 인자를 재조합할 수 있으며, 이를 통해 기존 성장 인자 대비 낮은 비용으로 동일한 효과를 얻을 수 있다. 특히, 유전자 조작 미생물(GMO recombinant microbes)을 이용한 성장 인자 생산 방식이 연구되고 있으며, 이는 윤리적 문제를 최소화하면서도 성장 인자 공급의 안정성을 확보할 수 있는 가능성을 제시한다.

셋째, 배양 공정의 자동화 및 효율성 개선을 통해 성장 인자의 사용량을 줄이면서도 최적의 세포 증식 및 조직화를 유도하는 기술이 연구되고 있다. 대표적인 예로 AI 기반 배양 시스템을 활용하여 성장 인자의 농도를 실시간으로 조절하는 자동 모니터링 기술이 도입되고 있으며, 이를 통해 필요할 때만 성장 인자가 공급되도록 하여 과도한 성장 인자 사용을 방지하고 비용 절감 효과를 극대화할 수 있다. AI 기반 실시간 모니터링 시스템은 배양액 내 영양소 소비 패턴을 분석하여 최적의 성장 인자 투입 시점을 자동으로 결정하는 알고리즘을 포함할 수 있다. 또한, 지능형 배양 공정(intelligent bioprocessing) 연구를 통해 성장 인자의 사용량을 최소화하면서도 세포 증식 속도를 최적화하는 전략이 개발되고 있다.

결론적으로, 배양육 산업이 지속적으로 성장하기 위해서는 저비용 성장 인자 대체 기술 개발과 배양 공정의 효율화가 필수적이다. 미생물 발효 기반 성장 인자, 유전자 재조합 성장 인자 등 새로운 기술이 도입되면서 기존 성장 인자 대비 비용을 절감하고, 더 나아가 상업적 대량 생산이 가능하도록 하는 연구가 활발히 진행되고 있다. 향후 성장 인자 대체 기술이 더욱 발전한다면, 배양육의 가격 경쟁력이 기존 축산육과 유사한 수준까지 도달할 수 있을 것으로 기대된다.

(4) 조직 형성 및 이를 위한 지지체(Scaffold) 개발

① 조직 형성의 필요성과 세포 환경

배양육(세포 배양 육류)을 실제 고기와 유사한 조직으로 형성하려면 세포들이 적절한 미세환경에서 3차원 구조를 이뤄야 한다. 동물의 근육 조직에서는 세포외 기질(ECM)이 세포들을 지지하고 신호를 전달하여 조직의 구조와 기능을 유지한다. 예를 들어, 근육 ECM의 주요 성분인 콜라겐은 근섬유에 기계적 지지력을 부여하며, 프로테오글리칸과 당단백질은 성장인자 저장 및 세포막의 기저막 연결에 관여한다. 이러한 ECM 구성 요소들은 근육 세포의 분화와 배열, 나아가 고기의 품질(예: 연도, 식감)에 영향을 미치는 것으로 알려져 있다.

실험실에서 배양육을 만들 때에도, 세포들이 부착하고 성장할 수 있는 구조적 발판이 필요하다. 그냥 영양 배지에 뜬 채로 자란 세포들은 서로 뭉치지 못하고 고기 특유의 섬유상 조직을 형성하기 어렵다. 따라서 지지체(scaffold)라고 불리는 3차원 구조물을 이용하여 세포들이 그 위에 붙어 자라고, 조직화된 근육 구조를 만들도록 유도한다. 이 지지체는 인공 ECM 역할을 하며, 세포에게 입체적인 공간과 신호 환경을 제공하여 근육과 같은 조직 형성을 돕는다.

한편, 실제 동물 조직에서는 모세혈관과 같은 혈관망이 영양분과 산소를 공급한다. 그러나 인공 지지체에는 이러한 기능적 혈관 네트워크가 부족하기 때문에, 두꺼운 조직을 배양할 때 세포 내부 깊숙이까지 영양이 전달되기 어렵다. 이 문제를 해결하기 위해 탈세포화(decellularization)된 식물 조직 등 자연의 혈관 구조를 재활용하는 방안도 연구되고 있다. 예를 들어, 시금치 잎 등을 탈세포화하면 남는 세포외 기질과 미세한 잎맥 구조가 일종의 통로 역할을 하여, 배양 세포에 산소와 영양을 공급하는 유사 혈관망으로 기능할 수 있다. 실제로 탈세포화한 시금치 잎에 소 근육위성세포를 배양했더니, 일반 평면 배양 대비 근육 분화 효율이 약 2배 향상되었다는 보고도 있다. 이러한 결과는 자연 유래 ECM 구조가 세포 환경을 개선하여 조직 형성에 크게 기여할 수 있음을 시사한다.

② 지지체의 역할과 설계 원칙

지지체는 배양육 생산에서 세포들의 뼈대와 발판 역할을 하는 핵심 요소이다. 지지체를 통해 배양된 고기는 조직 형태, 질감, 연도 등의 감각적 특성이 크게 향상되며, 최종적으로 근조직과 유사한 식감을 갖춘 배양육을 얻을 수 있다. 효과적인 지지체를 설계하기 위해 고려해야 할 원칙들은 다음과 같다.

a. 세포 부착 및 증식 지원

지지체 표면은 세포가 잘 붙을 수 있어야 한다. 세포는 표면에 부착하여 증식하고 서로 신호를 주고받으며 조직을 형성한다. 따라서 콜라겐이나 젤라틴처럼 세포 접착 인자(RGD 서열 등)를 지닌 물질로 표면을 구성하거나 코팅하면 세포 부착을 높일 수 있다. 다만 식용 목적의 배양육에서는 합성 RGD 펩타이드와 같은 첨가는 인체 섭취 승인을 받지 못했으므로 제한이 있으며, 주로 천연 유래 접착 인자를 활용하게 된다.

b. 기공 구조와 영양 공급 최적화

지지체 내부에는 세포들이 침투하고 성장할 기공(pore)이 충분히 있어야 한다. 기공이 크고 서로 연결되어 있을수록 배양액의 영양분과 산소 확산이 원활해진다. 일반적으로 수십에서 수백 마이크로미터 크기의 다공성 구조가 세포 배양에 적합하며, 큰 기공들은 유사 모세혈관 작용을 하여 두꺼운 조직 내부까지 영양을 전달한다. 또한 지지체의 표면적/부피비가 높으면 더 많은 세포가 부착 및 성장할 수 있어 세포 밀도를 높일 수 있다. 다만 기공 크기가 지나치게 크면 세포가 붙을 표면적이 줄어들고, 너무 작으면 세포와 영양공급에 오히려 장애가 되므로 적절한 균형이 필요하다. 지지체를 하이드로겔(hydrogel)로 만들 경우에는 확산 속도와 겔의 강도(경도) 또한 세포 성장에 영향을 미치는데, 확산이 너무 느리면 영양이 깊숙이 전달되지 않고, 반대로 겔이 지나치게 빽빽하면 세포의 이동과 증식을 방해한다. 따라서 확산 속도는 높이고 적당한 연성을 가진 구조가 이상적이다.

c. 기계적 강도 및 탄성 조절

지지체는 세포와 만들어질 조직을 물리적으로 지지할 수 있을 만큼 강도(strength)가 있어야 하지만, 동시에 조직 특성에 맞는 탄성(elasticity)이나 연부조직 유사한 유연성을 가져야 한다. 예를 들어, 근육 세포는 어느 정도의 인장력과 탄성을 가진 환경에서 더 잘 배열되고 분화하는데, 지나치게 단단하거나 너무 무른 지지체는 근섬유 형성에 적합하지 않을 수 있다. 실제 동물의 근육 ECM이 갖는 탄력과 강도를 모방하도록, 지지체의 재료 조성이나 제조 공정을 통해 기계적 특성을 조절한다. 섬유상 지지체나 결합조직 형태의 지지체는 세포들이 장력에 따라 배열되도록 도와 근육 조직 특유의 평행 배열을 구현할 수 있다. 또한 지지체는 최종 배양육 제품의 식감에도 영향을 주므로, 적절한 쫄깃함이나 조직감을 낼 수 있도록 강도를 조절하는 것이 중요하다.

d. 생체적합성 및 식용 적합성

배양육 지지체는 생체적합성(biocompatibility)이 필수적이다. 배양 과정에서 세포에 독성을 띠거나 면역 반응을 유발해서는 안 되며, 영양분으로 활용될 수 있거나 최소한 무해하게 분해되어야 한다. 특히 지지체가 최종 제품에 남아 있을 경우 식용 가능해야 한다. 식품으로서 안전한 식품등급 물질로 만들어야 하며, 인체에 축적되거나 독성을 나타내지 않아야 한다. 가능하다면 지지체는 배양 과정에서 분해되어 사라지거나 세포에 흡수되는 것이 좋지만, 만약 남아있다면 맛과 식감에 부정적 영향을 주지 않아야 한다. 또한 조리(가열) 과정에서도 자연 고기의 ECM처럼 변화하여 부드러운 식감을 내도록 설계하는 것이 이상적이다. 이러한 이유로 합성 고분자처럼 인체 소화가 어려운 재료는 가급적 피하거나, 최종 제품에서 완전히 제거해야 한다. 동물 유래 성분의 경우 윤리적 이유 뿐만 아니라 알레르기나 종교적 금기 등을 고려해 피하는 추세이며, 꼭 사용해야 한다면 재조합 단백질 등 동물 없는 방식으로 얻은 것을 사용하려 한다.

종합하면, 배양육 지지체는 세포 친화적이면서도 음식으로서 안전해야 하며, 조직의 구조와 기능을 동시에 모방하도록 설계되어야 한다. 이를 위해 재료 선택과 미세구조 설계, 그리고 제조 기술이 유기적으로 맞물려야 한다.

③ 지지체의 주요 소재

지지체의 개발에는 천연 고분자, 합성 고분자, 식용성이 입증된 신소재 등이 활용되며, 각각의 소재는 세포 부착성, 기계적 강도, 생분해성, 식용 적합성 측면에서 특정한 장점과 한계를 가진다. 최근 연구에서는 단일 소재의 한계를 극복하기 위해 복합 재료를 활용하거나, 재료 공학적 개량을 통해 최적화된 지지체 개발이 이루어지고 있다.

a. 천연 폴리머 기반 지지체

자연 유래 고분자로 구성된 지지체는 생체적합성과 식용 안전성이 높아 배양육 생산에 적합한 것으로 평가된다. 젤라틴(gelatin)은 콜라겐을 부분 가수분해하여 얻어진 단백질로, 세포 부착을 촉진하며 온도에 따라 겔을 형성하는 특성을 지닌다. 이와 같은 특성으로 인해 하이드로젤 기반 세포 배양 시스템에서 널리 활용된다. 알긴산(alginate)는 해조류에서 추출된 다당류로, 칼슘 이온과 반응하여 겔 상태로 전환되며, ECM과 유사한 수화 환경을 제공하여 세포 배양에 유리하다. 또한, 한천(agarose)은 온도에 따른 겔-액체 상전이 특성을 이용하여 3D 세포 캡슐화 및 조직 형성에 적용되고 있다. 키토산(chitosan)은 곤충, 갑각류 또는 곰팡이 세포벽에서 유래하며, 체내에서 생분해성이 높고 항균성을 가지므로 조직공학 분야에서 활발히 연구되고 있다.

천연 폴리머 기반 지지체는 FDA 승인을 받은 식품첨가물(예: 젤라틴, 펙틴, 셀룰로스, 전분, 알긴산 등)로도 사용 가능하다는 점에서 식용 배양육 지지체로 적합하다. 그러나 기계적 강도 및 처리 용이성 측면에서 한계를 가지므로, 합성 폴리머와의 혼합 또는 화학적 가교제(예: 젖산염) 처리를 통해 물성을 조절하는 연구가 진행되고 있다. 예를 들어, 어류 유래 젤라틴과 알긴산, 한천 등을 혼합한 후 글리세롤을 첨가하여 미세다공 구조를 형성한 연구에서는 근육 전구세포의 평행 배열이 촉진되어 근섬유 형성이 개선된 결과를 보였다.

b. 합성 폴리머 기반 지지체

PLGA(폴리락티코글라이콜릭산), PCL(폴리카프로락톤), PLA(폴리젖산) 등의 생분해성 합성 고분자는 기존 조직공학 분야에서 활용되던 재료로, 물성을 정밀하게 조절할 수 있으며 대량생산에 용이한 특징을 가진다. PLGA는 락틱산과 글라이콜산의 비율 조정에 따라 분해 속도가 조절되며, PCL은 기계적 강도가 높고 유연성이 뛰어나 섬유형 지지체로 적합하다. 그러나 합성 고분자의 경우 소수성이 강하여 세포 부착력이 낮다는 한계를 가지며, 세포 접착성을 향상시키기 위해 콜라겐 코팅 또는 RGD 펩타이드 부착 등의 표면 개질(surface modification)이 필요하다.

다만, 식용 배양육 지지체로 적용될 경우 합성 고분자의 사용이 제한될 수 있으므로, 조직화 단계에서는 천연 및 식용 가능한 지지체로 대체하거나, 배양 후 제거하는 방식이 고려되고 있다. 초기 증식 단계에는 마이크로캐리어(microcarrier)와 같은 합성 지지체를 활용하고, 조직 형성 단계에서는 자연 분해되거나 식용 가능한 지지체로 전환하는 방식이 연구되고 있다.

c. 식용 가능 지지체 및 최신 연구 동향

최근 배양육 연구에서는 지지체 자체를 최종 제품의 일부로 간주하여, 단순한 세포 배양 플랫폼을 넘어 영양적 가치를 부여하는 방향으로 발전하고 있다. 이에 따라 식물성 단백질 및 곰팡이 유래 소재 등이 새로운 연구 분야로 부상하고 있다.

조직대두단백(textured soy protein, TSP)은 대두에서 얻은 단백질로, 기존 고기 대체 식품의 재료로 활용되어 왔으며, 다공성 구조를 통해 세포 부착과 조직 형성을 촉진하는 기능을 수행할 수 있다. 특히, 수분 함량을 조절하면 고기의 씹는 질감과 유사한 물성을 구현할 수 있으며, 세포 배양과 조직화 과정에서 구조적 지지체로 작용할 수 있다. TSP는 단백질 함량이 높고 가격이 저렴하며, 식품으로서 안전성이 확보된 재료이므로 배양 근육세포와의 공배양을 통해 조직 형성을 촉진하는 연구가 진행되고 있다.

또한, 탈세포화(decellularization)된 식물 조직을 활용하는 연구가 주목받고 있다. 예를 들어, 시금치 잎과 사과 등의 잎받침 조직을 탈세포화하면 본래의 미세 혈관망 구조가 유지되며, 이를 지지체로 활용할 경우 근육세포의 영양 및 산소 공급을 촉진할 수 있다. 이러한 방식은 두꺼운 조직 배양을 가능하게 하며, 사용 후 잔류물이 식이섬유로 작용하여 인체에 무해하게 남거나 분해될 수 있는 장점이 있다.

한편, 곰팡이 균사체(mycelium)는 배양육 지지체로서의 가능성이 새롭게 탐색되고 있다. 균사체는 거미줄 같은 섬유질 네트워크를 형성하여 세포가 부착하기 용이하며, 일부 식용 버섯 균사체는 자체적으로 고기와 유사한 조직감과 풍미를 제공하는 것으로 알려져 있다. 이러한 특성을 이용하여 배양육의 조직 형성을 촉진하는 동시에, 최종 제품의 질감 및 맛을 향상시키는 방향으로 연구가 진행되고 있다. Ecovative 등의 기업은 균사체 기반 지지체의 배양육 산업 적용을 목표로 연구를 진행 중이며, 균사체의 미세

공극과 강도를 조절하여 세포 부착 및 증식에 최적화된 구조를 형성하는 기술이 개발되고 있다.

앞으로 배양육 지지체는 단순한 세포 부착 매트릭스를 넘어, 조직 형성, 영양 공급, 기계적 강도 조절, 그리고 최종 제품의 감각적 특성을 개선하는 복합적인 기능을 수행하는 방향으로 발전할 것으로 예상된다. 이에 따라 다양한 바이오소재와 첨단 제조 기술을 융합하여 최적의 지지체 설계를 연구하는 것이 배양육 상업화의 핵심 과제가 될 것이다.

(5) 생물반응기를 활용한 배양육 세포 대량 배양 및 조직 성숙

① 대규모 세포 배양을 위한 생물반응기 환경

배양육 생산의 후반 단계에서는 생물반응기를 활용하여 세포를 대량으로 배양하고 근육 조직으로 분화시킨다. 생물반응기는 세포 성장과 조직 형성에 최적화된 환경을 제공하는 핵심 장비로, 대량 배양을 가능하게 한다. 생물반응기에서는 온도, pH, 용존 산소 농도 및 영양소 공급 속도를 정밀하게 조절하여 세포가 지속적으로 성장할 수 있도록 한다. 산소를 주입하여 배양액 내 용존 산소를 충분히 공급하고, 이산화탄소 농도를 감시하여 pH를 7.2~7.4 범위로 조절하며, 포화 공급 배양 방식을 적용하여 영양소를 지속적으로 보충한다. 또한, 교반을 통해 배지 내 영양소의 균형을 유지하고 세포에 물리적 자극을 가하여 증식을 촉진한다.

대규모 배양 과정에서는 교반에 의한 유체의 난류와 전단력(shear stress)이 세포에 손상을 줄 수 있으므로, 이러한 부정적 영향을 최소화하도록 생물반응기를 설계하고 운용해야 한다. 이를 위해 임펠러 형태 개선, 저속 교반, 또는 미세담체(microcarrier)와 같은 기술을 활용한다. 미세담체는 부착 배양이 필요한 세포가 표면에 부착하여 증식할 수 있도록 돕는 입자형 지지체로, 세포 부착 표면적을 크게 늘려 3차원 공간에서 세포 밀도를 증가시킴으로써 대량 배양의 효율을 높인다. 또한, 근육세포와 지방세포를 함께 배양하는 공배양(co-culture) 기법을 활용하면 두 세포 유형이 상호작용하여 실제 육류와 유사한 조직을 형성할 수 있다. 근육 조직 사이사이에 지방세포가 존재하면 배양육의 풍미와 식감이 기존 육류와 유사하게 형성된다.

배양 및 증식을 마친 세포는 근육 조직으로의 분화와 성숙 단계를 거쳐 최종적인 배양육으로 완성된다. 일정 수준까지 세포 수가 증식하면 배양액을 분화 전용 배지(differentiation medium)로 교체하여 근육세포로의 분화를 유도한다. 동시에, 식용 가능한 3차원 지지체에 세포를 접종하여 세포들이 서로 융합하고 정렬되면서 실제 근섬유와 유사한 조직을 형성하도록 한다.

② 산소 공급 및 가스 교환 최적화

배양육 환경에서는 혈관 구조가 존재하지 않기 때문에 산소 공급에 한계가 따른다. 특히 근육 조직은 산소 요구량이 높아, 산소가 부족할 경우 세포 성장 속도가 저하되고, 중심부 세포가 괴사할 위험도 증가한다. 반대로, 이산화탄소가 과도하게 축적되면 배양액의 pH가 변동되어 세포 생장에 부정적인 영향을 미칠 수 있다. 이러한 가스 교환 문제를 해결하고 세포에 충분한 산소를 공급하기 위해 다음과 같은 전략이 적용된다. 우선, 산소 투과성이 높은 지지체를 활용하여 산소가 조직 내부까지 효율적으로 확산될 수 있도록 한다.

하이드로겔이나 콜라겐 기반 지지체는 높은 산소 투과 특성을 지녀, 세포 밀도가 높은 조직에서도 효과적인 산소 공급을 가능하게 한다. 또한, 마이크로유체 기술(microfluidics)을 적용하여 배양액 내 산소 공급을 정밀하게 제어하고 균일하게 분포시킨다. 미세 유로를 통해 산소가 용해된 배양액을 조직 깊숙이 전달하거나 순환시킴으로써, 두꺼운 조직 내 모든 세포에 산소가 고르게 도달하도록 한다.

아울러, 배양 단계에 따라 산소 농도를 조절하는 것도 중요한 전략이다. 초기 증식 단계에서는 저산소 조건을 유지하여 줄기세포의 증식 능력을 향상시키고, 이후 분화 단계에서는 산소 농도를 높여 근육세포의 분화 및 성숙을 유도한다. 이처럼 단계별 산소 농도 최적화를 통해 배양 효율과 조직 형성의 품질을 함께 향상시킬 수 있다.

③ 면역반응 및 오염 방지

세포 배양 과정에서 미생물 오염이 발생하면 배양 중인 세포가 손상되거나 사멸할 수 있으며, 최종 제품의 안전성에도 영향을 미칠 수 있다. 또한, 배양에 사용되는 세포 자체가 면역 반응을 유발할 가능성이 있으며, 면역 거부반응이 발생하면 배양육의 안정성과 품질이 저하된다. 이를 방지하기 위해 다음과 같은 접근법을 적용한다.

항생제 최소화 및 무균 배양 시스템을 구축하여 오염을 방지한다. 폐쇄형 무균 배양 시스템을 사용하면 외부의 세균이나 곰팡이가 배양 과정에 침입하는 것을 차단할 수 있으며, 이를 통해 항생제 사용을 최소화하면서도 청정한 배양 환경을 유지할 수 있다. 또한, 바이오리액터 내에 실시간 센서를 설치하여 세균이나 곰팡이의 오염 여부를 지속적으로 감시한다. 배양액의 혼탁도 변화, pH 급변, 특정 대사 산물 검출 등을 통해 미생물 오염을 조기에 감지하면 즉각적인 대응이 가능하다.

면역 거부반응을 줄이기 위해 면역 저반응성 세포주를 사용한다. 면역 반응이 낮은 줄기세포를 활용하거나, 유전자 편집을 통해 면역원성을 낮추는 전략도 함께 검토되고 있다.

이와 같은 생물반응기 기반 대량 배양 및 조직 성숙 과정을 거친 근육 조직은 실제 육류의 근섬유 배열과 지방 분포를 재현할 수 있으며, 최종적으로 배양육 제품으로 완성된다. 최적화된 지지체와 적절한 물리적 자극을 통해 조직이 정렬되고 성숙된 배양육은 기존 축산육과 유사한 조직감과 풍미를 구현하게 된다. 또한, 산소 공급 및 면역반응 조절과 같은 기술적 접근을 통해 안정적인 대량 배양이 가능해지면서 상업적 생산이 현실화되고 있다. 배양육은 지속가능한 식량 생산의 핵심 기술로 자리 잡을 것이며, 미래 식품 산업에서 중요한 역할을 하게 될 것이다.

2) 배양육 최신 연구 동향

2013년 세계 최초의 배양 소고기 패티 공개 이후, 배양육 연구는 급속도로 발전해왔다. 최근 연구는 근육 조직 형성, 식용 지지체 개발, 3D 바이오프린팅을 통한 구조 구현, 대량 배양을 위한 생물반응기 기술 등 다양한 분야에서 이루어지고 있다. 또한, 여러 스타트업과 연구기관이 상용화를 추진하면서 산업 전반에도 변화가 나타나고 있다. 이제부터 최신 연구 사례, 산업적 동향, 기술적 도전 과제 및 해결 방안을 살펴본다.

(1) 최신 연구 사례

배양육 연구는 조직공학, 재료과학, 생물공정 기술이 융합된 분야에서 진행된다. 최근 연구는 조직 형성과 식감 개선을 위한 세포 배양 기법, 3D 바이오프린팅 활용, 대량 생산을 위한 생물반응기 최적화에 초점을 맞추고 있다.

① 조직 형성 및 지지체 개발

배양육의 조직 형성 연구는 세포들이 3차원 구조를 이루도록 유도하는 데 집중된다. 보스턴 칼리지 연구팀은 시금치 잎을 탈세포화하여 잎맥 구조를 식용 지지체로 활용함으로써 근육 세포를 배양하는 데 성공하였다. 이 방식은 두꺼운 조직 내부까지 영양을 공급하는 새로운 방법으로 주목받고 있다. 또한, 근육 세포와 지방 세포를 함께 배양하여 배양육의 지방 함량과 마블링을 조절하는 연구도 이루어지고 있다.

② 3D 바이오프린팅 적용

3D 바이오프린팅 기술은 실제 고기와 유사한 조직 구조를 형성하는 데 활용된다. 오사카 대학 연구진은 와규 소의 줄기세포를 사용하여 근육, 지방, 혈관 세포를 각각 프린팅한 후 이를 정교하게 배열하여 마블링 구조를 구현하였다. 이 연구는 복잡한 조직감을 재현하는 데 중요한 기술적 성과로 평가된다. 또한, 3D Bioprinting Solutions는 KFC와 협력하여 배양 치킨 너겟을 프린팅하는 실험을 진행하였다.

③ 생물반응기를 활용한 대량 배양

배양육의 대량 생산을 위해 생물반응기 기술이 필수적으로 활용된다. 최근 연구는 대형 생물반응기 내에서 세포 밀도를 높이고 영양 공급을 최적화하는 데 집중된다. 마이크로캐리어(microcarrier)를 이용한 현탁 배양 기법이 단위 부피당 세포 수확량을 극대화하는 전략으로 연구되고 있으며, 배양액 재활용과 영양소 순환 시스템을 적용하여 대규모 배양 효율을 향상시키는 시도가 이루어지고 있다.

(2) 기술적 도전 과제 및 해결 방안

배양육이 대중화되기 위해 해결해야 할 기술적 과제는 생산 비용 절감, 대량 생산 확립, 조직 구조 개선으로 요약된다.

① 생산 비용 절감

현재 배양육 생산 비용은 기존 축산육보다 높다. 배양액 내 성장인자와 소 혈청(FBS) 대체물이 고가이기 때문에, 식물성 또는 합성 배지 개발이 중요한 과제가 되고 있다. GOOD

Meat는 혈청을 사용하지 않는 배양액을 개발하여 비용 절감의 전기를 마련하였다. 또한, 배양액 재활용 기술과 미생물을 이용한 성장인자 대량 생산 연구가 진행되고 있다.

② 대량 생산 및 규모 확장

배양육을 산업적으로 대량 생산하기 위해서는 세포 밀도를 높이고 배양 조건을 최적화해야 한다. 이를 위해 대형 생물반응기 기술이 연구되고 있으며, 연속 배양(perfusion) 시스템과 자동화 제어 시스템이 도입되고 있다. GOOD Meat는 6,000 L급 배양기를 활용하여 연간 대량 생산을 목표로 하고 있으며, Believer Meats는 배양 과정 최적화를 통해 110 g짜리 배양 치킨을 낮은 단가로 생산하는 데 성공하였다.

③ 조직 구조 및 지지체 개발

배양육이 기존 축산육과 유사한 식감을 구현하려면 근육 조직뿐만 아니라 지방 조직, 결합 조직을 포함해야 한다. 이를 위해 식용 지지체를 활용하여 세포를 배양하는 방식과, 작은 조직 단위를 결합하여 블록 형태로 조립하는 방식이 연구되고 있다. 지방 함량과 근섬유 배열을 조절하고 혈액 성분을 추가하여 배양육의 색상과 풍미를 개선하는 연구도 진행 중이다.

(3) 미래 전망

배양육 기술은 지속가능한 식품 생산 방식으로 주목받으며, 향후 몇 년간 상업화 속도가 가속화될 것으로 전망된다. 단기적으로는 파일럿 생산시설을 기반으로 일부 지역에서 배양육 제품이 유통될 것이며, 배양 세포와 식물성 재료를 혼합한 하이브리드 제품이 먼저 시장에 도입될 가능성이 크다.

3. 배양육 관련 규제

배양육이 상업적으로 유통되기 위해서는 각국의 식품 규제 기관에서 안전성 및 품질 평가를 통과해야 한다. 기존 육류 생산 방식과 달리 배양육은 세포 배양 및 조직화 과정을 거쳐 제조되므로, 전통적인 식품 규제와는 다른 새로운 규제 기준이 필요하다. 이에 따라, 주요 국가들은 배양육을 신식품(novel food)으로 분류하고 있으며, 승인 절차 및 품질 관리 기준을 마련하는 과정에 있다. 특히, 미국, 유럽연합(EU), 싱가포르 등은 배양육의 안전성과 품질을 검토하는 선도적인 국가들이며, 대한민국을 비롯한 여러 국가에서도 배양육의 법적 정의와 안전성 평가 기준을 마련하는 연구가 진행 중이다.

1) 국가별 배양육 규제 비교

(1) 미국: FDA & USDA

미국에서는 배양육에 대한 규제를 식품의약국(Food and Drug Administration, FDA)과 농무부(United States Department of Agriculture, USDA)가 공동으로 담당하고 있다. FDA는 세포의 추출, 배양 및 증식 과정을 포함한 초기 생산 단계를 감독한다. 이 과정에서 배양액의 성분, 성장 인자의 안전성, 세포 배양 과정에서 사용되는 물질의 독성 여부 등을 평가한다. USDA는 이후 생산된 배양육의 가공, 포장, 유통을 포함하는 최종 제품 단계의 규제를 담당한다. 이는 기존 육류 제품과 동일한 위생 및 안전 기준을 적용하는 것을 목표로 한다. 2023년 기준으로, UPSIDE Foods와 GOOD Meat가 USDA 및 FDA로부터 닭고기 배양육 판매 승인을 받아, 미국 시장에서 최초로 상업화된 배양육 제품이 되었다.

(2) 유럽연합: EU, EFSA

유럽연합(EU)은 배양육을 신식품(novel food)으로 분류하며, 유럽식품안전청(European Food Safety Authority, EFSA)이 안전성 평가를 담당하고 있다. EFSA는 기존 축산물과는 다른 새로운 기준을 적용하고 있으며, 배양육이 기존 식품과 동일한 수준의 안전성을 갖추었는지 평가한다. 현재까지 공식 승인된 배양육 제품은 없으며, 승인 절차가 3~5년 소요될 것으로 예상된다. 2023년, 유럽의 대표적인 배양육 기업인 Mosa Meat(네덜란드)와 Aleph Farms(이스라엘)가 EFSA에 제품 승인을 신청한 상태이며, 이들이 최초의 배양육 제품이 될 가능성이 있다.

(3) 싱가포르: SFA

싱가포르는 2020년 세계 최초로 배양육의 상업적 판매를 승인한 국가이다. 싱가포르 식품청(Singapore Food Agency, SFA)은 배양육의 성분 분석, 영양적 특성, 미생물 안전성,

배양 공정 검토 등의 평가를 거쳐 배양육 제품의 안전성을 검토한다. 2020년, 싱가포르는 GOOD Meat의 배양 닭고기 제품을 승인하며, 배양육이 상업적으로 판매된 최초의 국가가 되었다. 이후 Eat Just 등의 기업이 SFA 승인을 받아 배양육 제품을 지속적으로 출시하고 있으며, 싱가포르는 글로벌 배양육 연구 및 생산 허브로 자리 잡고 있다.

(4) 대한민국: 식품의약품안전처

현재 대한민국 식품의약품안전처는 배양육을 기존 식품 기준에 포함하지 않고 있으며, 법적 분류 방안을 논의 중이다. 따라서, 아직까지 배양육의 국내 판매는 승인되지 않았으며, 산업 활성화를 위한 법적 기준과 안전성 평가 절차를 구축하는 단계에 있다. 만약 배양육이 공식적으로 신식품으로 분류될 경우, 유럽연합(EU) 등과 세계적인 수준의 엄격한 안전성 평가 절차를 거쳐야 하며, 세포 배양 과정과 최종 제품의 미생물학적 안정성, 영양성분 평가 등이 규제 기준에 포함될 것으로 예상된다.

대한민국은 2022년부터 국내 연구기관 및 규제 기관과 협력하여 배양육의 안전성 평가 및 표준화 연구를 본격적으로 시작하였다. 2024년 기준, 배양육의 원료(세포주), 배양 공정, 배양 배지, 영양 성분, 미생물학적 안전성 등을 포함하는 세부 규제 가이드라인이 마련되고 있으며, 식약처는 향후 5년 내에 배양육 관련 법적 기준을 확립하고 체계적인 규제 기준을 구축하는 것을 목표로 하고 있다. 또한, 국내에서도 배양육 스타트업과 연구소가 증가하면서, 정부 차원의 R&D 지원과 규제 마련이 함께 이루어지고 있다. 2023년에는 배양육 관련 R&D 지원 예산이 확대되었으며, 국가 주도의 배양육 상용화 연구 프로젝트도 추진되고 있다. 국내에서는 현재 배양육을 기존 축산물로 인정하지 않고 있으며, 법적 기준을 논의하는 단계이다. 식품의약품안전처는 배양육을 식품 원료로 규정할지, 기존 축산물과 유사한 법적 지위를 부여할지 검토 중이며, 미국(FDA & USDA), 유럽연합(EFSA), 싱가포르(SFA) 등 주요국의 사례를 참고하여 맞춤형 규제 모델을 개발할 것으로 예상된다. 이러한 규제 정비는 단순한 산업 활성화를 넘어, 배양육의 안전성 검증 및 소비자 신뢰 확보를 위한 필수적인 과정이다. 식약처의 규제 구축이 완료되면, 배양육의 국내 시장 진입이 가능해질 것이며, 대한민국이 글로벌 배양육 시장에서 중요한 거점으로 자리 잡을 가능성이 높아질 것으로 보인다.

2) 배양육 규제의 핵심 요소

배양육이 안전하고 신뢰할 수 있는 식품으로 자리 잡기 위해서는 각국의 식품 규제 기관이 설정한 다양한 평가 요소를 충족해야 한다. 배양육은 기존의 축산육과는 생산 방식이 완전히 다르므로, 원료 선정에서부터 생산 공정, 최종 제품의 안전성 평가까지 기존 식품과는 다른 엄격한 기준이 적용된다. 배양육의 규제 체계는 크게 세포 원료 및 배양 과정의 안전성 평가, 미생물학적 안전성 관리, 영양 성분 분석, 소비자 건강 영향 평가, 그리고 표시·라벨링 규정으로 구성된다.

(1) 배양육의 원료 및 세포주 선정

배양육 생산의 출발점은 동물 세포의 확보 및 배양 가능성을 평가하는 것이다. 배양육 생산에 사용되는 세포는 일반적으로 근육 세포(myocytes), 지방 세포(adipocytes), 결합 조직 세포(fibroblasts), 줄기세포(stem cells) 등의 동물 유래 세포를 이용하며, 이들 세포가 유전적 변형 없이 안정적으로 증식할 수 있도록 보존되어야 한다. 미국과 유럽연합(EU)의 규제에서는 세포의 기원 및 안전성을 최우선적으로 평가하며, 특히 유전자 변형 기술이 사용된 세포주(GMO 세포주)에 대해서는 별도의 안전성 검토가 필요하다. 세포주의 돌연변이 발생 가능성, 증식 특성, 배양 안정성 등이 철저하게 검토되며, 특정 세포주가 장기간 안정적으로 배양될 수 있는지 확인하는 것이 핵심 평가 기준 중 하나다.

(2) 배양액 및 성장인자 평가

세포 배양 과정에서 필수적인 역할을 하는 배양액(배지, culture media)의 성분 또한 중요한 규제 요소이다. 배양액에는 아미노산, 포도당, 비타민, 무기질, 성장 인자(growth factors), 단백질 등이 포함되며, 이들 성분이 독성이 없고 인체에 무해한지 평가해야 한다. 특히, 기존의 세포 배양에서는 동물성 혈청(fetal bovine serum, FBS)이 필수적으로 사용되었으나, 동물성 혈청은 윤리적 문제뿐만 아니라 비용과 공급 안정성 문제도 있다. 따라서, 기존 세포 배양 방식에서 필수적으로 사용되었던 동물성 혈청(FBS)을 대체하기 위해, 식물성 유래 성장인자 또는 미생물 발효 기반 성장인자 개발이 진행되고 있다. 미국의 경우, 배양육 제품 승인 시 FBS-Free 배양액 사용을 권장하고 있으며, 향후 국제 규제에서도 이를 표준으로 채택할 가능성이 있다.

배양액 내 항생제 사용 여부도 규제의 핵심 항목이다. 일반적인 축산업에서는 동물 질병 예방을 위해 항생제를 사용하지만, 배양육은 무균 환경에서 생산되므로 항생제 사용을 최소화해야 한다. 따라서 잔류 항생제 검사 및 규제 수준이 설정될 가능성이 높다.

(3) 미생물학적 안전성 및 오염 관리

배양육은 무균 환경에서 생산되기 때문에 미생물 오염 방지를 위한 엄격한 품질 관리가 필수적이다. 배양 과정에서 미생물이 혼입될 경우 세포 성장에 영향을 미치거나 식품 안전성을 위협할 수 있으므로, 환경 모니터링 및 미생물 검출 시스템을 적용하여 지속적으로 오염 여부를 검사해야 한다. 배양된 세포가 병원성 미생물에 감염되지 않았는지를 확인하기 위해 병원성 세균(예: 살모넬라, 대장균, 리스테리아 등)의 존재 여부를 검사해야 하며, 미생물 오염을 방지하는 폐쇄형 시스템(closed bioreactor system)과 공정 모니터링이 필수적으로 요구된다. 일부 국가에서는 배양육 공정 중 발생할 수 있는 미생물 유래 독소, 알레르기 유발 가능 물질, 그리고 바이러스 오염 가능성에 대한 추가적인 검토를 요구하기도 한다.

(4) 영양 성분 및 소비자 건강 영향 평가

배양육은 기존 축산육과 유사한 영양적 특성을 가져야 하며, 단백질 함량, 필수 아미노산 조성, 지방 함량 등이 균형 잡혀 있는지를 분석해야 한다. 배양육의 단백질 품질은 PDCAAS(protein digestibility corrected amino acid score) 또는 DIAAS(digestible indispensable amino acid score) 등의 지표를 활용하여 평가될 수 있다. PDCAAS(단백질 소화율-보정 아미노산 점수)는 식품의 필수 아미노산 조성과 소화율을 결합하여 점수를 산출하는 방식으로, 단백질 품질을 0~100%의 범위에서 평가한다. PDCAAS 값이 100%이면 해당 식품의 단백질이 완전 단백질(complete protein)로 간주되며, 이보다 낮을 경우 제한 아미노산이 존재한다는 의미이다. DIAAS(소화가능한 필수 아미노산 점수)는 각 필수 아미노산의 개별 소화율을 반영하여 단백질 품질을 평가하며, 이 방법은 PDCAAS보다 더 정밀한 평가가 가능하다. 배양육 단백질 품질 평가에는 DIAAS가 PDCAAS보다 더 정확한 지표로 활용될 가능성이 크다. DIAAS는 개별 필수 아미노산의 소화율을 반영하여 실제 이용 가능성을 평가하는 반면, PDCAAS는 전체 소화율만 고려해 한계가 있다. 현재 연구에서도 DIAAS 활용이 증가하고 있으며, 향후 배양육 품질 평가의 주요 기준이 될 가능성이 높다.

배양육이 면역 반응을 유발하는지(알레르기 위험성)를 평가하고, 장기적인 소비 안전성을 검토해야 한다. 배양 과정에서 사용되는 특정 단백질이나 성장 인자가 면역계에 영향을 미칠 가능성이 있는지 확인해야 하며, 알레르기 반응을 최소화하기 위한 연구도 병행되어야 한다. 기존 육류 대비 지방산 조성을 조절하여 건강 기능성을 강화할 수 있다.

(5) 표시 및 라벨링 규정

배양육이 기존 축산육과 혼동되지 않도록 하기 위해, 명확한 라벨링(labeling) 규정이 마련되어야 한다. 미국과 유럽연합(EU)에서는 소비자 혼란을 방지하기 위해 '배양육(cultured meat)', '세포배양육(cell-based meat)' 등의 명칭을 사용할 것을 권장하고 있다. 일부 국가에서는 기존 육류와의 차별성을 강조하기 위해 '실험실육(lab-grown meat)'와 같은 용어 사용을 검토하고 있으나, 소비자 거부감을 고려하여 사용 여부를 신중히 결정하고 있다. 우리나라의 경우, 배양육에 대한 명확한 라벨링 기준이 아직 마련되지 않았지만, 향후 소비자 혼란을 방지하고 시장 도입을 원활하게 하기 위한 가이드라인이 제정될 가능성이 높다.

4. 전 세계 배양육 산업 현황

1) 배양육 산업의 글로벌 상용화 현황

배양육은 세포 배양 기술을 활용하여 동물로부터 세포를 추출하고, 이를 인공 배양 환경에서 증식 및 분화시켜 고기를 생산하는 혁신적인 식품 기술이다. 전통적인 축산업과 비교하여 환경 부담을 줄이고, 식량 안보 문제를 해결할 수 있는 대체 단백질 공급원으로 주목받고 있다. 그러나 규제 문제, 소비자 수용도, 생산 비용 절감, 배양 과정의 안정성 확보 등 해결해야 할 기술적·경제적 과제가 여전히 남아 있어, 현재 전 세계적으로 제한적으로 상용화되고 있는 단계이다.

배양육의 상업화는 국가별 규제 승인과 연구 개발 속도에 따라 다르게 진행되고 있다. 싱가포르는 2020년 세계 최초로 대중에게 배양육 판매를 승인한 국가로, 현재 배양육이 합법적으로 판매되는 유일한 국가이다. 싱가포르는 농지가 부족하고 식량 자급률이 낮아, 2030년까지 자국 내 식량 생산 비율을 10%에서 30%까지 높이는 '30 by 30' 전략을 추진하고 있으며, 이를 달성하기 위해 배양육을 포함한 대체 단백질 산업을 적극 지원하고 있다. 현재 싱가포르에서는 GOOD Meat가 배양육을 판매하고 있으며, 정부의 적극적인 지원 속에서 소비자 대상 테스트 및 레스토랑 판매가 이루어지고 있다.

미국에서는 배양육 산업이 빠르게 성장하고 있으며, 규제 승인 또한 활발하게 진행되고 있다. 2022년 FDA(Food and Drug Administration)는 배양육의 안전성을 공식적으로 인정했으며, 2023년에는 USDA(United States Department of Agriculture)가 두 개의 기업(Upside Foods, GOOD Meat)의 배양 치킨 판매를 승인하면서, 미국에서도 배양육이 합법적으로 상업화되기 시작했다. Upside Foods는 2023년 USDA로부터 배양 치킨의 생산 및 판매 승인을 받았으며, GOOD Meat는 싱가포르에 이어 미국에서도 미국 농무부로부터 라벨 승인을 받아, 사업을 확장하며 배양육 산업을 선도하고 있다.

유럽연합(EU)에서는 배양육의 규제 검토가 진행 중이며, 현재까지 정식으로 판매 승인을 받은 배양육 제품은 없다. 그러나 네덜란드, 독일, 프랑스 등에서 연구개발 및 규제 마련이 활발하게 이루어지고 있으며, 유럽연합의 '새로운 식품 규정(Novel Food Regulation)'에 따라 단계적인 안전성 평가가 진행되고 있다. 또한 영국에서는 영국 식품기준청(FSA)이 실험실에서 배양한 닭고기를 애완동물 사료 성분으로 사용하도록 승인한 이후 이루어지고 있다. 세계 최대 육류 소비국인 중국은 배양육을 포함한 대체 단백질 산업을 농업 발전 계획에 포함시켜 국가 전략 차원에서 육성하고 있으며, 정부 연구 지원과 민간 투자가 활발하게 이루어지고 있다.

2022년, 중국 농업농촌부는 배양육을 '식량 안보 전략'의 일부로 포함시켰으며, 상하이, 베이징을 중심으로 연구개발 및 시제품 출시가 진행되고 있다.

이스라엘은 배양육 기술 연구가 매우 활발한 국가 중 하나로, 세계 최초로 이스라엘의 배양육 개발 업체 슈퍼미트(SuperMeat)가 최근 수도 텔아비브 인근 네스지오나에 배양육 치킨 메뉴를 제공하는 시범 레스토랑 '더 치킨(The Chicken)'을 열었다고 밝혔다. 알레프 팜스(Aleph Farms)와 퓨처 미트 테크놀로지(Future Meat Technologies) 등이 글로벌 시장에서 경쟁력을 갖춘 기업으로 성장하고 있다.

이처럼 배양육 산업은 각국의 정책과 규제 상황에 따라 상업화 속도가 다르게 진행되고 있으며, 현재는 싱가포르와 미국이 가장 앞서 있는 상황이다. 그러나 유럽, 중국, 이스라엘 등에서도 배양육 연구개발과 규제 검토가 활발하게 이루어지고 있어, 향후 몇 년 내로 더욱 많은 국가에서 배양육이 상업화될 것으로 예상된다.

2) 배양육 주요 기업 및 브랜드

표 4-4 국가별 대표적인 배양육 기업 및 제품 정보

주요 국가	기업명	제품 정보
북미	업사이드 푸드(Upside Foods)	최초의 배양 치킨 제품을 활용한 Fried Chicken Sandwich 등
유럽	바이오테크 푸즈(BioTech Foods)	에티카미트(Ethicameat)라는 배양육 등
	미리아미트(MyriaMeat)	100% 돼지고기 세포로 만든 배양 돼지고기 필레 등
	모사 미트(Mosa Meat)	배양 버거 등
싱가포르	아방미트(Avant Meats)	생선 필레와 어포(fish maw) 프로토타입 등
이스라엘	빌리버 미트(Believer Meats)	높은 세포 밀도와 수율을 달성하는 제품 등
	알레프팜(Aleph Farms)	소고기 스테이크 제품
대한민국	셀미트(CellMEAT)	독도새우를 활용한 배양 새우 제품 등
	티센바이오팜(TissenBioPharm)	10 kg에 달하는 두툼한 덩어리육 제품 등
	스페이스에프(Space F)	가식성 배양액 제품 등
	씨위드(Sea With)	한우 세포를 사용한 배양육인 웰던(Welldone) 등

(1) 북미

업사이드 푸드(Upside Foods)는 미국에서 최초로 배양 치킨의 생산 및 판매 승인을 받은 혁신적인 기업이다. 첨단 조직 공학 기술을 활용하여 동물 세포에서 육류를 배양하며, 이는 전통적인 축산업에 비해 환경적으로 지속 가능한 대안을 제공한다. Upside Foods는 2023년 미국 농무부(USDA)로부터 배양 치킨 판매 승인을 받아 본격적인 시장 진입을 시작했다. 이 회사는 미국 기업 Eat Just(잇 저스트)에 이어 두 번째로 많은 투자를 받았으며, 배양육 분야에서 높은 성장을 기록하고 있다. 시장 조사에 따르면 배양육 시장은 2025년까지 매우 큰 성장률을 보일 것으로 예상되며, Upside Foods는 이 성장을 이끌고 있는 주요 기업 중 하나다. Upside Foods는 유명 셰프 및 레스토랑과 협력하여 소비자들에게 배양 치킨을 선보이며, 고급 식재료로서의 입지를 다지고 있다. 또한, 대중과의 소통을 통해 배양육의 환경적 및 윤리적 이점을 강조하며 신뢰를 쌓고 있다. 향후, 다른 종류의 육류로 제품을 확장하고, 가격 경쟁력을 확보하여 배양육을 더 많은 소비자에게 제공할 계획이다.

(2) 유럽

바이오테크 푸즈(BioTech Foods)는 2017년 스페인 북부 산 세바스티안(San Sebastián)에서 설립된 배양육 스타트업으로, 동물의 근육 조직에서 얻은 세포를 최적화된 환경에서 배양해 섭취 가능한 육류를 배양하는 기술을 개발하고 있으며, 대표적으로 '에티카미트(Ethicameat)'라는 배양육이 있다. 에티카미트는 돼지 세포를 활용하며, 한 마리의 돼지에서 얻은 세포로 1년 내 최대 돼지 400마리 분량의 육류를 만들어낼 수 있는 기술을 확보하였다. 이 배양육은 단백질이 풍부하고 지방이 적으며, 제조 과정에서 항생제를 사용하지 않고 생산되기 때문에 건강하고 친환경적인 식품으로 주목받고 있다. 바이오테크 푸즈는 2021년 세계 최대 육류 가공 업체 중 하나인 JBS에 인수되었으며, JBS는 1억 달러를 투자하여 대규모 생산 시설을 구축하고 있다. 이 시설은 스페인 에스쿠사이제타(Eskusaitzeta) 산업 지역에 위치하고 있으며, 연간 1,000톤의 배양육을 생산할 수 있는 능력을 갖추게 된다. 바이오테크 푸즈는 현재 유럽에서 가장 주목받고 있는 배양육 스타트업 중 하나이다.

미리아미트(MyriaMeat)는 독일의 괴팅겐 대학교의 연구진에 의해 2022년에 설립된 배양육 스타트업이다. 미리아미트는 돼지고기, 사슴고기 세포를 사용하여 배양육을 생산하는 데 초점을 맞추고 있다. 이는 독자적인 유도 만능 줄기세포(induced pluripotent stem cell, iPSC) 및 단성생식 줄기세포(parthenogenetic stem cells) 기술을 바탕으로 자연스러운 근육 성장을 유도하여, 전통적인 배양육 생산 방식의 스캐폴드 사용 없이 근육 조직을 재현할 수 있는 기술로, 배양육의 복잡한 구조와 두꺼운 근조직을 저비용으로 생산할 수 있는 특징이 있다. 미리아미트는 2024년 4월 베를린에서 열린 행사에서 100% 돼지고기 세포로 만든 배양 돼지고기 필레를 공개했는데, 이 제품은 기존의 지지체나 식물성 단백질 혼합물을 사용하지 않고 순수한 근육 세포로 만들어졌으며, 이는 배양육 산업에서 중요한 기술적 성과로 인정받고 있다. 현재 초기 연구 단계를 넘어 상업화 단계로의 전환을 준비 중이며, 다양한 산업 파트너 및 투자자와 협력하여 확장을 모색하고 있다. 현재 유럽 내 대표적인 배양육 연구 및 개발을 선도하는 기업 중 하나로 평가받고 있다.

모사 미트(Mosa Meat)는 세계 최초로 실험실에서 배양한 버거를 공개한 네덜란드의 선구적인 배양육 기업이다. 2013년 마스트리히트 대학교의 마크 포스트 교수가 개발한 이 버거는 배양육 기술의 가능성을 최초로 입증했으며, 식품 산업의 혁신을 이끌고 있다. Mosa Meat는 현재 파일럿 공장을 준비 중이며, 유럽 시장 진출을 목표로 하고 있다. 이 회사는 지금까지 많은 투자를 유치했으며, 주요 투자자에는 대형 육류 기업인 벨 푸드그룹(Bell Food Group)과 독일의 제약회사 머크(Merck KGaA)가 포함되어 있다. 배양육 시장은 2030년까지 매우 큰 규모로 성장할 것으로 전망되며, Mosa Meat는 이 시장에서 중요한 역할을 할 것으로 기대된다. Mosa Meat는 줄기세포를 이용하여 실험실 환경에서 육류를 배양함으로써 전통적인 축산업에 비해 환경적으로 지속 가능한 대안을 제공한다. 이 회사는 대량 생산과 비용 절감을 통해 배양육을 대중화하고, 더 많은 소비자에게 접근할 수 있도록 노력하고 있다. Mosa Meat의 목표는 향후 5년 내에 유럽 시장에 배양 버거를 상용화하는 것이다.

(3) 싱가포르

싱가포르에는 2022년 기준 최소 36개 이상의 대체 단백질 관련 기업이 운영되고 있으며, 총 2억 1,400만 달러 이상의 투자가 이루어져 대체육 시장의 허브 역할을 하고 있다. 싱가포르가 대체육 시장의 중심이 된 이유에는 싱가포르 국가의 전폭적인 지지가 있다. 특히, 전 세계에서 배양육의 식품허가를 최초로 승인하였고, 이에 따라서 전 세계의 배양육 업체들은 싱가포르로 모여들고 있다. 2020년에 싱가포르에서 처음으로 판매허가가 된 배양육 업체는 미국의 잇 저스트(Eat Just, Inc.)의 굿 미트(Good Meat) 브랜드로 닭고기 배양육 제품이다.

싱가포르에서 사업을 중심으로 한 대표적인 배양육 기업으로는 아방미트(Avant Meats)가 있다. 아방미트는 배양 수산물을 개발하며, 2018년 홍콩에서 캐리 챈(Carrie Chan)과 닥터 마리오 친(Dr. Mario Chin)이 공동 설립하면서 사업을 시작하였다. 아방미트는 아시아 최초의 배양육 스타트업으로, 지속 가능한 수산물 대안을 제공하는 것을 목표로 한다. 2021년 아방미트는 본사를 싱가포르로 이전하였으며, 이는 싱가포르 정부의 배양육 시장 육성 정책과 선제적인 가이드라인 덕분이다. 아방미트의 기술은 어류 세포로부터 직접 단백질을 배양하는 기술로, 이는 식품뿐만 아니라 스킨케어와 기타 기능성 제품에도 적용될 수 있는 맞춤형 단백질을 생산할 수 있다. 아방미트는 세계 최초로 배양된 생선 필레와 어포(fish maw) 프로토타입을 개발하여 주목받았다. 아방미트는 싱가포르의 과학기술연구청인 에이스타(A*STAR)와의 협력을 통해 생산 방법을 최적화하고, 비용 효율적인 배양 어류 생산을 추진하고 있다. 이 협력은 배양 어류 세포의 성장에 영향을 미치는 주요 요소를 식별하고, 대규모 생산을 위한 프로세스와 디자인을 개발하는 데 중점을 둔다.

(4) 이스라엘

빌리버 미트(Believer Meats)는 이스라엘의 대표적인 배양육 기업으로, 2018년에 야코브 나미아스(Yakov Nahmias) 박사에 의해 설립되었다. 빌리버 미트는 2021년에 세계 최초의 산업용 배양육 생산 시설을 구축했다. 이 시설은 하루에 500 kg의 배양육을 생산할 수 있는 능력을 갖추고 있으며, 이는 연간 약 10,000톤의 배양육을 생산할 수 있는 규모이다. 자체 제작한 바이오리액터를 사용하여 혈청 없이 높은 세포 밀도와 수율을 달성하는 독자적인 공정을 보유하고 있어 생산 비용과 환경적 부담을 줄였다. 빌리버 미트는 2021년 시리즈 B 펀딩 라운드에서 5차례에 걸쳐 3억 9000만 달러를 투자받았으며, 이를 바탕으로 2022년에 미국 시장 진출을 위해 인허가 절차와 생산시장 구축을 시작했다. 노스 캐롤라이나 주 Wilson에 짓는 이 공장은 연 생산량 1.1만 톤에 달한다. 이 시설은 향후 확장 가능성을 염두에 두고 설계되었으며, 100개 이상의 일자리를 창출할 것으로 예상된다. 최근에는 베조스 어스 펀드(Bezos Earth Fund)와 노스캐롤라이나 주립 대학(North Carolina State University)과의 파트너십을 통해 배양 단백질 연구를 강화하고 있으며, 또한 ADM과의 비독점적 양해각서(MOU)를 체결하여 배양육 생산 공정을 개선하고 상용화를 추진하고 있다. 이러한 공격적인 사업확장으로 현재 빌리버 미트는 전 세계 배양육 기업 중 가장 성공 가능성이 높은 기업으로 평가받고 있으며, 지속가능한 식품생산을 통해 온실가스 배출을 줄이고, 물 사용을 절감하며, 환경에 긍정적인 영향을 미치는 것을 목표로 하고 있다.

알레프팜(Aleph Farms)는 유전자 조작 없이 3D 프린팅 기술을 활용하여 소고기 스테이크를 생산하는 이스라엘의 혁신적인 배양육 기업이다. 줄기세포를 사용하여 실험실 환경에서 육류를 배양함으로써 전통적인 축산업에 대한 지속 가능한 대안을 제공한다. Aleph Farms는 2023년에 유럽 시장에서 상업화를 위한 규제 승인 신청서를 제출하며 국제 시장 진출을 본격화하고 있다. 이 회사는 2018년 설립 이후 여러 투자 라운드를 통해 약 1억 달러 이상의 자금을 유치하며 빠른 성장세를 보이고 있다. 연구에 따르면, 글로벌 배양육 시장은 2025년까지 성장률이 대폭 상승 할 것으로 예상되며, Aleph Farms는 이 분야의 선두주자로 자리매김하고 있다. Aleph Farms는 환경 친화적인 생산 방식을 통해 기존 축산업에 비해 온실가스와 물 사용량을 낮출 수 있다. 향후 대량 생산을 통해 가격을 낮추고, 더 많은 소비자에게 지속 가능한 육류를 제공할 계획이다.

그 외에도 배양 닭고기를 개발하는 슈퍼미트(SuperMeat), 퓨처미트테크놀로지스(Future Meat Technologies), 3D 프린팅 기술 기반의 미트테크(Meat-Tech 3D) 등 여러 배양육 전문 스타트업들이 싱가포르 정부의 지원을 바탕으로 사업화를 진행하고 있다.

(5) 대한민국

셀미트(CellMEAT)는 2019년에 설립된 대한민국의 배양육 스타트업으로, 특히 고급 해산물인 독도새우를 활용한 세포 배양육을 개발하는 데 주력하고 있다. 셀미트는 세포 배양육 생산을 위한 독자적인 무혈청 배양액 기술을 확보하여 생산 효율을 높였으며, 실제 해산물과 유사한 맛과 질감을 제공하는 배양 새우를 개발했다. 이를 통해 배양 과정에서 동물성 혈청을 사용하지 않아 비용을 절감하고 윤리적 문제를 해결했다. 셀미트의 대표 제품인 '독도새우'는 크기와 맛에서 실제 새우와 매우 유사하며, 다양한 요리에 사용할 수 있는 특징을 가진다. 셀미트는 2021년도에는 Pre 시리즈A에서 50억원 투자를 유치하였으며 2022년도에는 시리즈 A 펀딩 라운드에서 140억원 투자를 추가로 유치하였다. 이러한 자금은 대규모 생산 시설 구축과 기술 개발에 사용될 예정으로, 서울에 위치한 대규모 생산 센터는 하루에 100 kg의 배양 새우를 생산할 수 있는 능력을 갖추고 있고 이는 연간 200톤 이상의 생산량을 가능하게 한다. 현재 셀미트는 식약처 승인을 기다리고 있으며, 승인이 완료되면 본격적인 판매를 진행할 계획이다. 또한, 미국, 싱가포르 등 해외 시장으로의 확장을 계획하고 있으며, 이를 위해 추가 자금 조달과 대규모 생산 설비 구축을 준비 중에 있다. 셀미트는 궁극적으로 배양 새우의 생산 단가를 1 kg당 5달러 이하로 낮추어 시장 경쟁력을 확보하고자 한다.

티센바이오팜(TissenBioPharm)은 포스텍과 옥스퍼드 대학교 출신의 리더십이 이끄는 바이오 푸드테크 스타트업으로, 세계 세포 기반 혁신상(World Cell-based Innovation Awards)에서 배양육 부문 최종 우승을 차지한 기업이다. 이 회사는 마블링이 살아있는 덩어리 배양육 제조 방식, 초고속 대량 생산기술, 맞춤형 제품 개발 역량 등을 통해 우승의 영광을 안았다. 티센바이오팜은 경상북도에 위치한 2,300 m^2 규모의 세포농업 지원 센터와 연계하여 자체 구축한 바이오패브리케이션(biofabrication) 기술을 통해 10 kg에 달하는 두툼한 덩어리육을 대량 생산할 수 있는 기반을 마련했다. 티센바이오팜은 세포배양식품의 식량 안보, 보건, 환경보호, 동물복지 등 다양한 방면에서의 이점을 강조하며, 고품질의 맛있고 건강한 배양육 개발에 주력하고 있다. 글로벌 스타트업 페스티벌 컴업(COMEUP) 로켓 리그 출전, 퓨처 푸드 아시아 Top 10 선정, 미국 언론사 StartupCity의 Top 10 Startups in Korea에 선정되는 등 뛰어난 기술력으로 주목받고 있다.

스페이스에프(Space F)는 2020년 4월에 설립된 대한민국의 세포배양육과 같은 세포농업기술 전문 기업으로, 줄기세포 및 조직 공학 기술을 활용하여 실험실 내에서 농축산물을 생산하는 배양육 연구·개발(R&D)에 주력하고 있다. 특히, 무혈청 배양액과 세포 대량 배양기를 활용하여 보다 효율적으로 배양육을 생산하고 있다. 이 회사는 세포 배양육 분야에서 지속 가능한 기술을 개발하며, 다양한 파트너와 협력하고 있다. 스페이스에프는 대상주식회사와 협력하여 단가 절감된 가식성 배양액을 개발 중이며, 롯데정밀화학과는 배양육 생산에 필요한 육류기능성 소재를 개발하고 있다. 김병훈 스페이스에프 대표는 배양육 생산이 전통 축산업보다 훨씬 효율적이라고 설명하며, 배양육이 비용 절감 및 환경 보호 측면에서 매우 유리하다고 강조한다.

씨위드(Sea With)는 2019년 3월에 설립된 대한민국의 식품 기술 스타트업으로, 해조류 기반의 배양육을 개발하고 있다. 씨위드는 해조류를 사용하여 배양육의 성장 매체와 스캐폴드를 개발하였으며, 이를 통해 세포 배양 과정의 비용을 크게 줄일 수 있는 기술을 확보하였다. 씨위드의 대표 제품인 '웰던(Welldone)'은 한우 세포를 사용하여 만든 배양육으로, 두께가 1 cm 이상인 고급 스테이크를 재현할 수 있다. 또한, 자체 개발한 소 태아 혈청을 대체할 수 있는 해조류 기반 배양 매체를 활용하여 생산 비용을 절감하고, 대규모 상업 생산을 준비하고 있다. 특히, 1 L당 60만 원 수준인 소태아혈청과 비교하여 배양액을 1 L에 1,100원 정도로 가격을 낮췄다. 씨위드의 목표는 소, 돼지 등의 축산물 희생 없이 배양육을 생산하여 식량 위기에 대비하는 것인데, 소 태아 혈청을 대체할 수 있는 해조류를 이용하여 영양분을 제공하고 있다. 해조류는 태양 에너지만으로 자라며, 산림보다 더 많은 이산화탄소를 흡수하는 것으로 알려져 있어 친환경적인 대안으로 주목받고 있다. 특히, 대한민국의 해조류 자원을 활용하여 육류를 생산하는 이 기업은 지속 가능한 식품 생산에 기여하고 있다. 씨위드는 설립 이후 빠르게 성장하며 여러 투자 라운드를 성공적으로 마쳤으며, 2022년에는 약 70억 원의 시리즈 A 투자를 유치했으며, 이 자금을 통해 생산 시설 확장과 기술 개발을 가속화하고 있다. 이희재 씨위드 대표는 해조류를 이용한 배양육이 윤리적 문제를 해결할 수 있으며, 가격 안정성 문제를 해결할 수 있는 잠재력을 가지고 있다고 설명한다. 씨위드는 국내 제도의 미비로 인해 미국에서 허가 및 생산을 우선적으로 추진 중이다.

5장

대체육에 대한 소비자 인식과 대응 전략

1. 대체육에 대한 소비자 조사
2. 대체육과 배양육에 대한 인식 차이
3. 대체육에 대한 이슈들
4. 소비자 인식에 대한 대응 전략

1. 대체육에 대한 소비자 조사

1) 육류 소비와 대체육의 성장

대체육 시장의 성장은 단순한 식품 트렌드를 넘어 지속가능한 식량 공급, 환경 보호, 윤리적 소비, 건강 추구 등 다양한 사회적 요인에 의해 촉진된다. 세계 인구 증가와 함께 육류 소비량이 꾸준히 증가하고 있으며, 이에 따른 환경 부담이 심각한 문제로 대두되고 있다. 특히 축산업에서 발생하는 온실가스 배출, 토지 및 수자원 사용량 증가, 가축 사육 과정에서의 윤리적 문제가 지구 환경에 미치는 부정적 영향을 고려할 때, 육류 소비를 줄이고 대체 단백질을 찾으려는 움직임이 활발해지고 있다.

윤리적 소비의 가치는 19세기 말 유럽에서 채식주의 운동이 등장하면서 공론화되기 시작했으며, 현대 사회에서는 기후 변화 대응과 지속가능한 식량 체계 구축이라는 거시적 사회적 요구와 맞물려 대체육 소비가 더욱 강조되고 있다. 그러나 현실적으로 전 세계적인 육류 소비는 여전히 높은 수준을 유지하고 있으며, 대체육 시장의 성장세는 기대에 비해 다소 더딘 편이다. 이는 소비자들이 육류 소비가 환경에 미치는 영향을 충분히 인지하지 못하거나, 대체육이 기존 육류와 비교했을 때 가격과 맛에서 경쟁력이 부족하다고 인식하기 때문이다.

국내 채식 인구는 지속적으로 증가하고 있으며, 2024년 현재 약 250만 명으로 추정된다. 이는 10년 전보다 두세 배 이상 증가한 수치이며, 특히 MZ세대(20~30대)를 중심으로 채식 문화가 하나의 라이프스타일 트렌드로 자리 잡고 있음을 보여준다. 흥미로운 점은, 엄격한 채식주의자가 아니더라도 채식 위주의 식사를 선호하는 인구가 전체의 약 1/3을 차지할 정도로 식단의 유연성이 높아지고 있다는 것이다. 이는 채식이 특정 집단만의 선택이 아니라, 건강과 환경을 고려한 실용적인 소비 형태로 자리 잡고 있음을 시사한다.

그러나 이러한 트렌드와는 대조적으로, 대체육 시장은 예상보다 작은 규모를 유지하고 있으며, 비교적 소수의 소비자만이 대체육을 반복 구매하는 경향을 보이고 있다. 이는 대체육이 환경적 가치와 윤리성을 강조하면서도, 실제 소비자 경험 측면에서 여전히 개선이 필요한 부분이 많기 때문이다.

2) 대체육에 대한 소비자의 선호도

(1) 대체육 시장의 현황과 소비자 선호도

대체육은 미래 식량 문제 해결을 위한 대안으로 주목받고 있으며, 환경 보호 및 윤리적 소비 트렌드와 맞물려 점차 관심이 높아지고 있다. 그러나 현재 대체육 시장의 실제 규모는 기대에 미치지 못하고 있으며, 반복 구매율이 낮은 특징을 보인다. 이는 소비자들이 대체육에 대한 관심은 크지만, 실제로 소비로 이어지는 경우가 적다는 점을 의미한다.

한국채식연합에 따르면 2022년 기준 국내 채식 인구는 약 250만 명으로 추정되며, 이는 10년 전보다 두세 배 증가한 수치이다. 또한, 한국리서치의 2023년 조사에 따르면 만 18세 이상 성인 중 4%가 스스로를 '채식주의자'로, 12%가 '채식을 지향한다'고 응답하였으며, 이를 인구수로 환산하면 약 176만 명의 채식주의자와 727만 명의 채식 지향자가 있는 것으로 추정된다. 특히 MZ세대가 채식 문화를 선도하고 있으며, 이는 대만(약 20%), 미국 및 유럽연합(약 15%) 등 글로벌 트렌드와도 유사한 흐름을 보인다. 또한 국내 비건 인증을 받은 식품 수가 급증하고 있으며, 2023년 기준으로 채식주의 실천 의향이 있는 응답자는 37%로 나타났다.

(2) 대체육과 육류의 비교

소비자들은 대체육보다 육류를 상대적으로 더 맛있다고 평가하는 경향이 강하다. 특히 스테이크와 같은 원육 형태에서는 대체육이 기존 육류와 차이가 크며, 소비자들은 대체육이 완전한 대체재가 되기 어렵다고 인식한다. 반면, 치킨 너겟, 소시지, 햄버거 패티 등 가공육의 경우 대체육이 기존 육류와 유사한 평가를 받는 사례가 늘어나고 있다. 블라인드 테스트 결과, 대체육이 기존 육류와 유사한 맛을 가진다는 평가를 받은 사례도 있으며, 이는 대체육이 가공식품 형태에서 더욱 성공적으로 소비자 수용도를 높일 수 있음을 시사한다.

(3) 소비자 인식 변화를 위한 노력의 필요성

대체육 시장 확대를 위해서는 제품의 품질, 맛, 식감, 가격 경쟁력 등을 개선하는 것이 중요하다. 또한 소비자들이 대체육을 직접 경험할 기회를 늘리는 전략이 필요하다. 이를 위해 대체육 시식 이벤트, 대형 프랜차이즈에서의 시범 판매, 공공 급식에서의 활용 확대 등을 추진해야 한다. 식문화 변화는 어려운 과정이므로, 대체육을 기존 식문화에 자연스럽게 융합하는 전략이 필수적이다.

2. 대체육과 배양육에 대한 인식 차이

1) 대체육에 대한 소비자 인식

대체육은 소비자들에게 상대적으로 친숙한 개념으로 받아들여지고 있으며, 원료의 투명성과 환경 보호 측면에서 긍정적인 평가를 받는다. 그러나 대체육의 맛과 식감이 기존 육류 대비 부족하다는 점과 높은 가격이 주요 소비 장벽으로 작용하고 있다. 또한 가공식품이라는 이미지로 인해 일부 소비자들이 대체육을 신뢰하지 않는 경향이 있다.

2) 배양육에 대한 소비자 인식

배양육은 실험실에서 동물 세포를 배양하여 생산하는 기술로, 기존 육류와 유사한 맛과 영양 성분을 제공할 수 있다. 소비자들은 배양육이 가축 도축 없이 생산된다는 점에서 긍정적인 반응을 보이지만, 실험실에서 제조된 식품이라는 점에서 신뢰도 부족과 거부감을 나타내기도 한다. 다만, 국내 시장에는 아직 배양육 제품이 출시되지 않아, 실제 소비자의 반응은 정확히 알 수 없으며, 향후 제품이 출시될 경우 다양한 소비자 반응이 나타날 것으로 예상된다. 배양육이 대중적으로 확산되기 위해서는 생산 과정의 투명성을 높이고, 안전성에 대한 신뢰를 구축하는 것이 필수적이다.

대체육과 배양육 시장의 성장을 위해서는 소비자 신뢰를 확보하고, 제품 품질을 개선하며, 가격 경쟁력을 확보하는 것이 필수적이다. 소비자 인식 개선을 위해 대체육과 배양육의 환경적·영양적 장점을 적극 홍보하고, 식문화 속에서 자연스럽게 자리 잡을 수 있도록 다양한 요리법과 레시피 개발이 필요하다. 또한 대체육을 기존 육류와 차별화된 독립적인 식품으로 브랜딩하는 전략이 요구되며, 기업들은 지속적인 연구 개발과 생산 공정 혁신을 통해 소비자들의 기대에 부응해야 한다. 이를 통해 대체육과 배양육이 단순한 대체재가 아닌, 미래형 단백질 공급원으로 자리 잡을 수 있을 것이다.

3. 대체육에 대한 이슈들

1) 대체육 명칭의 혼란

대체육의 명칭을 둘러싼 논란이 지속되고 있다. 전통적인 '고기' 명칭 사용을 둘러싸고 각국에서 규제 논쟁이 활발하게 진행되고 있다. 미국 연방 차원에서는 식물성 대체육의 명칭에 특별한 제한이 없지만, 일부 주(州)에서는 '고기' 관련 용어 사용을 제한하는 법안을 추진하고 있다. 예를 들어, 텍사스 주는 2021년 식물성 제품에 'beef'나 'meat'라는 단어 사용을 금지하는 법안을 통과시켰으며, 2023년에는 모든 대체육 제품에 '식물 기반'임을 명확히 표시하도록 요구하는 법을 제정했다. 미주리, 아칸소, 루이지애나 등 다른 주들도 유사한 규제를 시행하여 소비자가 혼동할 수 있다는 우려를 반영하고 있다. 이에 대해 대체육 제조사들은 상표 및 표현의 자유를 침해한다며 소송을 제기하고 있으며, 오히려 용어 사용이 소비자 이해를 돕는다는 연구 결과를 제시하며 반박하고 있다.

국가별 명칭 사용 사례를 보면, 유럽연합(EU)의 경우 식물성 우유·치즈 등 유제품 대체품에는 전통 명칭 사용을 금지하는 규정을 2017년 확립했으나, 식물성 고기 제품에 대한 명칭 금지안(일명 'veggie burger 금지')은 2020년 유럽의회에서 부결되었다. 그 결과 현재 유럽에서는 '비건 버거', '채식 소시지' 등의 용어 사용이 허용되고 있다. 하지만 프랑스는 2022년 10월부터 국내 생산 식물성 식품에 'steak(스테이크)', 'sausage(소시지)' 등의 단어 사용을 금지하는 규정을 추진하여 EU 내 첫 용어 제한 국가가 될 예정이었으나, 시행을 앞두고 업계의 법적 이의 제기로 인해 일시 보류된 상태다. 벨기에 역시 '채식 다진고기' 등의 표현을 금지하는 지침을 준비 중이며, 남아프리카공화국은 'vegan nuggets(비건 너겟츠)'처럼 육류 명칭이 포함된 식물성 제품 명칭 사용을 금지하고 일부 제품의 판매 중지를 명령하기도 했다. 이처럼 국가마다 규제 접근은 다르며, 규제가 엄격한 곳에서는 업계와 소비자 단체의 강한 반발이 이어지고 있다. 한편, 호주 등에서도 육류 산업계 주장에 따라 정부 차원의 명칭 규제 권고가 나오고 있어 명칭 논란은 전 세계적으로 계속되고 있다.

이러한 명칭 제한 시도에 대해 대체육 업계는 강하게 대응하고 있다. 미국에서는 기업들이 표현의 자유를 이유로 소송을 제기함과 동시에, 'plant-based(식물 기반)'나 '비건' 등의 용어가 소비자에게 이미 명확히 인식되고 있다는 점을 강조하고 있다. 실제 소비자 인식 조사 결과, 전통 육류 명칭을 사용한다고 해서 소비자가 식물성 제품을 실제 고기로 혼동하는 경우는 드물게 나타났다. 영국의 한 설문에서는 96.4%의 응답자가 '너겟(nugget)'이라는 용어가 붙은 식물성 제품을 의도적으로 구매했으며, 단 3.6%만이 착오로 구매한 적이 있다고 답해 대부분의 소비자가 상품명이 육류 용어를 포함해도 그것이 대체육임을 인지하고 있었다. 또한, 80% 이상의 소비자가 '비건', '베지테리언(채식)', '플랜트베이스드(식물 기반)'로 표시된 제품에는 고기가 들어있지 않다는 것을 명확히 알고 있으며, 76%는 이러한 라벨이 제품의 특성을 이해하는 데 도움을 준다고 응답했다. '소시지'나 '버거' 같은 단어 사용도 소비자에게 제품의 맛과 용도를 직관적으로 알려주어 혼란을 줄인다는 연구 결과도 있다. 결국, 용어 규제의 실익에 대한 의문이 커지고 있으며, 명확한 수식어와 함께라면 전통 육류 명칭을 사용해도 소비자 혼란은 거의 없다는 증거가 누적되고 있다. 향후 각국의 법·규제가 소비자 인식 데이터에 기반해 합리적 방향으로 정비되고, 대체육에도 소비자가 이해하기 쉬운 명칭 사용이 가능하도록 국제 표준화 움직임이 일어날 것으로 전망된다.

2) 소비자와 전문가의 인식 격차

소비자와 전문가 모두 환경 지속가능성과 식품 혁신의 관점에서 대체육에 주목하고 있다. 그러나 두 집단 사이에는 인식의 격차가 존재한다. 소비자는 대체육의 개념과 제품에 아직 익숙하지 않은 경우가 많고, 건강상 이점이나 환경친화성에 대한 믿음도 엇갈린다. 반면 식품 전문가들은 대체육의 가능성을 높게 평가하면서도 이러한 정보 격차를 해소해야 시장이 성장할 것으로 전망한다. 본 장에서는 최신 연구와 조사를 통해 소비자와 전문가의 인식 차이를 다각도로 분석하고, 그 원인과 해소 방안을 정리한다.

(1) 소비자의 대체육 인지도와 친숙도

여러 설문조사에 따르면 소비자들의 대체육 인지도는 절반 수준이며, 실제 경험률은 그보다 낮음을 보여준다. 한국리서치의 2023년 조사(한국리서치 주간리포트 제236-1호)에서 응답자의 56%만이 '대체육'이라는 용어를 알고 있었고, 대체육을 한 번이라도 구매하거나 먹어본 사람은 36%에 그치는 것으로 나타난다. 이는 대체육이 아직 상당수 소비자에게 생소한 식품임을 시사한다. 다만 젊은 층에서는 친숙도가 높아지는 추세를 보인다. 신세계푸드(베러미트)가 2023년 5월 여론조사기관 엠브레인에 의뢰해 전국 20~30세대 남녀 1,000명을 대상으로 진행한 설문에 따르면, 20~30대의 67.8%가 대체육(이 조사에서는 대안육이란 표현을 사용함)을 긍정적으로 인식하고 있으며, 절반 가량(49.1%)이 대체육을 실제로 경험해본 것으로 나타난다. 이 수치는 불과 몇 달 전인 2022년 말 42.6%에서 상승한 것으로, 젊은 세대를 중심으로 대체육에 대한 관심과 시도가 늘고 있음을 시사한다. 글로벌하게도 인지도는 꾸준히 확대되는 모습을 보이며, 오픈서베이 데이터스페이스 조사(성장하는 콩고기·두부면, 대체식품 트렌드와 소비자 평가 총정리, 2024)에서는 한국 소비자의 90%가 대체육을 안다고 답했지만 정작 섭취 경험률은 46.4%에 불과한 것으로 나타난다. 이는 상당수 소비자가 개념적으로는 대체육을 들어봤어도 여전히 시도해보지 않은 상태이며, 낯설음에서 오는 심리적 장벽이 존재함을 시사한다.

(2) 대체육의 건강성과 친환경성에 대한 소비자 신뢰 추이

건강에 좋은지, 환경에 도움이 되는지에 대한 소비자들의 신뢰는 시간에 따라 변화를 보인다. 2020년경 대체육이 각광받기 시작할 때는 건강한 식품이라는 기대가 높았으나, 2021~2022년 사이 가공식품 논란 등이 부각되면서 신뢰가 한때 하락하는 모습을 보인다. 딜로이트(2023 Deloitte fresh food survey)의 분석에 따르면 2022년에 대체육의 건강 이미지가 약화되었다가 2023년에 안정세를 찾았는데, 대체육 구매자 중 60%가 "대체육이 신선 육류보다 건강하다"고 응답하여 전년도와 동일한 수준을 유지하는 것으로 나타난다. 이는 급격한 불신 확산은 멈췄지만, 여전히 40%는 건강하게 보지 않는다는 의미이기도 하다.

한편 유럽의 ProVeg International이 주도한 'Smart Protein' 프로젝트의 2023년 유럽 소비자 조사 결과에 따르면, 환경 친화성에 대한 믿음은 비교적 높게 유지되는 추세를 보인다. 같은 조사에서 구매자의 65%는 대체육이 전통 육류보다 환경 지속가능성이 높다고 보았고, 동물복지 측면의 동기도 61%로 나타난다. 유럽에서도 대체 단백질에 대한 신뢰도가 꾸준히 증가하여 2023년에는 유럽인의 52%가 식물기반 대체단백질을 신뢰한다고 응답했으며, 이는 2021년 대비 크게 증가한 수치이다. 2021~2023년 사이 절반에 가까운 유럽 소비자(46%)가 대체식품에 대한 신뢰가 높아졌다고 답하는 등, 인식 개선이 진행되고 있음을 시사한다.

미국의 경우 대부분의 소비자들은 식물성 대체육을 건강에 이로운 식품으로 인식하고 있으며, 건강은 이러한 제품을 시도하는 주요 이유 중 하나로 꼽힌다. 다만 "너무 가공됐다"는 우려도 존재하여, 기존보다 덜 가공된다면 더 많이 먹겠다는 소비자도 많은 것으로 나타난다. 이를 종합하면, 소비자 신뢰는 초기 과대기대에서 실망을 거쳐 서서히 제자리를 찾아가는 모습이며, 최근 몇 년간 건강상 효용에 대한 평가는 다소 신중해졌지만 환경 및 윤리적 가치에 대한 공감은 비교적 확고하며, 전반적으로 신뢰도가 완만하게 상승하는 추세를 보인다.

(3) 소비자의 주요 우려 사항: 맛, 가격, 영양

맛과 가격, 그리고 영양적 가치는 소비자들이 대체육에 대해 가장 많이 걱정하는 요소임을 나타낸다. 대체육 개발 초기부터 "고기만큼 맛있을까" 하는 의문이 이어져왔으며, 실제로 많은 소비자가 현재 대체육의 풍미와 식감이 부족하다고 느낀다.

한국농수산식품유통공사(aT)가 2020년에 실시한 조사에서도 구매 결정 요인 1위가 맛과 품질(63.1%), 2위가 가격(45.5%)로 나타나 대체육 선택에 있어서 맛이 최우선 조건임을 보여준다. 2023년 유럽 10개국을 대상으로 한 Smart Protein 프로젝트 조사에서도 "비싸다"는 인식(38%)과 "맛이 없을 것 같다"는 인식(30%)이 식물성 대체식품의 주요 걸림돌로 지목되었으며, "정보가 부족하다"는 응답도 25%에 달한다.

또한 응답자의 24%는 만약 식물성 식단으로만 먹게 될 경우 건강에 문제가 생길까 걱정된다고 밝혀, 영양에 대한 우려가 여전히 존재함을 보여준다. 실제로 대체육 제품이 고기 대비 단백질 함량이나 영양 균형이 떨어지지 않을까 하는 걱정이 일부 소비자에게 있다. 무엇보다 맛에 대한 기대 미충족이 큰 문제로 지적되며, 미국 시장의 경우 2022년에 식물성 대체육 판매가 정체되었는데, 조사에서 이탈한 소비자들은 그 이유로 맛, 식감, 가격 측면에서 기대에 못 미쳤기 때문이라고 답변하였다.

소비자 81%는 "대체육이 더 맛있어지고 저렴해진다면 먹을 의향이 있다"고 밝힌 만큼, 현재 제품의 맛과 가격이 소비자 눈높이에 맞지 않는 것으로 분석된다. 요컨대 소비자들은 ①맛과 식감이 진짜 고기만큼 좋은지, ②가격이 합리적인지, ③영양적으로 믿을 만한지를 주로 염려하고 있으며, 이러한 우려를 해소하는 것이 대체육 대중화의 핵심 과제로 꼽힌다.

(4) 전문가들의 대체육 시장 전망

전문가들은 대체육 시장의 장기적 성장 가능성에 대해 대체로 긍정적인 전망을 내놓고 있으나, 소비자 인식 격차를 해소하지 못하면 성장이 지연될 수 있음을 지적한다. 글로벌 컨설팅사들은 대체단백질이 향후 식품 산업의 중요한 축이 될 것으로 예상한다. A.T. Kearney의 글로벌 육류시장 전망 보고서에 따르면, 2040년에 전 세계 육류 소비의 60% 이상이 대체육으로 대체될 수 있다고 전망한다. 이는 상당히 낙관적인 시나리오로, 기술 발전과 소비자 수용이 원활할 경우를 가정하는 것이다. 실제 시장에서는 2019년 약 47억 달러였던 세계 대체육 시장 규모가 2023년 60억 달러 수준으로 성장하였고, 2030년에는 1600억 달러에 이를 것이라는 예측이 나온다.

전문가들은 젊은 세대의 가치 소비 트렌드와 기후위기 대응 필요성이 이러한 성장을 견인할 것으로 본다. 예를 들어, BCG는 전통 육류를 대체단백질로 전환하는 것이 기후위기 대응에 매우 효과적인 수단이며, 앞으로 대체 단백질이 주류가 되기 위한 전략이 필요하다고 강조한다. 다만 현실적으로는 성장통도 존재하며, 딜로이트 등 업계 분석에 따르면 미국의 식물성 대체육 판매는 한때 성장 한계에 부딪힌 모습을 보이는데, 이는 대체육이 초기 기대만큼 빠르게 메인스트림으로 자리 잡지 못했기 때문이라고 분석한다.

그 원인으로는 앞서 언급한 소비자들의 맛과 가격에 대한 불만, 건강에 대한 의구심, 그리고 인플레이션 시기의 소비 여력 감소 등이 지목된다. 따라서 전문가들은 이러한 장애 요인을 해결한다면 성장세가 다시 가속화될 것으로 보고 있다. 신제품 개발자와 투자자들은 더욱 실제 고기와 유사한 맛과 식감을 구현하고 가격을 낮추는 기술 혁신에 주력하며, 다양한 메뉴 개발과 유통 확대를 통해 소비자의 접점을 늘리는 노력을 기울이고 있다. 또한 학교 급식, 병원식 등 일상 공간에 대체육을 스며들게 하는 전략도 추진된다.

결론적으로 전문가들은 현재의 인식 격차와 제품 한계를 극복한다면 대체육 시장은 꾸준한 성장 궤도에 올라설 것으로 전망한다. 반대로 이러한 격차를 방치하면 성장 속도가 둔화될 수 있으므로, 지금이 대체육에 대한 소비자 인식 개선과 기술 보완에 힘써야 할 시기임을 강조한다.

(5) 인식 격차 발생 원인 분석

소비자와 전문가 사이의 정보 격차가 발생하는 원인으로는 소비자 교육 부족, 기업의 홍보 한계, 그리고 신기술에 대한 막연한 불안감 등이 지목된다. 먼저 소비자 교육 부족 측면에서, 많은 소비자들이 대체육의 제조 공정이나 영양 성분에 대한 정확한 정보를 접할 기회가 부족하다고 나타난다. 유럽의 ProVeg International이 주도한 'Smart Protein' 프로젝트의 2023년 유럽 소비자 조사 결과에 따르면, 일반 식습관을 가진 소비자들은 단백질 필요량과 대체식품의 영양적 대체 가능성에 대해 지식 격차를 보였으며, "과연 고기를 끊고도 건강을 유지할 수 있을까"라는 의구심을 나타낸다. 이러한 영양 지식의 부족은 대체육에 대한 신뢰 부족으로 이어질 수 있음을 시사한다.

기업의 홍보 노력도 아직은 충분하지 않다는 평가가 나온다. 대체육은 과학기술을 기반으로 탄생한 식품이기에, 소비자들에게 그 가치를 이해시키는 커뮤니케이션이 중요하지만, 초기에는 주로 제품 출시와 판매 확장에 집중하느라, 정작 소비자 인식 제고 캠페인이나 교육 프로그램은 부족했다는 평가가 존재한다. 한 연구에서는 소비자들이 대체육에 대해 여전히 더 많은 정보를 원한다고 지적하며, 현재의 마케팅 메시지가 소비자가 궁금해하는 점(예: 영양, 안전성)에 충분히 답하지 못하고 있음을 분석한다.

또 다른 큰 원인은 '음식에 대한 보수성', 즉 식품 신기술에 대한 막연한 불안감이다. 이는 일반적인 푸드 네오포비아(food neophobia) 현상으로 설명되는데, 새로운 음식일수록 꺼리는 경향이 있음을 나타낸다. Purdue University의 농업경제학 교수이자 식품수요분석 및 지속가능성센터(Center for Food Demand Analysis and Sustainability, CFDAS) 소장인 Joseph Balagtas가 주도한 2024년 3월의 설문조사 기반 보고서에서는 "소비자들은 미지의 음식에 대해 불신을 갖기 마련이며, 이것이 새로운 식품이 시장에 진입할 때 장벽으로 작용한다"고 밝힌다. 실제로 배양육(실험실 배양 고기)의 경우 '랩에서 배양했다'는 개념 자체가 소비자에게 '부자연스럽고 낯선 것'으로 느껴져 거부감을 일으키며, 이러한 심리적 요인이 과학적 사실보다 앞서 작용할 가능성이 존재한다. 즉, 전문가들은 배양육의 안전성과 환경효과를 확신하더라도, 소비자는 정서적인 거부감 때문에 받아들이지 못하는 것이다. 과학계와 소비자 간 인식 차이는 단순한 정보 부족을 넘어, '자연스러운 식품'에 대한 심리적 선호와 같은 정서적 요인도 크게 작용하고 있음을 시사한다.

결론적으로 소비자가 접하는 정보의 부족과 품질 문제, 신기술에 대한 근본적인 불신, 초기 기대와 현실 간의 괴리 등이 인식 격차의 주요 원인으로 분석된다. 이러한 원인을 해소하기 위해서는 단순한 광고 이상의 노력, 즉 투명한 정보 제공과 공감대 형성이 필요하다.

3) 대체육의 영양적 이슈

(1) 초가공식품인 대체육

소비자들은 대체육이 건강한 식품인지에 대해 큰 관심을 가지고 있으며, 이와 관련된 논란이 지속되고 있다. 대체육은 전통적인 육류를 대체할 수 있는 단백질 공급원으로 자리 잡아가고 있지만, 그 과정에서 초가공식품(ultra-processed food, UPF)으로 분류되는 경우가 많아 건강에 대한 우려가 제기되고 있다. 실제로 대체육 제조 과정에서 단백질 변성이 광범위하게 일어나며, 다양한 식품 첨가물이 포함되는 점이 건강에 미치는 영향에 대한 논의를 불러일으키고 있다.

우선, 대체육의 단백질은 고온 압출성형과 같은 공정을 통해 가공되는데, 이는 단백질 구조를 변화시키는 요소로 작용한다. 고온 압출 공정에서 단백질 변성이 과도하게 일어날 경우, 생체이용률이 저하되어 단백질의 소화 및 흡수 효율이 낮아질 수 있다. 일반적으로 동물성 단백질은 자연 상태에서 필수 아미노산을 균형 있게 포함하지만, 대체육의 경우 추가적인 보완 공정이 필요하며, 이 과정에서 단백질의 생물학적 가치가 낮아질 가능성이 제기되고 있다.

또한, 대체육 제품에는 다양한 식품 첨가물이 사용되며, 이는 소비자들 사이에서 '자연적이지 않은 식품'이라는 인식을 강화하는 요인이 되고 있다. 실제로 많은 대체육 제품은 육류의 물성, 색상 등을 모사하고, 콩 비린내 같은 이미·이취 문제를 해결하기 위해서, 색소, 감미료, 결착제, 유화제, 합성향료 등을 포함하고 있으며, 이는 기존 육류와의 차별성을 더욱 부각시키는 요소로 작용한다. 예를 들어, 대체육의 색을 고기처럼 만들기 위해 홍국색소와 같은 천연 색소를 첨가하기도 하는데, 이러한 색소는 일본을 비롯한 일부 국가에서는 사용이 제한적이며, 대체육 특성상 제품 형태와 질감을 유지하기 위해 자주 사용되는 결착 소재(메틸셀룰로스, 카라기난 등)는 과다 섭취 시 소화 장애나

장 건강에 부정적 영향을 줄 수 있다는 우려가 지속적으로 제기되고 있다. 따라서 이러한 첨가물들에 대한 추가적인 장기 섭취 연구와 소비자 안전성 평가가 필요하다.

또한, 대체육은 나트륨 함량이 일반 육류보다 높은 경우가 많아 건강한 식단을 유지하는 데 부담이 될 수 있다. 따라서, 건강을 고려하는 소비자들은 대체육이 전통 육류 대비 건강에 어떤 영향을 미치는지, 그리고 이를 보완하기 위한 개선책이 있는지에 대한 정보를 필요로 한다.

결국, 대체육이 건강한 식품으로 자리 잡기 위해서는 초가공식품이라는 인식을 완화하고, 식품 첨가물 사용을 최소화하며, 단백질 변성을 줄이는 기술적 개선이 필수적이다. 소비자들은 단순히 동물성 육류를 대체하는 것이 아니라, 더 건강한 선택지로서의 대체육을 기대하고 있으며, 이를 충족시키기 위해 기술적 발전을 바탕으로 업계는 보다 투명한 정보 제공과 제품 개선 노력을 기울여야 한다.

(2) 대체육의 영양 균형과 필수 영양소 보강 문제

대체육이 기존 육류와 동등한 영양학적 가치를 제공할 수 있는지에 대한 논란이 지속되고 있다. 동물성 육류는 자연적으로 필수 아미노산을 균형 있게 포함하고 있으며, 특히 생체이용률이 높은 헴철(heme iron), 비타민 B_{12}, 아연, 셀레늄 등 다양한 미량 영양소를 풍부하게 제공한다. 반면, 식물성 원료를 기반으로 하는 대체육은 이러한 필수 영양소를 충분히 제공하지 못할 수 있으며, 이를 어떻게 효과적으로 보완할지에 대한 전략적 접근이 필요하다.

먼저, 대체육의 주요 단백질 원료인 대두, 완두, 밀 글루텐 등은 필수 아미노산 조성이 동물성 단백질에 비해 불균형하며, 특히 메티오닌과 라이신의 함량이 부족한 것으로 알려져 있다. 이로 인해 단일 식물성 단백질로는 양질의 단백질 공급이 어렵기 때문에, 이를 해결하기 위해 두 가지 이상의 식물성 단백질을 혼합하거나, 합성 아미노산을 추가하는 방법을 사용한다. 예를 들어, 콩 단백질과 곡류 단백질(쌀, 밀 등)을 혼합하면 필수 아미노산의 균형이 개선될 수 있으며, 일부 제품에서는 합성된 메티오닌을 추가로 첨가하여 아미노산의 균형을 맞추기도 한다. 그러나 장기적인 합성 아미노산 섭취의 안전성 및 건강 효과에 대한 연구는 여전히 부족한 상황이다.

또한 대체육은 미량 영양소 공급에서 상당한 한계를 나타낼 수 있다. 대표적으로 비타민 B_{12}는 거의 모든 식물성 원료에서 결핍되어 있으며, 이를 보완하기 위해 효모를 이용한 천연 발효를 통해 비타민 B_{12}를 생산하거나 합성 비타민을 첨가하는 방식이 널리 채택되고 있다. 그러나 천연적 방식으로 생산된 비타민 B_{12}는 비용과 효율 문제로 인해 제한적으로 적용되며, 주로 합성 비타민 B_{12}(시아노코발라민)가 널리 사용된다. 철의 경우에도 대체육이 제공하는 비-헴철(non-heme iron)은 동물성 헴철에 비해 흡수율이 약 2~10배 낮기 때문에, 철 함량을 단순히 증가시키는 것만으로는 부족하며, 흡수율을 높이기 위한 전략이 필요하다. 예를 들어, 철 흡수를 촉진하기 위해 비타민 C와 같은 유기산을 첨가하거나, 철 킬레이트(chelated iron) 형태로 공급하는 기술적 접근이 활용될 수 있다.

뿐만 아니라, 아연, 셀레늄, 요오드 등 다른 미량 무기질의 결핍 문제도 존재한다. 특히 식물성 원료에서 흔히 발견되는 피트산(phytate), 폴리페놀(polyphenol), 옥살산(oxalic acid), 섬유소(fiber)와 같은 항영양성분(anti-nutritional factors)은 철, 아연, 칼슘 등의 체내 흡수를 저해하는 요소이다. 따라서 이러한 항영양성분을 감소시키기 위한 발효, 효소처리(피타아제 처리), 열처리, 발아(germination) 등의 기술적 방법이 적용될 수 있으며, 이를 통해 미량 영양소의 생체이용률(bioavailability)을 효과적으로 높일 수 있다.

한편, 대체육 제품은 육류의 맛과 식감을 구현하기 위해 제조 과정에서 상당한 양의 포화지방과 나트륨을 포함하는 경우가 많다. 일부 제품에서는 코코넛 오일, 팜유 등 포화지방 함량이 높은 식물성 지방을 사용하여 풍미와 식감을 개선하고 있으며, 육류의 감칠맛과 보존성을 높이기 위해 상당량의 나트륨(염)을 첨가하기도 한다. 이로 인해 장기적으로 섭취 시 심혈관 질환이나 고혈압과 같은 만성 질환의 위험을 높일 수 있다는 우려가 있다. 따라서 불포화 지방산 함량이 높은 유채유, 아보카도 오일, 아마씨유와 같은 식물성 오일을 적극적으로 활용하고, 나트륨 대체재(칼륨염 등)를 적용하여 나트륨 함량을 낮추는 연구가 요구된다.

결론적으로 대체육이 기존 육류를 완전히 대체하는 지속 가능한 단백질 공급원으로 자리 잡으려면 영양적 균형과 미량 영양소 보강 전략이 필수적이다. 식물성 단백질의 필수 아미노산 프로파일 개선, 철·비타민 B_{12}·아연 등의 생체이용률 향상, 항영양성분 감소 기술, 건강한 지방원의 사용과 나트륨 저감 등 다양한 측면에서의 연구가 지속적으로 필요하다. 또한 소비자들에게 이러한 보완된 영양적 특성과 한계점을 충분히 설명하고, 합리적인 소비를 유도할 수 있도록 제품 정보의 투명성과 정확성을 높이는 것이 중요하다.

(3) 대체육 소비와 알레르기

대체육이 일부 소비자에게 알레르기 반응을 유발할 가능성이 있다는 점도 중요한 영양적 이슈로 떠오르고 있다. 대체육의 주 원료로 사용되는 대두 단백질, 글루텐, 완두 단백질, 곤충 유래 단백질, 균사체 유래 단백질 등은 알레르기 유발 가능성이 있으며, 이는 소비자들이 대체육 선택 시 고려해야 할 중요한 요소이다.

대체육의 주요 성분인 대두 단백질은 일부 사람들에게 알레르기 반응을 유발할 수 있으며, 이는 특히 유아나 특정 알레르기 소인을 가진 성인에게 문제가 될 수 있다. 그리고 일부 대체육 제품에는 밀 단백(글루텐)이 포함되어 있어, 글루텐 불내증(celiac disease)이나 글루텐 민감성을 가진 소비자들에게 적절하지 않을 수 있다. 또한, 완두 단백질이나 곤충 유래 단백질, 균사체 유래 단백질 등 새로운 단백질원이 사용되면서, 이에 대한 면역 반응 연구가 아직 충분하지 않다. 일부 소비자들은 이러한 새로운 단백질원에 대한 노출이 증가함에 따라 예상치 못한 알레르기 반응을 겪을 수 있다.

따라서, 대체육 업계는 소비자가 명확하게 알레르기 정보를 확인할 수 있도록 제품 라벨링을 강화하고, 다양한 단백질원의 안전성을 입증하기 위한 연구를 지속적으로 수행할 필요가 있다. 소비자들이 대체육을 안전하게 섭취할 수 있도록 보다 투명한 정보 제공과 제품 설계가 필요하며, 이는 대체육의 대중적 수용성을 높이는 중요한 요소가 될 것이다.

4. 소비자 인식에 대한 대응 전략

대체육 시장의 확산은 단순한 식품 트렌드를 넘어 식품 산업의 패러다임 전환을 의미하지만, 현실적으로 대체육 소비가 본격적으로 증가하기 위해서는 여러 장벽이 존재한다. 대체육의 필요성에 대한 소비자 인식은 대체로 긍정적이지만, 실제 소비로까지 이어지지 않는 가장 근본적인 이유는 환경적 요인이나 윤리적 소비 트렌드만으로는 육류 소비 패턴을 근본적으로 바꾸기 어렵기 때문이다.

대체육 소비의 증가를 이끄는 가장 직접적인 요인은 육류 가격 상승일 가능성이 크다. 전통 육류의 생산 비용이 기후 변화, 사료 가격 인상, 환경 규제 등으로 인해 상승하게 될 때, 소비자는 대체육을 더욱 매력적인 대안으로 고려할 가능성이 높다. 즉, 단순히 대체육의 기술력이 발전한다고 해서 소비자가 이를 선택하는 것이 아니라, 시장 환경 변화에 의해 육류 가격이 자연스럽게 오를 때 비로소 대체육 소비가 본격적으로 증가할 것이라는 점은 간과할 수 없는 현실이다.

이러한 시장의 수동적 변화에만 기대지 않기 위해, 그리고 그 안에서도 긍정적이 변화를 위해서 대체육 산업이 지속적으로 성장하고 대중화될 수 있도록 제품 경쟁력 강화와 소비자 심리 장벽 해소라는 두 가지 핵심 과제를 해결해야 한다. 제품 경쟁력 강화를 위해서는 맛과 식감 개선, 가격 경쟁력 확보, 공급망 확충이 필수적이며, 소비자 심리 장벽을 허물기 위해서는 신뢰 구축, 브랜드 포지셔닝, 세분화 마케팅 전략이 필요하다.

1) 소비자 인식을 전환하기 위한 대응 전략

(1) 맛과 식감의 '진정성' 확보: 단순한 모방에서 독자적인 식품으로의 전환

초기 대체육 시장은 '육류와 얼마나 유사한가'에 초점을 맞추며 기술 개발이 이루어졌다. 그러나 점차 소비자들은 "굳이 육류를 흉내내야 하는가?"라는 의구심을 가지기 시작했다. 이는 대체육의 발전 방향이 단순한 모방에서 벗어나, 대체육만의 독자적인 맛과 식감을 확립하는 방향으로 전환될 필요가 있음을 의미한다.

일부 대체육 제품은 기존 육류와 차별화된 '가벼운 식감', '식물성 원료에서만 얻을 수 있는 풍미', '특정 영양소 함유' 등의 강점을 강조할 수 있다. 예를 들어, 두부나 식물성 단백질 제품이 완벽한 육류의 대체재가 아니라 독자적인 식품군으로 자리 잡은 것처럼, 대체육도 하나의 새로운 단백질 공급원으로 인식될 수 있도록 해야 한다. 이를 위해서는 단백질 조직화 기술(예: 압출성형, 전단 응집, 열겔화 등)을 고도화하고, 향미 복합체 기술을 활용하여 감칠맛과 풍미를 증진하는 연구가 지속적으로 이루어져야 한다.

(2) 가격 경쟁력 확보 및 공급망 확충

현재 대체육이 일반 육류보다 비싼 가장 큰 이유는 원료 가격과 생산 공정 비용 때문이다. 특히, 대체육의 주요 원료인 대두, 완두, 버섯 단백질 등의 가격은 국제 곡물가 변동에 따라 크게 영향을 받으며, 규모의 경제를 이루기 전까지는 원가 절감이 쉽지 않다.

이를 해결하기 위해서는 대체육의 대량생산을 위한 투자 확대가 필수적이며, 이를 위해서는 식품 대기업과 농업 기업 간의 협업이 필요하다. 특히, 학교 급식, 군대, 기업 구내식당과 같은 집단 급식 시장에서 대체육을 적극적으로 도입하면, 안정적인 수요를 기반으로 규모를 확대하여 단가를 낮추는 선순환 구조를 만들 수 있다. 이 외에도 생산 농가와의 직거래 모델 도입, 지역별 대체 단백질 원료 개발 등을 통해 원재료 가격 변동성을 최소화하는 것도 중요한 전략이 될 것이다.

(3) '거부감'에서 '호감도'로: 신뢰 확보 전략

소비자가 대체육을 선택하지 않는 또 다른 중요한 이유는 '신뢰 부족'이다. 많은 소비자들은 대체육이 "화학적이거나 인공적일 것 같다", "가공식품이라 건강에 좋지 않을 것 같다"는 막연한 불안감을 가지고 있다. 이러한 인식은 대체육이 상대적으로 새로운 식품 카테고리이며, 기존 육류에 비해 가공 과정이 복잡하게 보일 수 있기 때문에 발생한다. 또한, 대체육이 식품첨가물이나 인공 성분을 많이 포함하고 있을 것이라는 오해도 소비자들의 심리적 거리감을 더욱 확대시키는 요인이다.

이를 극복하기 위해서는 투명한 정보 공개, 안정성 및 기능성 검증, 브랜드 스토리텔링이 필수적이다. 투명한 정보 공개는 소비자 신뢰 형성의 첫걸음으로, 원재료의 출처, 가공 과정, 영양 성분 등을 명확하게 공개하여 소비자가 제품을 더욱 신뢰할 수 있도록 해야 한다. 단순히 제품 패키지에 정보를 기재하는 것뿐만 아니라, 브랜드 홈페이지, SNS, 광고 등을 통해 보다 직관적이고 쉽게 이해할 수 있는 방식으로 정보를 제공하는 것이 중요하다.

또한, 안정성 및 기능성 검증을 통해 대체육이 단순한 육류 대체재가 아니라, 오히려 영양학적으로 우수한 선택지임을 입증해야 한다. 예를 들어, 대체육이 필수 아미노산을 고르게 포함하고 있거나, 불포화 지방산 비율이 높아 심혈관 건강에 유리하다는 연구 결과 등을 적극 활용하여 소비자들에게 전달할 필요가 있다. 신뢰할 수 있는 연구기관이나 정부 차원의 인증을 통해 대체육의 안전성과 건강 기능성을 과학적으로 증명하고, 이를 제품 홍보에 반영하는 것도 효과적인 방법이 될 수 있다.

마지막으로, 브랜드 스토리텔링을 통해 대체육이 단순한 '육류의 대체재'가 아니라 환경 보호, 동물 복지, 건강 증진 등 사회적 가치를 실현하는 제품임을 강조해야 한다. 소비자들은 단순히 제품의 맛과 가격뿐만 아니라, 브랜드가 추구하는 가치와 철학에도 영향을 받는다. 따라서 기업들은 지속 가능한 식품 생산 방식, 친환경적인 제조 공정, 윤리적 소비의 중요성을 브랜드 스토리로 풀어내고, 소비자들이 대체육을 선택하는 것이 단순한 식습관 변화가 아니라, 더 나은 미래를 위한 기여가 될 수 있도록 메시지를 전달해야 한다.

특히, Clean Label(클린 라벨), Non-GMO 인증 등의 신뢰도를 높일 수 있는 공식 인증 마크 및 표시를 적극적으로 활용하는 것도 소비자 신뢰 확보에 중요한 전략이 될 수 있다. 이러한 인증을 통해 대체육이 불필요한 식품첨가물을 최소화하고, 안전한 원료를 사용하며, 자연 친화적인 방식으로 생산되고 있음을 강조하면 소비자들의 불안감을 해소하고 대체육을 보다 긍정적으로 받아들이는 데 기여할 수 있다.

(4) 소비자 세분화 및 맞춤형 마케팅 전략

대체육 시장의 소비자는 매우 이질적이며, 모든 소비자가 동일한 이유로 대체육을 선택하는 것은 아니다. 따라서 각 소비자 그룹의 특성을 고려한 맞춤형 마케팅 전략이 필요하다. 소비자의 관심사와 구매 동기를 세분화하여 접근할 경우, 대체육에 대한 거부감을 줄이고 자연스럽게 수용도를 높일 수 있다.

먼저, MZ세대(밀레니얼·Z세대)는 환경 보호와 윤리적 소비에 대한 관심이 높아, 지속 가능성과 동물 복지를 강조하는 메시지가 효과적이다. 이들은 단순히 제품의 맛이나 가격만을 고려하는 것이 아니라, 제품이 환경과 사회에 미치는 영향을 중요하게 평가한다. 따라서 브랜드가 탄소 발자국 저감, 동물복지 개선, 친환경 원료 사용 등의 가치를 실천하고 있다는 점을 적극적으로 홍보하는 것이 중요하다. 예를 들어, 제품 패키징을 친환경적으로 개선하거나, 기업의 ESG(environment, social, governance) 경영 방침을 투명하게 공개하면 MZ세대 소비자의 신뢰를 높일 수 있다. 또한, SNS와 온라인 플랫폼을 적극적으로 활용하여 브랜드 메시지를 전달하고, 인플루언서 및 지속 가능한 라이프스타일을 추구하는 유명 셰프와 협업하여 대체육을 활용한 다양한 레시피를 소개하는 것도 효과적인 접근법이 될 수 있다.

한편, 건강을 중시하는 소비자에게는 대체육이 단순한 육류대체식품이 아니라, 고단백·저지방·기능성 식품으로서의 가치를 강조하는 것이 중요하다. 예를 들어, 운동을 즐기는 소비자들을 대상으로 대체육이 기존 육류보다 단백질 함량이 높거나, 특정 필수 아미노산이 강화된 제품이라는 점을 부각할 수 있다. 또한, 혈당 관리가 필요한 소비자를 위해 저탄수화물·고단백 제품으로 포지셔닝하는 것도 가능하다. 나아가, 식물성 대체육이 심혈관 건강에 미치는 긍정적인 영향에 대한 과학적 근거를 제공하고, 이를 소비자가 쉽게 이해할 수 있도록 직관적인 인포그래픽이나 전문가 인터뷰를 활용한 콘텐츠를 제작하는 것도 유효한 전략이 될 것이다.

또한, 가격에 민감한 소비자층을 위한 전략도 필수적이다. 대체육이 기존 육류보다 비싸다는 인식이 여전히 소비자들의 구매를 저해하는 주요 요인 중 하나이므로, PB(product brand) 제품 출시, 할인 프로모션, 대량 구매 혜택 제공 등을 통해 가격 장벽을 완화해야 한다. 예를 들어, 대형마트 및 온라인 쇼핑몰에서 대체육 묶음 할인 패키지를 제공하거나, 정기구독 모델을 도입하여 소비자들이 보다 경제적인 가격에 대체육을 구매할 수 있도록 하는 것도 효과적인 방안이 될 수 있다.

특히, 한식 요리에 활용할 수 있는 대체육 레시피 개발을 통해 소비자가 대체육을 보다 자연스럽게 접할 수 있도록 유도하는 것이 중요하다. 일부 소비자들은 대체육이 서구식 요리에만 적합하다고 생각할 수 있기 때문에, 불육류, 떡갈비, 비빔밥, 국밥, 찌개 등 다양한 한식 요리에 활용할 수 있도록 레시피를 개발하고 홍보하는 것이 효과적이다. 이러한 전략을 통해 소비자들은 대체육을 기존 식단에서 부담 없이 적용할 수 있는 식재료로 인식하게 되고, 결과적으로 대체육 시장의 확장 가능성이 더욱 커질 수 있다.

2) 미래 소비자와 대체육의 자리매김

대체육이 앞으로 10~20년 내에 '육류 대체 식품군'으로 자리 잡을지, 아니면 '일반적인 단백질 공급원'으로 확장될지는 기술 발전과 소비자 경험에 의해 결정될 것이다. 이를 위해 대체육이 기존 육류를 단순히 흉내 내는 제품이 아니라, 독립적인 식품 카테고리로 자리 잡도록 하는 것이 중요하다.

(1) 대체육의 명칭과 포지셔닝 변화

현재 '대체육(alternative meat)'이라는 용어는 기존 육류 소비자의 시각에서 바라본 개념이며, 시간이 지나면서 변화할 가능성이 크다. 미래에는 특정 브랜드가 '햇반'처럼 대체육 시장을 대표하는 고유명사화될 가능성이 있으며, 장기적으로는 대체육이라는 단어 자체가 사라지고 '식물성 단백질 식품'으로 자리 잡을 수도 있다. 따라서 보다 친근한 네이밍 전략과 브랜드 정체성 확립이 필요하다.

(2) 배양육과의 관계: 경쟁 또는 공존

미래에는 배양육이 본격적으로 상용화되면서, 대체육과 배양육 간의 시장 경쟁이 발생할 수 있다. 그러나 대체육은 이미 상용화된 기술이며, 배양육은 고급 제품군, 대체육은 가격 경쟁력을 갖춘 대중적인 제품군으로 자리 잡을 가능성이 높다. 또한, 곤충 단백질이나 조류 기반 단백질 등 다양한 단백질원이 등장할 것이며, 대체육은 이러한 새로운 단백질원들과 함께 공존하는 방향으로 발전할 가능성이 높다.

대체육 시장이 성장하기 위해서는 소비자 인식 변화와 함께 제품 품질 개선, 가격 경쟁력 확보, 브랜드 포지셔닝 등이 종합적으로 고려되어야 한다. 소비자가 대체육을 '육류를 대신해서 먹는 제품'이 아니라, '환경도 보호하고 맛과 건강까지 고려한 선택지'로 받아들일 수 있도록 하는 전략이 필요하다. 이를 위해 기업, 정부, 연구기관이 협력하여 대체육이 지속 가능한 식품으로 자리 잡을 수 있도록 노력해야 할 것이다.

참고문헌

1. 규제과학혁신추진단. (2024). 식약처, 규제과학으로 식의약 미래 선도. 식품의약품안전처.
2. 국립낙동강생물자원관. (2023). 균 단백질의 원료로 활용할 수 있는 곰팡이 연구. KBS 뉴스.
3. 김민정, 김미경, 유영선. (2020). 식품 3D 프린팅 기술과 3D 프린팅 식품 소재. 가톨릭대학교 생명공학전공, 바이오소재티지알.
4. 김지운, 박정민. (2022). 미래시장에서 대체육 산업이 가져올 변화. 한국바이오협회 바이오경제연구센터, 한국식품연구원.
5. 다나그린. (2022). 배양육 연구동향: Meat the Future. BRIC View 2022-T14.
6. 디보션푸드. (2023). 대체육 시장 동향 및 신제품 출시. 뉴스와이어.
7. 농림축산식품부. (2022). 푸드테크 산업 발전방안. 한국농촌경제연구원.
8. 농림축산식품부. (2024). 푸드테크 연구지원센터 구축 사업 공고. 한국농촌경제연구원.
9. 박시은, 강민지, 김조현, 이재근, 이주연. (2024). 세포배양육(Cell-Cultured Meat) 배지 개발 산업 동향. 축산식품과학과 산업, 13(1), 72-75.
10. 삼일 PwC 경영연구원. (2023). 식품 산업의 패러다임 변화. PwC Korea.
11. 성미선, 신지은, 윤요한. (2024). 대체육 산업 및 규제현황. 한국바이오협회 산업정책본부 정책분석팀.
12. 식품산업클러스터진흥원. (2024). 식물성 대체식품 시장 동향 및 기술 발전. Foodpolis Korea.
13. 싱가포르 글로벌 네트워크. (2023). 아시아 최초의 식물성 고기 대체 기업, Karana. 싱가포르 글로벌 네트워크.
14. 양파 발효물 독성 연구. (2023). ESG Economy.
15. 오혜민, 류기형. (2024). 배양육 소재 및 인프라 현황. 월간브리프 189호.
16. 오혜민, 성미선, 신지은, 윤요한. (2021). 배양육 기술 개발 현황 및 안전에 대한 문제. 축산

식품과학과 산업, 10(1), 80 - 83.

17. 조철훈, 이현정. (2019). 세계 대체육류 개발 동향. 서울대학교 식품바이오융합연구소.

18. 최미정, 변영미, 최유희, 황웅준, 정재현, 전승탁, 이지선, 고은영. (2022). 식물성 대체육 개발을 위한 식물성 지방 소재 생산 및 개발 동향. 건국대학교 축산식품생명공학과.

19. 한국바이오협회. (2024). 배양육의 미래. KISTEP 브리프.

20. 한국바이오협회. (2024). 대체육 산업 및 규제현황. 브리프 188호.

21. 한겨레. (2023, April 5). 돼지고기보다 진한 소고기는 코코아 파우더로 색상을 조절. 한겨레신문.

22. KDB미래전략연구소. (2021). 배양육 개발 동향 및 전망. Weekly KDB Report.

23. Ministry of Agriculture, Food and Rural Affairs. (2023). 푸드테크 연구지원센터 구축사업 공고. Korea Ministry Report.

24. Tridge. (2023). 2023 유럽 식물기반 대체육 시장 분석 보고서. Tridge Report.

25. Berghout, J. (2021). Shear cell technology: Towards a next generation of meat analogues. Critical Reviews in Food Science and Nutrition, 62(1), 234 - 245.

26. Bleakley, S., & Hayes, M. (2017). Algal proteins: Production strategies and nutritional and functional properties. Foods, 6(5), 33.

27. Bojorges, H., López-Rubio, A., Martínez-Abad, A., & Fabra, M. J. (2023). Overview of alginate extraction processes: Impact on alginate molecular structure and techno-functional properties. Trends in Food Science & Technology, 140, 104142.

28. Chabanon, G., Chevalot, I., Framboisier, X., Chenu, S., & Marc, I. (2007). Hydrolysis of rapeseed protein isolates: Kinetics, characterization, and functional properties of hydrolysates. Food Chemistry, 102(4), 1443 - 1452.

29. Chen, Q., Zhang, J., Zhang, Y., Meng, S., & Wang, Q. (2021). Rheological properties of pea protein isolate-amylose/amylopectin mixtures and the application in the high-moisture extruded meat substitutes. Food Hydrocolloids, 117, 106732.

30. Finnigan, T. J. A., Wall, B. T., Wilde, P. J., Stephens, F. B., Taylor, S. L., & Freedman, M. R. (2019). Mycoprotein: The future of nutritious non-meat protein. Current Developments in Nutrition, 3(nzz021).

31. Food Extrusion - Application Overview. (2021). Thermo Fisher Scientific Report.

32. Good Food Institute. (2022). 2022 State of the industry summary: Plant-based meat, fermentation-derived proteins, and cultivated meat. GFI Industry Report.

33. Jiang, W., Yang, X., & Li, L. (2024). Flavor of extruded meat analogs: A review on composition, influencing factors, and analytical techniques. Current Research in Food Science, 8, 100747.

34. Levi, S., Yen, F.-C., Baruch, L., & Machluf, M. (2022). Scaffolding technologies for the engineering of cultured meat: Towards a safe, sustainable, and scalable production. Trends in Food Science & Technology, 126, 13-25.

35. Lombardi, L., Consalvo, S., Esposito, C., & Tammaro, D. (2024). Tailoring texture and functionality of vegetable protein meat analogues through 3D printed porous structures. Food Hydrocolloids, 159, 110611.

36. Muhammad, S., Hammad, Z. M., & Amjad, A. I. (2020). Single cell protein: Sources, mechanism of production, nutritional value and its uses in aquaculture nutrition. Aquaculture, 531, 735885.

37. Rasoul-Amini, S., Morowvat, M. H., & Ghasemi, Y. (2011). Single cell protein: Production and process. American Journal of Food Technology, 6(2), 103-116.

38. Singh, A., & Sit, N. (2024). Fungi-based meat analogs. In Handbook of Plant-Based Meat Analogs. Elsevier.

39. Wageningen University. (2022). Shear cell technology for meat analogues. Wageningen University & Research Report.1.

40. Good Food Institute. (2023). 2022 State of the Industry Report Summary. https://gfi.org/wp-content/uploads/2023/01/2022-SOTIR-Summary-korean-translation.pdf

41. Bloter. (2022). "식물성 육류, 국내 시장 확장 가능성 열렸다". https://www.bloter.net/news/articleView.html?idxno=613116

42. Grand View Research. (2023). Plant-Based Meat Market. https://www.grandviewresearch.com/industry-analysis/plant-based-meat-market

43. KBV Research. (2023). Asia Pacific Plant-Based Meat Market. https://www.kbvresearch.com/asia-pacific-plant-based-meat-market/

44. Ministry of Sustainability and the Environment, Singapore. (2023). Press Release on 30x30 Express. https://www.mse.gov.sg/latest-news/press-release-on-30-x-30-express

45. PwC. (2023). Paradigm Shift: The Future of Food. https://www.pwc.com/kr/ko/insights/insight-research/samilpwc_paradigm-shift-jul2023.pdf

46. Vstar. (2020). Impossible Foods IPO: Impossible Foods Stock Analysis. https://www.vstar.com/article/impossible-foods-ipo-impossible-foods-stock-analysis

47. VegNews. (2022). Vegan Eggs and Chicken: Just Egg. https://vegnews.com/vegan-eggs-chicken-just-egg

48. Edible Planet Ventures. (2022). Unilever's Big Gamble: The Vegetarian Butcher Goes on the Block. https://www.edibleplanetventures.com/post/unilever-s-big-gamble-the-vegetarian-butcher-goes-on-the-block

49. Finsmes. (2020). Shiok Meats Raises $12.6M in Series A Funding. https://www.finsmes.com/2020/10/shiok-meats-raises-12-6m-in-series-a-funding.html

50. 3D Printing Industry. (2021). Redefine Meat Raises $6 Million to Advance Food 3D Printing Technology. https://3dprintingindustry.com/news/redefine-meat-raises-6-million-to-advance-food-3d-printing-technology-161580/

51. CB Insights. (2021). Redefine Meat Financials. https://www.cbinsights.com/company/redefine-meat/financials

52. 3D Printing Industry. (2021). Redefine Meat Raises $29M in Bid to Become World's Largest Alt-Meat Company by 2030. https://3dprintingindustry.com/news/redefine-meat-raises-29m-in-bid-to-become-worlds-largest-alt-meat-company-by-2030-184468/

53. Chukkyung. (2021). "팬데믹 이후 식물성 대체육, 소비자 반응 변화".

54. https://www.chukkyung.co.kr/news/articleView.html?idxno=662401.https://www.biotimes.co.kr/news/articleView.html?idxno=11563#:~:text=%EB%91%90%20%EB%B2%88%EC%A7%B8%EB%A1%9C%20%EB%A7%8E%EC%9D%80%20%ED%88%AC%EC%9E%90%EB%A5%BC%20%EB%B0%9B%EC%9D%80%20%EA%B8-%B0%EC%97%85%EC%9D%80%20Upside%20Foods(%EC%97%85%EC%82%AC%EC%9D%B4%EB%93%9C%20%ED%91%B8%EB%93%9C)%EB%A1%9C&text=%EC%96%B5%20%EB%8B%AC%EB%9F%AC%2C%20Mosa%20Meat%EA%B0%80%201%EC%96%B5%20%EB%8B%AC%EB%9F%AC%EB%A5%BC%20%ED%88%AC%EC%9E%90%EB%B0%9B%EC%95%98%EB%8B%A4.

55. https://www.hani.co.kr/arti/science/science_general/1029290.html

56. IMPACT ON(임팩트온)(http://www.impacton.net)

57. https://greenium.kr/news/21801/

58. https://news.mt.co.kr/mtview.php?no=2024030714425037817

59. https://wowtale.net/2023/10/13/64565/

60. https://www.pharmnews.com/news/articleView.html?idxno=225988

61. https://tissenbiofarm.co.kr/

62. https://www.thecellmeat.com/bbs/board.php?bo_table=gallery&wr_id=44

63. https://aleph-farms.com/

64. https://agtecher.com/ko/product-ko/aleph-cuts-by-aleph-farms/

65. https://www.newswire.co.kr/?md=A10&act=article&no=39052

66. https://researchtriangle.org/ko/news/believer-meats-why-we-picked-north-carolina-for-our-1st-us-lab-grown-meat-factory/

67. https://www.believermeats.com/

68. https://www.hankyung.com/article/202502117948i

69. Ministry of Sustainability and the Environment, Singapore. (2023). Press Release on 30x30 Express. https://www.mse.gov.sg/latest-news/press-release-on-30-x-30-express

70. PURDUE UNIVERSITY, (2024). Survey tallies consumer attitudes toward lab-grown meat alternatives. https://www.purdue.edu/newsroom/2024/Q2/survey-tallies-consumer-attitudes-toward-lab-grown-meat-alternatives/#:~:text=available%2C%20these%20results%20reflect%20consumer,%E2%80%9D

71. EIT Food, (2023). Consumer perceptions of alternative proteins. Consumer Observatory. https://www.eitfood.eu/reports/consumer-perceptions-of-alternative-proteins

72. Aschemann-Witzel, J. & Peschel, A. O. (2019). Consumer perception of plant-based proteins: The value of source transparency for alternative protein ingredients. Food Hydrocolloids, 96, 20-28.

73. Jagla, S., Martens, T., Alessandrini, R., Lopez-May, L., Margolis, J., Ravi, N. Uzunalioglu, D., Burks, B. (2023). 2023 STATE OF THE INDUSTRY REPORT. Plant-based: Meat, seafood, eggs, and dairy. Good Food Institute.

74. Cook, J., Young, S., Baker, B., Jagt, R., Cascone, J. (2024). Amid setbacks, signs of stability emerge around plant-based meat. Deloitte Consumer Industry Center. https://www2.deloitte.com/us/en/insights/industry/retail-distribution/plant-based-meat-consumer-perceptions.html

75. Gerhardt, C., Donnan, D., ZiemBen, F., Kuhnle, H-J., Warschun, M. (2023). How Will Cultured Meat and Meat Alternatives Disrupt the Agricultural and Food Industry. A.T. Kearney. https://www.kearney.com/documents/291362523/291366549/How+Will+Cultured+Meat+and+Meat+Alternatives+Disrupt+the+Agricultural+and+Food+Industry.pdf

76. Good Food Institute. (2024). European consumer insights on the alternative protein sector. https://gfieurope.org/industry/european-consumer-insights-on-the-alternative-protein-sector/

77. 라라. (2024). 소비자들은 대체육을 원할까? brunch story. https://brunch.co.kr/@yeonjoola/64#:~:text=%EB%8C%80%EC%B2%B4%EC%9C%A1%EC%97%90%20%EB%8C%80%ED%95%9C%20%EC%86%8C%EB%B9%84%EC%9E%90%20%EC%A1%B0%EC%82%AC%20%EB%A6%AC%EB%B7%B0,%EB%B0%B0%EC%96%91%EC%9D%84%20%ED%86%B5%ED%95%B4%20%EC%96%BB%EC%96%B4%EC%A7%80%EB%8A%94%20%EB%8C%80%EC%B2%B4

78. 이영아. (2023). 식탁 위의 고기, 어떻게 생각하세요? 채식과 대체육의 현황과 전망. 여론속의 여론. 한국리서치 주간리포트 제236-1호.

79. ProVeg International. (2023). Most Europeans are reducing their meat consumption, EU-funded survey finds: Smart Protein Project Survey Report. Retrieved May 1, 2025, from https://proveg.org/press-release/most-europeans-are-reducing-their-meat-consumption-eu-funded-survey-finds/

찾아보기

저자 한정우

현재 덕성여자대학교 과학기술대학 식품영양학전공 조교수이다. 서울대학교 식품생명공학과에서 학사 및 박사 학위를 취득하였으며, 동 대학 박사후연구원(Postdoctoral Researcher) 과정을 거쳐 식품과학의 학제 간 융합 연구와 응용 기술 개발에 지속적으로 매진해왔다.

2021년에는 푸드테크 기반 스타트업인 ㈜제타푸드랩(Zeta Food Lab Co., Ltd.)을 설립하여 대표이사로 활동하고 있으며, 식물성 대체육을 포함한 미래형 대체식품 소재와 제조공정 개발에 주력하고 있다.

2024년부터는 서울시 청년쿡 비즈니스센터 운영 자문위원회 위원을 역임하며 식품산업의 지속가능성 제고와 청년 창업 생태계 조성에 기여하고 있다. 또한 월드푸드테크협의회(WFT) 서울지회 간사 및 한국산업식품공학회 해외간사로 활동하며 국내외 식품기술 네트워크 구축 및 글로벌 협력에도 힘쓰고 있다.

주요 연구 분야는 식품 콜로이드 시스템 기반 식품구조 설계, 식품 바이오센서 기반 현장진단 기술 개발 등이며, 차세대 대체식품과 정밀 식품기술의 학술적 기반 마련과 산업 적용을 목표로 활발한 연구 활동을 이어가고 있다.

푸드테크
대체식품의 현재와 미래

2025년 8월 20일 초판 1쇄 인쇄
2025년 8월 31일 초판 1쇄 발행

저 자 한정우

발행인 이 영 호
발행처 **수 학 사**
10881 경기도 파주시 회동길 56 기한재 1층
출판등록 1953년 7월 23일 제2020-000143호
전화번호 031) 946-4642(代) 팩스 031) 944-1457
http://www.soohaksa.co.kr

ⓒ 한정우, 2025 Printed in Korea

정가 26,000원

ISBN 978-89-7140-748-6 (93570)

이 책의 무단 전재와 복제 행위는 저작권법 제136조에 따라 5년 이하의 징역 또는 5천만 원 이하의 벌금에 처하거나 이를 병과할 수 있습니다.